"十三五"职业教育系列教材

AutoCAD2014
电力绘图

主　编　林党养　王　燕
副主编　周冬妮
编　写　林培玲
主　审　阮予明

中国电力出版社
CHINA ELECTRIC POWER PRESS

内 容 提 要

本书为"十三五"职业教育系列教材，通过电力工程中常用的图样实例，全面介绍了应用 AutoCAD2014 软件绘制电力工程图样的方法。全书共分十章，主要内容包括 AutoCAD2014 软件的基本操作，二维图形的绘制、修改、标注、打印等基本功能及三维绘图基础；电力工程常用图形符号、常用电气设备的绘制、电力工程制图规则及电力工程图绘制实例。书中实例大多来自生产实际，通过实例讲解绘图的方法、步骤和技巧，因而具有较强的实用性、针对性和专业性。

本书可作为高职高专电力类各相关专业的教材，也可作为从事电力及相关专业的工程技术人员的培训教材及参考书。

图书在版编目（CIP）数据

AutoCAD2014 电力绘图/林党养，王燕主编 . —北京：中国电力出版社，2020.5（2024.12重印）
"十三五"职业教育规划教材
ISBN 978 - 7 - 5198 - 4325 - 0

Ⅰ.①A… Ⅱ.①林…②王… Ⅲ.①电力工程－工程制图－计算机制图－AutoCAD 软件－职业教育－教材 Ⅳ.①TM02 - 39

中国版本图书馆 CIP 数据核字（2020）第 025341 号

出版发行：中国电力出版社
地　　址：北京市东城区北京站西街 19 号（邮政编码 100005）
网　　址：http://www.cepp.sgcc.com.cn
责任编辑：孙　静（010 - 63412542）
责任校对：黄　蓓　常燕昆
装帧设计：赵丽媛
责任印制：吴　迪

印　　刷：固安县铭成印刷有限公司
版　　次：2020 年 5 月第一版
印　　次：2024 年 12 月北京第七次印刷
开　　本：787 毫米×1092 毫米　16 开本
印　　张：16　　2 插页
字　　数：387 千字
定　　价：50.00 元

前　言

　　AutoCAD2014 是美国 Autodesk 公司在前后 20 多个版本的不断革新中进一步全面升级的新版本。该版本具有容易掌握、使用方便、体系结构开放等强大优势，是当今各行业 CAD 设计的常用软件。

　　本书通过电力工程常用图样的绘制实例，循序渐进、由浅入深地介绍 AutoCAD2014 软件的功能及应用技巧。本书在组材、编写的过程中，针对高职高专的培养目标和教育特色，以注重实践，强调实用与技能为原则，既有软件命令的详细介绍，突出各种常用命令的应用技巧；又有实例的详细操作步骤，使读者能在掌握软件功能的基础上，灵活地运用其各种绘图技巧进行电力工程图的绘制。

　　本书列举的电力工程图大部分来自实际工程设计中的典型例子。在绘制过程的介绍中，一方面保持图例的独立性和完整性，以便于读者学习；另一方面又注意表述的重点突出、详略得当，以使内容更加精练、篇幅适当。

　　本书共分十章，由福建电力职业技术学院林党养和王燕任主编，其中第 1、3、5、6 章由林党养编写，第 4、10 章由王燕编写，第 2、8 章由周冬妮编写，第 7、9 章由林培玲编写。全书由阮予明担任主审。在本书的编写过程中，承蒙福建漳州电业局电力工程设计所的张蕾工程师、福建泉州电业局电力工程设计所的何晓兰工程师对本书的编写提出了许多宝贵意见，在此表示感谢。

　　由于时间仓促，加之作者水平有限，书中难免存在错误和不妥之处，敬请广大读者和同行老师批评指正。

编　者

2020 年 3 月

目　　录

第1章 AutoCAD2014 概述

1.1 AutoCAD2014 的启动和退出

1. AutoCAD2014 的启动

启动 AutoCAD2014 的方法有三种,"欢迎"界面如图 1-1 所示:

➢ 从 windows "开始"菜单中选择"程序"中的 AutoCAD2014 选项;

➢ 在桌面建立 AutoCAD2014 的快捷图标,双击该快捷图标 ;

➢ 在 windows 资源管理器中找到要打开的 AutoCAD2014 文档,双击该文档图标。

2. AutoCAD2014 的退出

AutoCAD2014 的退出有多种方式,常用的有以下三种:

➢ 单击下拉菜单 [文件 (F)] / [退出 (X)]。

➢ 单击 AutoCAD2014 界面标题栏右边的关闭按钮 。

➢ 鼠标右击 Windows 任务栏的图标 Autodesk AutoCAD 2014 Drawing1.dwg ,在打开的菜单中单击"关闭"。

采用以上任一种方式都将关闭当前文件,若文件没有存盘,AutoCAD2014 会弹出是否保存的对话框,单击"是 (Y)"按钮系统将弹出"图形另存为"对话框,在对话框中设置文件名称及保存路径,单击"保存"按钮将文件存盘后关闭;单击"否 (N)"不保存直接关闭;单击"取消"将取消退出的操作。

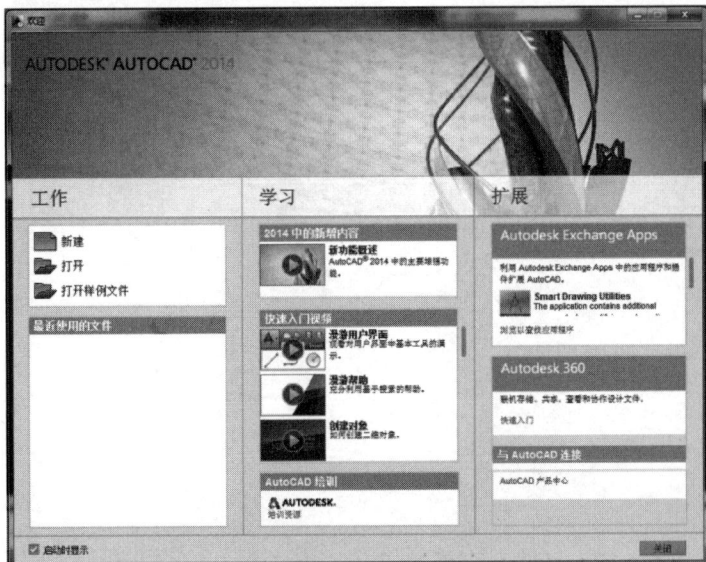

图 1-1 "欢迎"界面

1.2   AutoCAD2014 的工作界面

AutoCAD2014 启动之后，出现如图 1-2 所示的工作界面，它主要由应用程序菜单栏、快速访问工具栏、工作空间、标题栏、功能区、交互信息工具栏、世界坐标视口控件、绘图区、命令行、状态栏、布局标签、ViewCube 工具、导航栏等组成，如图 1-2 所示。

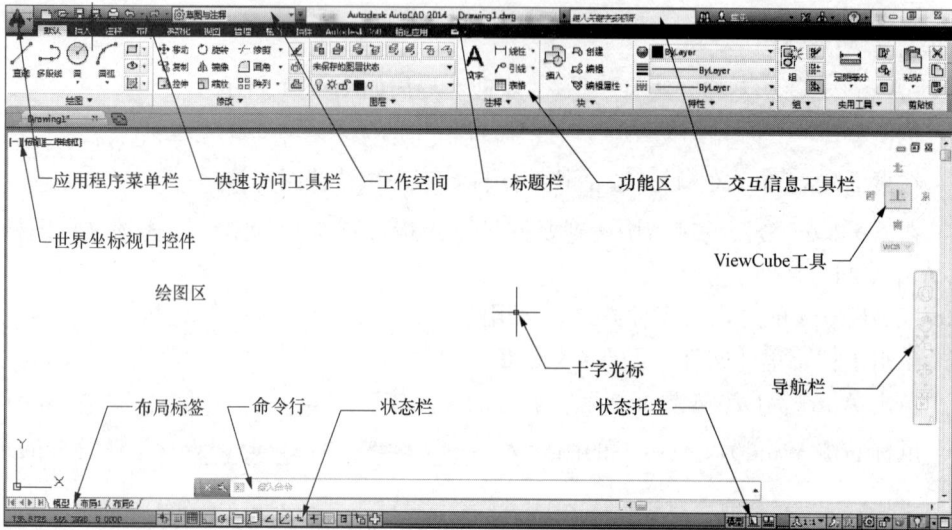

图 1-2   AutoCAD2014 工作界面

1. 应用程序菜单栏

应用程序菜单栏也称为菜单浏览器，它包括与文件相关的一些常用命令及命令搜索功能，如图 1-3 所示，带有 ▶ 符号的表示当前功能下还有子菜单。

图 1-3   应用程序菜单栏

2. 标题栏

标题栏中显示软件的图标和名称即 AutoCAD2014，以及当前打开的正在编辑的文件名称。标题栏最右端有 3 个窗口控制按钮，可分别实现 AutoCAD2014 用户窗口的最小化、最大化和关闭，如图 1-4 所示。

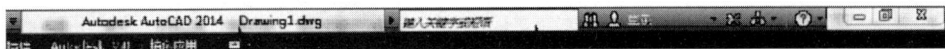

图 1-4 标题栏

3. 快速访问工具栏

标题栏左边是 AutoCAD2014 的快速访问工具栏，工具栏包括"新建"、"打开"、"保存"、"另存为"、"打印"、"放弃"、"重做"和"工作空间"、"特性匹配"等最常用的工具，如图 1-5 所示，可以单击工具栏后面的下拉菜单按钮设置需要的常用工具。其中，鼠标点击"工作空间"右侧的下拉菜单按钮 ▼，可弹出如图 1-6 所示菜单选项，"工作空间"工具主要用于设置和切换工作空间。

图 1-5 快速访问工具栏

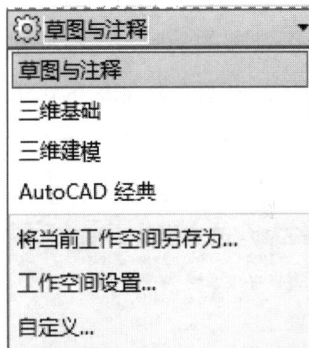

图 1-6 工作空间下拉菜单

4. 功能区

功能区是整个界面中最重要的组成部分，它包括"默认"、"插入"、"注释"、"布局"、"参数化"、"三维工具"、"渲染"、"视图"、"管理"、"输出"、"插件"、"Autodesk360"和"精选应用"13 个功能选项卡，如图 1-7 所示。将鼠标移至选项卡标题的空白处，单击鼠标右键，则出现快捷菜单，可根据习惯和需要增删选项卡，例如"三维工具"、"渲染"、"插件"、"Autodesk360"和"精选应用"等不常用的选项卡，即可勾除，如图 1-8 所示。

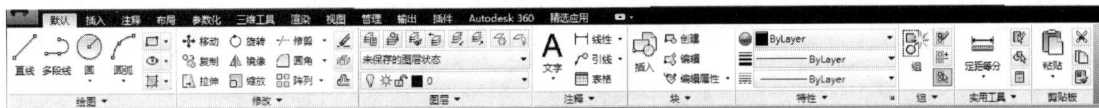

图 1-7 默认功能选项卡

每个功能选项卡集成了相关的操作工具，例如"默认"功能选项卡里有"绘图"、"修改"、"图层"、"注释"、"块"、"特性"、"组"、"实用工具"、"剪贴板"9 个常用的功能面板。其中带有 ▼ 符号的表示当前功能下还有子菜单，有其他功能、方式可选。将鼠标移至选项卡标题的空白处，单击鼠标右键，则出现快捷菜单，可根据习惯和需要增删面板，如图1-9 所示。

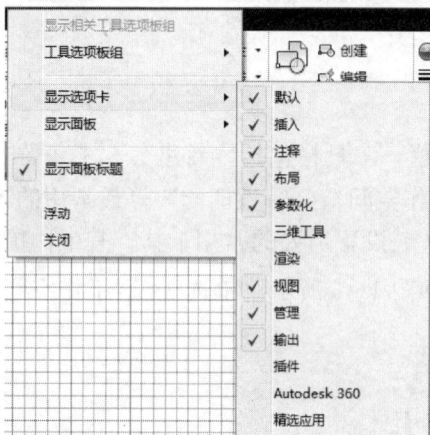

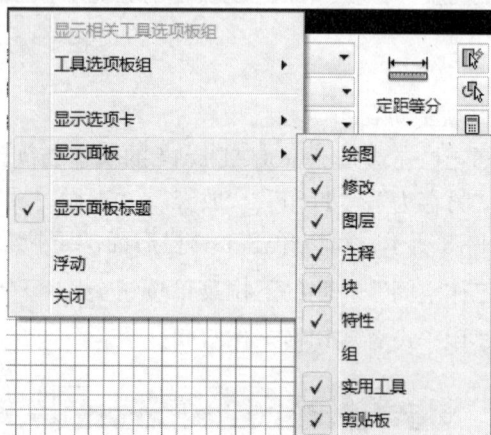

图 1-8　选择、增删功能选项卡　　　　　　图 1-9　选择、增删面板

功能区选项的最后一个按钮 ▣，其位置如图 1-10（a）所示，位于文件名左下方，单击该按钮能控制整个功能区的展开与收缩，点击右边的 ▼，可弹出下拉菜单，菜单的内容一样可控制功能区的展开与收缩，3 个状态分别为"显示完整的功能区"、"最小化为面板标题"、"最小化为选项卡"，如图 1-10 所示。

(a)

(b)

(c)

(d)

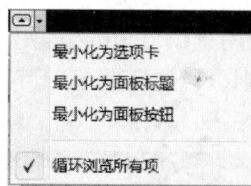

(e)

图 1-10　功能区的展开与缩放
（a）显示完整的功能区；（b）最小化为选项卡的功能区；（c）最小化为面板按钮的功能区；
（d）最小化为面板标题的选项卡；（e）功能区下拉菜单

5. 绘图区

AutoCAD2014 中最大的空白区域叫绘图区，用户绘制的图形在这里显示。绘图区左下角是坐标系，默认是世界坐标系 WCS，用户可以根据需要设置用户坐标系 UCS。十字光标可在绘图区的任意位置移动，拖动滚动条可进行视图的上下和左右移动，以观察图纸的任意部位。绘图区的默认颜色是黑色，用户可以根据需要更改。在应用程序菜单栏中单击"选项"按钮，弹出"选项"对话框；也可以单击"视图"功能选项卡的"用户界面"面板右下角的小箭头 ，打开"选项"对话框。在对话框的"显示"选项卡中单击"颜色"按钮，在弹出的"图形窗口颜色"对话框中进行设置，如图 1-11 所示，按"应用并关闭"按钮退出对话框，再按"确定"按钮退出"选项"对话框。

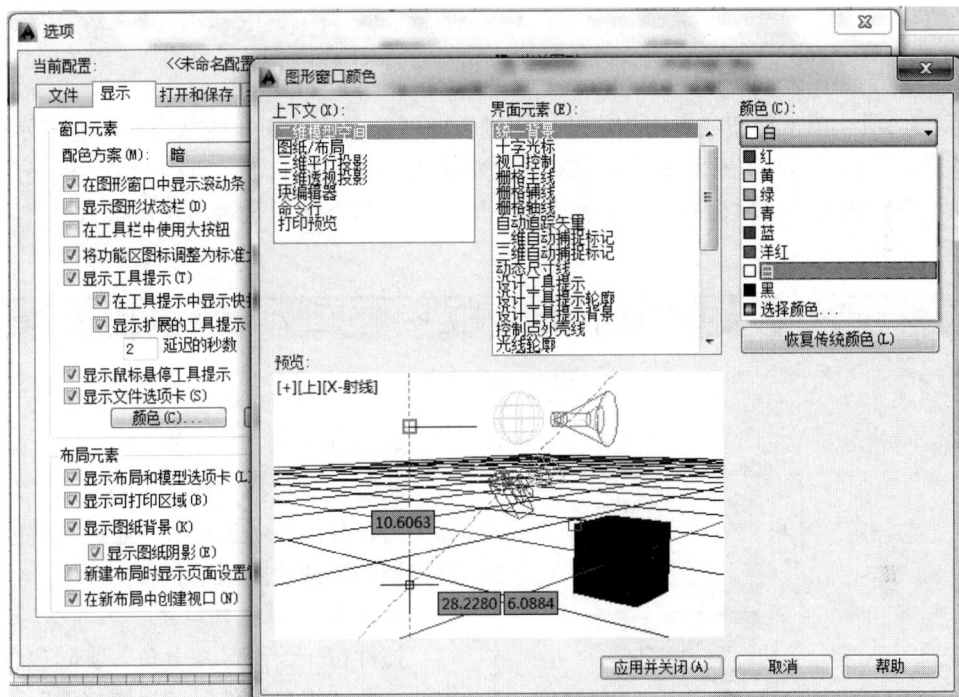

图 1-11　选项对话框中的"显示"选项卡和"图形窗口颜色"对话框

6. 命令窗口

命令窗口是用户和 AutoCAD2014 对话的窗口，在命令窗口可以直接输入操作命令进行相应的操作，同时 AutoCAD2014 的操作提示、错误信息也在这里显示。初始状态下，命令窗口位于绘图区内的正下方，如图 1-12 （a）所示。可根据习惯，将命令窗口拖至"布局标签"下方，如图 1-12 （b）所示。

7. 状态栏

状态栏显示当前十字光标的三维坐标和 AutoCAD2014 绘图辅助工具的切换按钮，如图 1-13 所示。分别包括"推断约束 Ctrl＋Shift＋I"、"捕捉模式（F9）"、"栅格显示（F7）"、"正交模式（F8）"、"极轴追踪（F10）"、"对象捕捉（F3）"、"三维对象捕捉（F4）"、"对象捕捉追踪（F11）"、"允许/禁止动态 UCS（F6）"、"动态输入（F12）"、"显示/隐藏线宽"、"显示/隐藏透明度""快捷特性 Ctrl＋Shift＋P"、"选择循环 Ctrl＋W"、"注释监视器"共

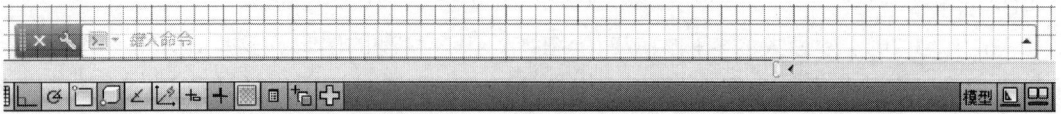

(a)

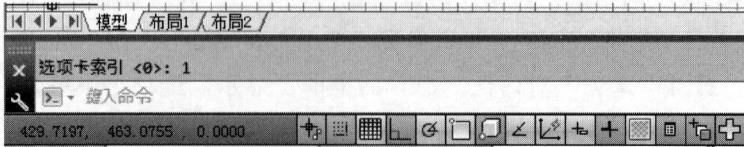

(b)

图 1-12　命令窗口
(a) 命令窗口初始位置；(b) 命令窗口常用位置

15 个状态选项，单击按钮或者用相应的快捷键，即可开启或关闭相应状态。灰色表示关闭，浅蓝色表示开启。鼠标光标移动到状态栏的坐标值处单击鼠标右键，可控制坐标的显示与关闭。在状态按钮上单击鼠标右键，选择"显示"可设置状态按钮是否出现在状态栏上，如图 1-14 所示。

图 1-13　状态栏

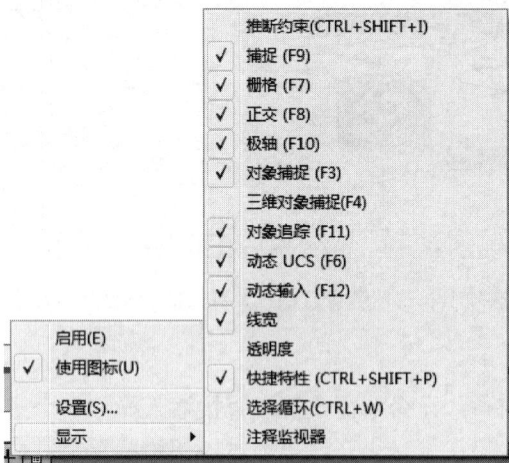

图 1-14　设置状态栏

8. 状态托盘

状态托盘包括一些常见的显示工具和注释工具，如图 1-15 所示，通过这些按钮可以控制图形或绘图区的状态。

9. 世界坐标视口控件

控件位于绘图区左上角，实际包含三个控件，即"视口控件"、"视图控件"、"视觉样式控件"，其功能如图 1-16 所示。

控件主要用于三维绘图中，平常不用时，可将其关闭，具体方法为：打开"选项"对话框。找到对话框的"三维建模"选项卡中左下角的"在视图中显示工具"模块，将"显示视口控件"勾掉，即可关闭世界坐标视口在绘图区的，如图 1-17 所示。若需显示，则勾选该项目即可。

10. View Cube 工具

View Cube 是在二位模型空间或三维视觉样式中处理图形时显示的导航工具。通过 View Cube 工具，可以在标准视图和等轴测视图间切换。

View Cube 是持续存在的、可单击和可拖动的界面，它可用于在模型的标准与等轴测视图之间切换。显示 View Cube 时，它将显示在模型上绘图区域中的一个角上，且处于非活动模型与布局空间转换模型　快速查看布局　快速查看图形　注释比例　注释可见性　自动添加注释　切换工作空间　工具栏/窗口位置锁定　硬件加速　隔离　状态栏下拉菜单按钮　全屏显示

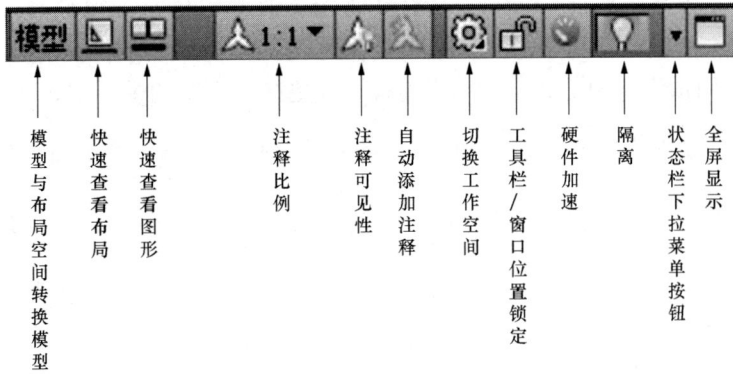

图 1-15　状态托盘

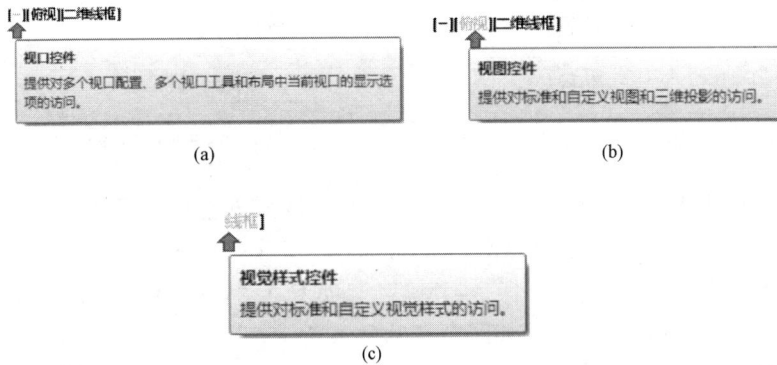

(a)

(b)

(c)

图 1-16　世界坐标视口控件
（a）视口控件；（b）视图控件；（c）视觉样式控件

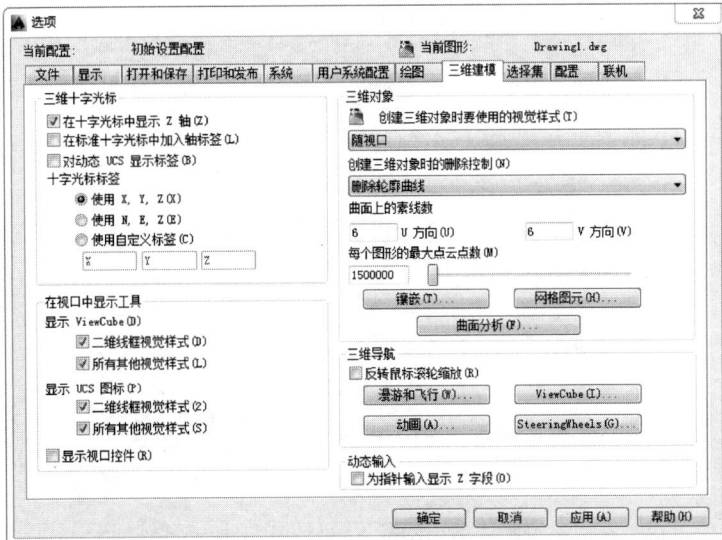

图 1-17　关闭视口控件方法

状态，如图 1-18 所示。View Cube 工具将在视图更改时提供有关模型当前视点的直观反映。当光标放置在 View Cube 工具上时，它将变为活动状态。用户可以拖动或单击 View Cube、切换至可用预设视图之一、滚动当前视图或更改为模型的主视图。

例如，图 1-19 中的《东、南、西》、北 称为指南针，鼠标点击后，视图将分别转换到初始预设的，右视图、主视图、左视图、后视图。鼠标点击图 1-18 左上角的 🏠，视图将转到正等轴测图方向，如图 1-19 所示。点击右上方的按钮 ↻，每次点击可以将视图沿箭头所示方向旋转 90°。

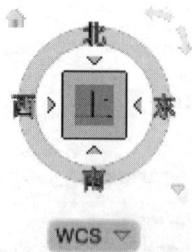 

图 1-18　View Cube 工具　　　　图 1-19　正等轴测方向

如果不需要使用 View Cube 工具，可将其在绘图区域内隐藏，具体方法为："视图"选项卡→"用户界面"面板→"用户界面"下拉菜单→清除"View Cube"选项，如图 1-20（a）所示；或者"选项"对话框→"三维建模"选项卡→"在视口中显示工具"模块→勾掉"显示 View Cube"下的两个选项，如图 1-20（b）所示。

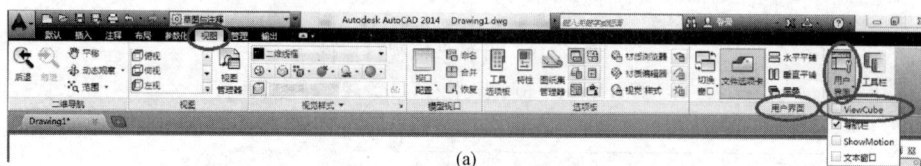

(a)

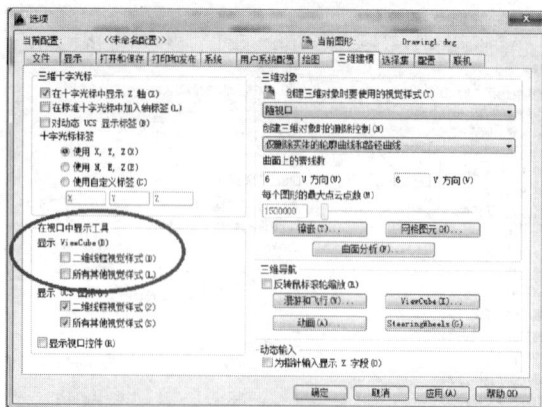

(b)

图 1-20　隐藏 View Cube 工具
（a）隐藏 View Cube 工具方法一；（b）隐藏 View Cube 工具方法二

11. 导航栏

通过导航栏可以从中访问通用导航工具和特定于产品的导航工具，常用的包括"导航控制盘"、"平移"、"缩放工具"、"动态观察工具"，"Show motion"，如图 1 - 21 所示。图标中带有 ▾ 的，表示带有下拉菜单，里面还集成了其他相关功能，鼠标点击即可展开浏览和使用。导航栏在当前绘图区域的一个边上方沿该边浮动。如果不需要使用导航栏，可直接单击导航栏左上角 ⊗ 的将其在绘图区域内隐藏。单击导航栏右下角的图标 ▤，展开一下拉菜单，可以选择导航栏上显示的功能图标进行筛选，如图 1 - 22 所示。

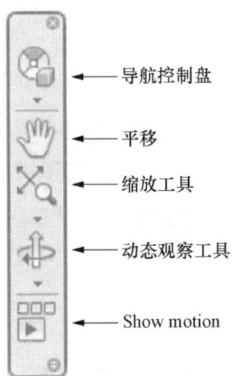

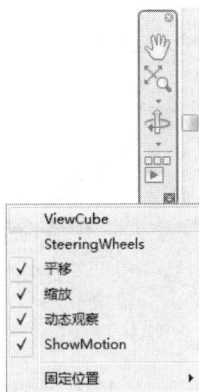

图 1 - 21 导航栏   图 1 - 22 导航栏下拉菜单

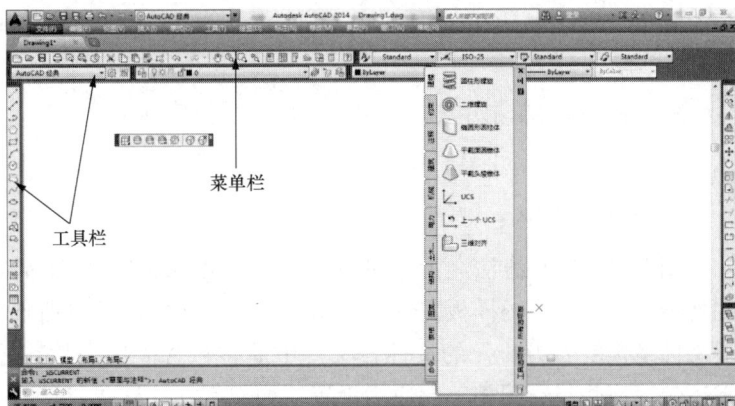

12. AutoCAD 的经典工作界面

单击在快速访问工具栏的"工作空间"按钮，出现下拉菜单，如图 1 - 23 所示，选择"AutoCAD 经典"选项即可将工作界面转换到经典工作界面。"AutoCAD 经典"工作空间与"草图与注释"之间的区别在于菜单栏、工具栏及工具选项板，如图 1 - 24 所示。

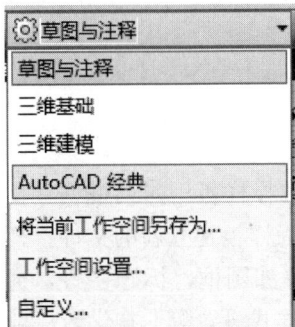

图 1 - 23 切换工作空间   图 1 - 24 AutoCAD 经典工作界面

"AutoCAD 经典"工作空间所有的工具栏都是浮动的，用户可将各工具栏拖放到工作界面的任意位置。打开和关闭工具栏的简便方法是在任一工具栏的位置单击鼠标右键，在弹出的快捷菜单中将相应的选项勾选，如图 1 - 25 所示。

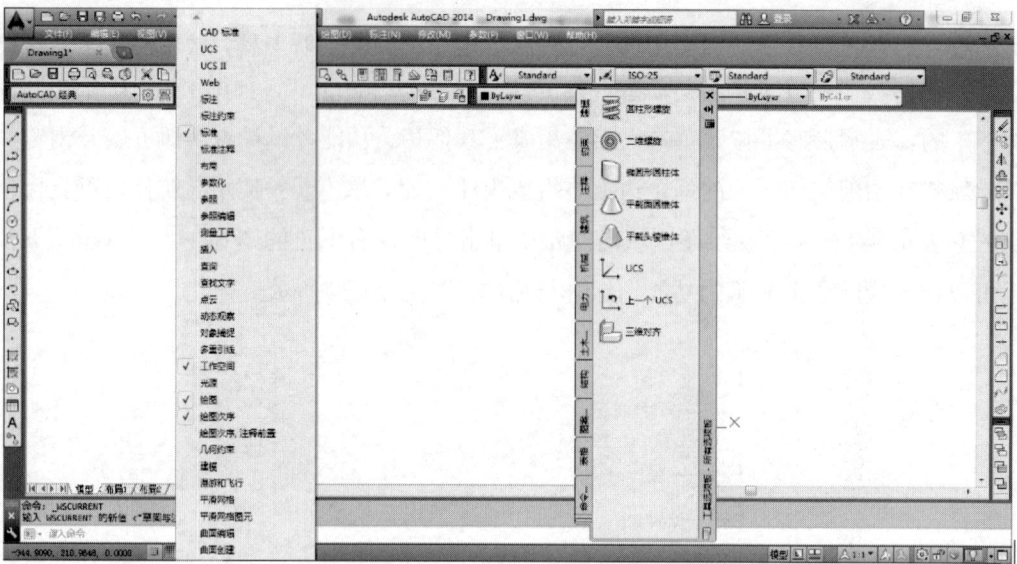

图 1-25   工具栏及快捷菜单

1.3   AutoCAD2014 的基本操作

在使用 AutoCAD2014 之前，必须掌握在 AutoCAD2014 中文件的操作和管理方法、AutoCAD2014 命令的调用和执行方式，在绘图过程中数据的输入方法、图形的显示控制，以及辅助绘图工具的设置等基本操作。

1.3.1   AutoCAD2014 图形文件的管理

1. 建立新的图形文件

AutoCAD2014 中可以通过以下方式之一建立新的图形文件：

➢ 命令：new

➢ 在下拉菜单中单击［文件（F）］/［新建（N）］

➢ 在"标准"工具栏中单击新建图标

➢ 快捷键键入：Ctrl＋N

用上述任一种方法激活新建命令后，弹出如图 1-26 所示的"选择样板"对话框，在文件列表区选择需要的样板文件，单击"打开"按钮，即以所选文件为样板建立新的文件。样板文件是扩展名为 dwt 的文件，文件中通常包含一些通用图形对象如图框、标题栏等，通常还包含一些与绘图相关的通用设置，如文字标注样式、尺寸标注样式设置等。初学者一般建议选用"acadiso. dwt"文件，"acadiso. dwt"是一个公制样板文件，相当于图形界限为 420×297 的 A3 图纸幅面，其有关设置比较接近我国的绘图标准。

2. 打开已有的图形文件、多文档操作

AutoCAD2014 中可以通过以下方式打开原有的图形文件：

➢ 命令：open

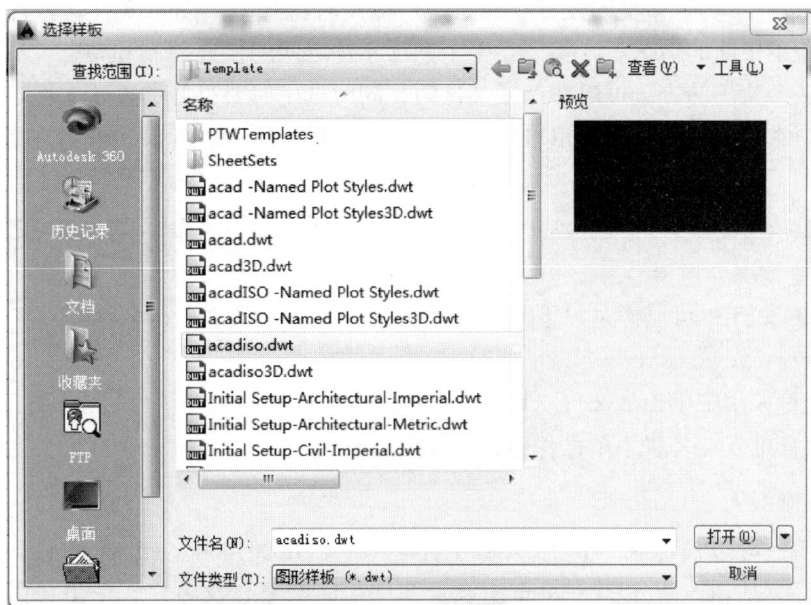

图 1-26　"选择样板"对话框

➢ 在下拉菜单中单击［文件（F）］/［打开（O）］

➢ 在"标准"工具栏中单击打开图标 🔍

➢ 快捷键键入 Ctrl +O

用上述任一种方法激活"打开"命令后，弹出如图 1-27 所示的"选择文件"对话框，在对话框中选择要打开的文件，单击"打开"按钮，或直接双击要打开的文件的图标，也可以在文件名输入框中输入要打开的文件名称，单击"打开"按钮打开文件。

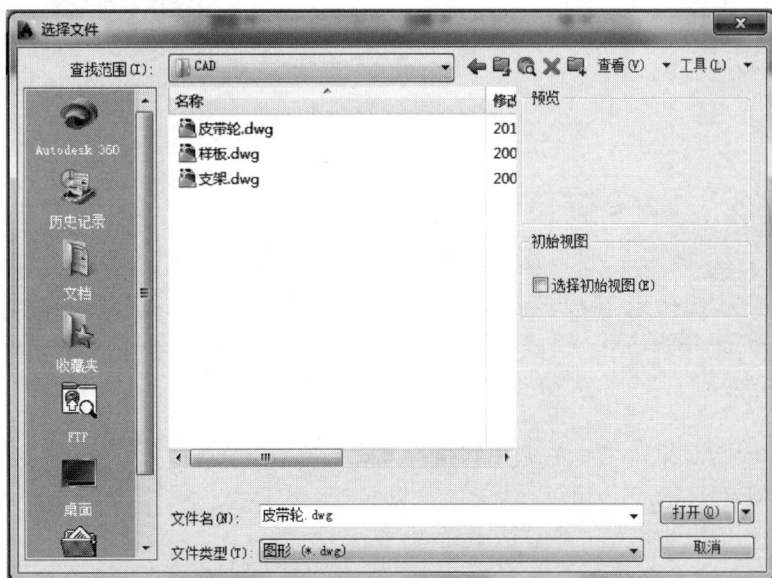

图 1-27　"选择文件"对话框

　　AutoCAD2014 具有多文档设计功能，用户可同时打开多个图形文件，并且在保持图形各自当前命令不中断的情况下，实现在多个图形文件之间的快速复制和粘贴，从而提高绘图效率。打开多个文件的方法可以在选择文件时，同时选中所要打开的多个文件，再单击"打开"按钮，一次打开多个文件，也可依次打开单个文件。所有打开的文件名称均按顺序排列在下拉菜单的"窗口"菜单中，可通过单击列表中的文件名来实现各个文件窗口之间的切换，也可通过按 Ctrl + F6 或 Ctrl + Tab 组合键来实现各个文件窗口之间的切换。

　　3. 保存当前文件图形

　　AutoCAD2014 中可以通过以下方式之一保存当前图形文件：

- ➢ 命令：save 或 qsave
- ➢ 在下拉菜单中单击［文件（F）］/［保存（S）］
- ➢ 在"标准"工具栏中单击保存图标 ▣
- ➢ 快捷键键入：Ctrl + S

　　用上述任一种方法激活"保存"命令后，AutoCAD2014 都会出现如图 1 - 28 所示的"图形另存为"对话框，可在此对话框中设置文件存储的路径及名称。单击"保存"按钮保存文件并关闭对话框。

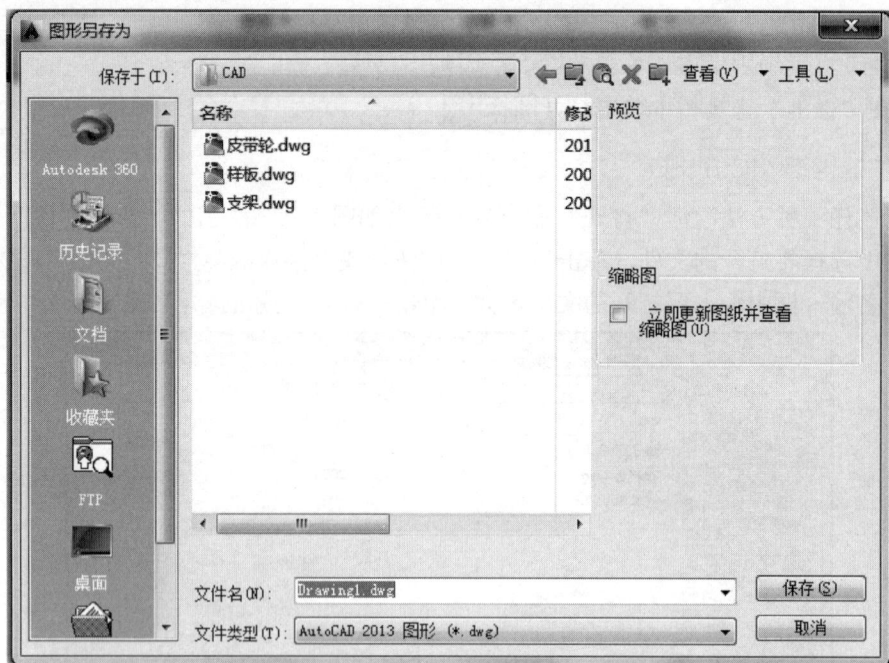

图 1 - 28　"图形另存为"对话框

1.3.2　AutoCAD2014 命令的调用和执行方式

1. AutoCAD2014 命令的调用

有多种方法可以调用 AutoCAD2014 的命令：

（1）利用键盘输入命令名称或命令缩写字符。以画直线为例：当命令窗口出现"命令"

提示后，利用键盘输入命令"LINE"或命令缩写字"L"，并按 Enter 键，则命令立即被执行。AutoCAD 的命令字符不分大小写。

（2）单击下拉菜单或快捷菜单中的选项。用鼠标单击下拉菜单或快捷菜单中的相应选项，相应命令立即被执行。例如用鼠标单击［绘图］下拉菜单中的［直线］选项，则直线"line"命令立即被执行。

（3）单击工具栏中的对应图标。用鼠标单击工具栏中相应的图标按钮，即可执行命令。如图 1 - 29 所示，单击"绘图"工具栏中的直线图标按钮 ╱ 即可执行直线"line"命令。初学者若对图标按钮的对应命令还不熟悉，可将光标停留在图标按钮上一段时间，系统会弹出提示框，提示该按钮图标所对应的命令。

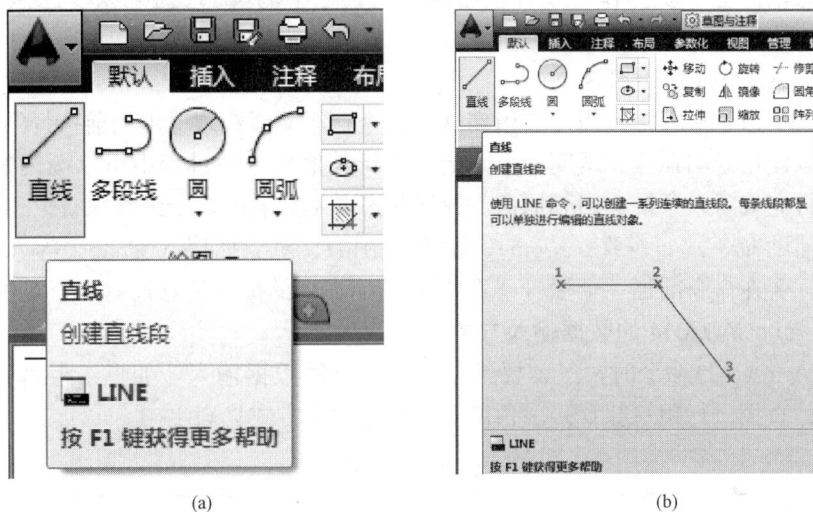

(a)　　　　　　　　　　(b)

图 1 - 29　工具栏中的图标按钮及其提示
(a) 功能提示；(b) 详细提示

（4）重复执行上一次命令。当结束一个命令后，按 Enter 键或 Space 键可重复执行上一个命令。

2. AutoCAD2014 命令的执行方式

当命令被激活后，AutoCAD 在命令提示行中会出现实时操作及有关选项的提示（若启用动态输入相关选项，会在光标提示栏中提示），初学者应特别注意这些提示信息，通过这些提示可了解命令的执行进程，并及时响应系统要求正确操作。如激活"cricle"（画圆）命令后，提示行显示：

Circle 指定圆的圆心或［三点（3P）/两点（2P）/相切、相切、半径（T）］：

提示行中括号"［］"前面的提示为默认选项，可直接按其提示的内容进行操作。括号"［］"中的内容是除默认选项外的其他选项，多个选项用"/"隔开，圆括号"（）"中的数字和字母是该选项的标识符，如要选择某一选项，只需输入该选项的标识符后按 Enter 键即可，字母不分大小写。此例中按照其提示"指定圆的圆心"，用鼠标在绘图区指定一点（或用键盘输入点的坐标）作为所要画圆的圆心，响应系统提示"指定圆的圆心"后，系统继续提示：

　　指定圆的半径或［直径（D）］<10.0000>：

此时提示中的默认选项为"指定圆的半径"，可输入一个数值作为圆的半径，尖括号"< >"中的数值为上一次执行该命令时的数值，可直接按 Enter 键采用该默认值作为圆的半径。若要以直径画圆，可先输入"D"，按 Enter 键后再输入直径数值。

AutoCAD2014 在命令执行的任一时刻都可以用键盘上的 Esc 键取消和终止命令的执行。

当需要撤销已经执行的命令时，可通过命令"undo"或"u"，或者标准工具栏中的 ↩ 按钮来依次撤销已经执行的命令。当使用命令"undo"或"u"后，紧接着可使用"redo"命令恢复已撤销的上一步操作，或者单击标准工具栏中的 ↪ 按钮来恢复已撤销的上一步操作。

　　3. AutoCAD2014 的透明命令

在执行某个命令过程中，当需要用到其他命令，而又不希望退出当前执行的命令时，这种情况下可以使用透明命令。透明命令是指在执行其他命令的过程中可以调用执行的命令，透明命令执行完成后，系统又回到原命令执行状态，不影响原命令继续执行。透明命令通常是一些绘图辅助命令，如缩放（zoom）、栅格（grid）、对象捕捉（osnap）等。透明命令从键盘输入时，要在命令前加一个撇号"'"号，透明命令的提示信息前有一个双折号"≫"。

1.3.3　AutoCAD2014 的数据输入方法

在执行 AutoCAD 命令时，经常要进行一些必要的数据输入，如点、距离（包括高度、宽度、半径、直径、行距/列距等）、角度等。具体输入方式见表 1-1。

表 1-1　　　　　　　　　　　　　数据输入方式

数据类别	输入方式	输入格式		说明
点	键盘	绝对坐标	x，y，z	用坐标 x，y，z 确定的点，数值间用","分开。二维作图时不必输入 z
		相对坐标	@x，y，z	@表示某点的相对坐标，x，y，z 是相对于前一点的坐标增量
		极坐标	@$L<\alpha$	L 表示输入点与前一点的距离，α 是该点与前一点的连线和 x 轴正向的夹角
	鼠标	拾取光标或目标捕捉		用鼠标将光标移至所希望的位置，单击左键，就输入了该点的坐标。精确绘图时用捕捉特征点或目标追踪捕捉
距离	键盘	数值方式		输入距离数值
	鼠标	位移方式		采用位移方式输入距离时，AutoCAD 会显示一条由基点出发的"橡皮筋"，移动鼠标至适当位置并单击，即输入了两点间的距离；若无明显的基点时，将要求输入第二点，以两点间的距离作为所需数据
角度	键盘	数值方式		输入角度数值，以度为单位，且以 x 轴正向为基准零度，逆时针方向为正
	鼠标	位移方式		采用指定点方式输入角度时，角度值由输入两点的连线与 x 轴正向的夹角确定

1.3.4　AutoCAD2014 图形显示控制

在绘图的过程中，有时需要绘制细部结构，而有时又要观看图形的全貌，因为受到视窗显示大小的限制，需要频繁地缩放或移动绘图区域。AutoCAD2014 提供了视窗缩放和平移功能，从而方便地控制图形的显示。

1. 窗口缩放

使用窗口缩放命令可以对图形的显示进行放大和缩小，而对图形的实际尺寸不产生任何影响。可以使用下列方法之一启动窗口缩放命令。

> 命令行：zoom
> 下拉菜单：［视图（V）］/［导航］面板按钮 ⌕ 范围·旁边的黑色箭头，弹出嵌套按钮，如图 1 - 30 所示。
> 标准工具栏：⌕ 范围·。
> 快捷菜单：在绘图区单击鼠标右键，在弹出的快捷菜单中选择"缩放"，如图 1 - 31 所示。

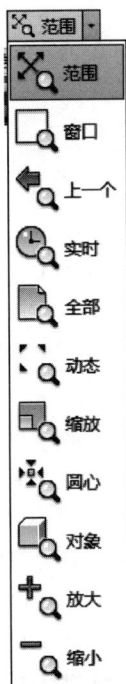

⌕ 范围 ·	
⌖ 范围	重复COMMANDLINE(R)
⌕ 窗口	最近的输入 ▶
⬅ 上一个	剪贴板 ▶
⌕ 实时	隔离(I) ▶
⌕ 全部	↶ 放弃(U) Commandline
⌕ 动态	↷ 重做(R) 命令组　　Ctrl+Y
⌕ 缩放	⬭ 平移(A)
⌕ 圆心	⌕ 缩放(Z)
⌕ 对象	◎ SteeringWheels
＋⌕ 放大	动作录制器 ▶
－⌕ 缩小	子对象选择过滤器 ▶
	⌕ 快速选择(Q)...
	快速计算器
	⌕ 查找(F)...
	☑ 选项(O)...

图 1 - 30　缩放工具栏按钮　　　　　　　图 1 - 31　快捷菜单的缩放选项

执行命令后，命令行出现如下提示：

命令：zoom

指定窗口的角点，输入比例因子（nX 或 nXP），或者

［全部（A）/中心（C）/动态（D）/范围（E）/上一个（P）/比例（S）/窗口（W）/对象（O）］＜实时＞：

各选项简要说明如下：

［全部（A）］：以绘图范围显示全部的图形。

　　〔中心（C）〕：系统将按照用户指定的中心点、比例或高度进行缩放。

　　〔动态（D）〕：利用此选项可实现动态缩放及平移两个功能。

　　〔范围（E）〕：此选项可以使图形充满屏幕。与全部缩放不同的是，此项是对图形范围，而全部缩放是对绘图范围。

　　〔上一个（P）〕：显示上一次显示的视图。

　　〔比例（S）〕：按照输入的比例，以当前视图中心为中心缩放视图。

　　〔窗口（W）〕：把窗口内的图形放大到全屏显示。

　　〔对象（O）〕：系统将选取的对象放大使图形充满屏幕。

　　在实际操作中，实现图形缩放最简单常用的方法是直接利用鼠标的滚轮，将光标移至视窗中某一点，向上滚动鼠标滚轮，则视图以光标所在点为中心放大；向下滚动鼠标滚轮，则视图以光标所在点为中心缩小。

　　2．平移

　　平移用于移动视图而不对视图进行缩放。可以使用下列方法之一启动平移命令。

➤　命令行：pan 或 p

➤　面板按钮：〔视图（V）〕/〔导航〕　 平移

➤　导航栏：

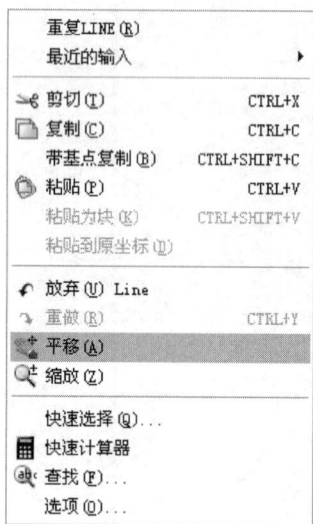

图 1-32　快捷菜单的平移选项

➤　快捷菜单：在绘图区单击鼠标右键，在弹出的快捷菜单中选择"平移"，如图 1-32 所示。

　　平移分为实时平移和定点平移。

　　实时平移：光标变成手形，此时按住鼠标左键移动，即可实现实时平移。

　　定点平移：用户指定两点，视图按照两点直线方向平移。

　　在实际操作中，实现图形平移最简单常用的方法是按住鼠标的滚轮，此时光标变为手形，移动鼠标即可实现平移。

1.3.5　AutoCAD2014 辅助绘图工具的设置

　　为了快速准确地绘图，AutoCAD2014 提供了"捕捉"、"栅格"、"正交"、"极轴"、"对象捕捉"、"对象追踪"、"动态输入"等辅助绘图工具供用户选择。可通过以下方法设置这些辅助绘图工具的状态和参数：

　　（1）通过单击界面最底部状态栏中辅助绘图工具（图 1-33）的相应按钮切换其开关状态。

　　（2）右键单击辅助绘图工具的相应按钮，选择"设置"菜单项，在弹出的"草图设置"对话框中设置相应的参数。

图 1-33　状态栏的辅助绘图工具按钮

　　（3）下拉菜单：〔工具（T）〕/〔草图设置（F）〕，在弹出的"草图设置"对话框中选择相应的选项卡，设置相应的参数。

　　常用辅助绘图工具的功能如下：

1. 捕捉和栅格

捕捉：约束鼠标每次移动的步长。使用命令"snap"或单击状态栏上的"捕捉"按钮，或按快捷键 F9 可控制捕捉的开启或关闭。

栅格：是一种可见的参考图标，它由一系列有规则的点组成，类似于带栅格的图纸，如图 1-34 所示。栅格有助于排列图形对象和看清它们之间的距离。如与捕捉功能配合使用，对提高绘图精度及绘图速度作用更大。使用"grid"命令或直接用鼠标单击状态栏上的"栅格"按钮，或按快捷键 F7 可控制栅格的开启或关闭。栅格不属于图形的一部分，不会被打印出来。

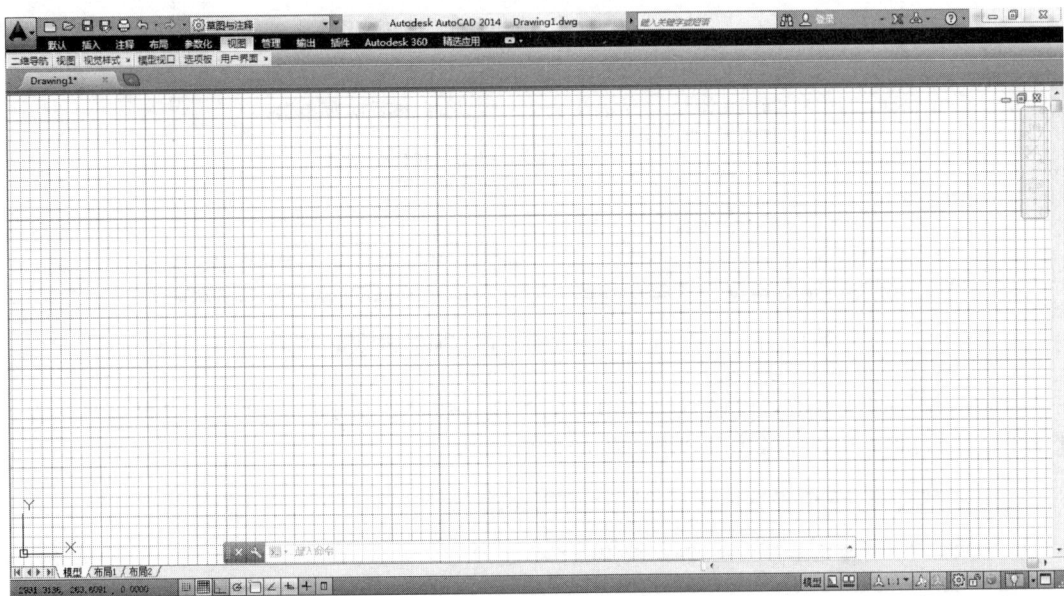

图 1-34 栅格

右键单击"捕捉"或"栅格"按钮，选择"设置"菜单项，弹出"草图设置"对话框，在"捕捉和栅格"选项卡中，可设置捕捉和栅格的开关状态，以及设置捕捉和栅格的间距、捕捉的样式和类型，如图 1-35 所示。

2. 正交

使用正交模式可以绘制水平或垂直的图形对象。使用"Ortho"命令或直接用鼠标单击状态栏上的"正交"按钮，或按快捷键 F8 可控制正交模式的开启或关闭。

3. 极轴和极轴追踪

使用"极轴"功能，可以方便快捷地绘制一定角度的直线。使用"极轴追踪"，可按指定的极轴角或极轴角的倍数对齐要指定点的路径。"极轴追踪"必须配合"极轴"功能和"对象追踪"功能一起使用，即同时打开"极轴"开关和"对象追踪"开关。

单击状态栏上的"极轴"按钮，或按快捷键 F10 可控制"极轴追踪"的开启或关闭，单击状态栏上的"对象追踪"按钮，或按快捷键 F11 可控制"对象追踪"的开启或关闭。

右键单击状态栏中的"极轴"按钮，选择"设置"菜单项，弹出"草图设置"对话框，

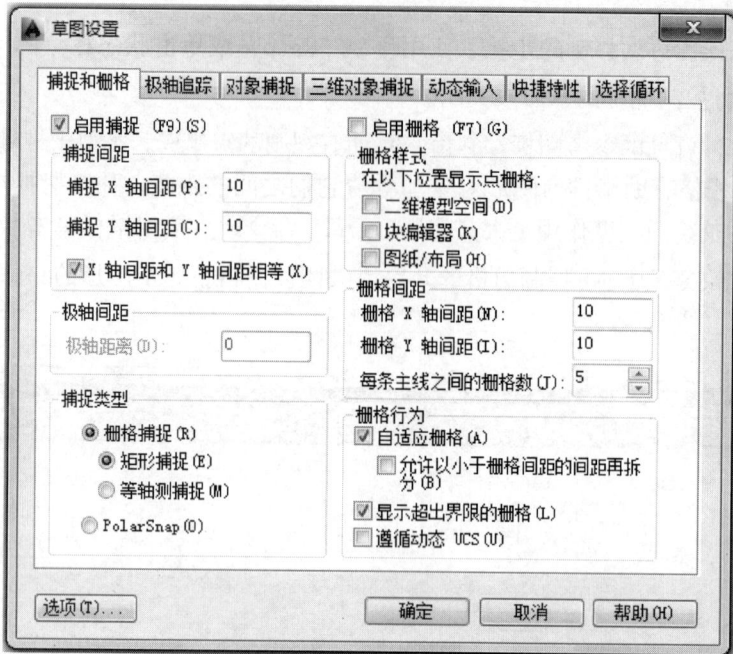

图 1-35　"草图设置"对话框中的"捕捉和栅格"选项卡

在"极轴追踪"选项卡中，可设置极轴追踪的各项参数，如图 1-36 所示。也可以直接在右键单击后出现的菜单中选择要设置的极轴增量角。

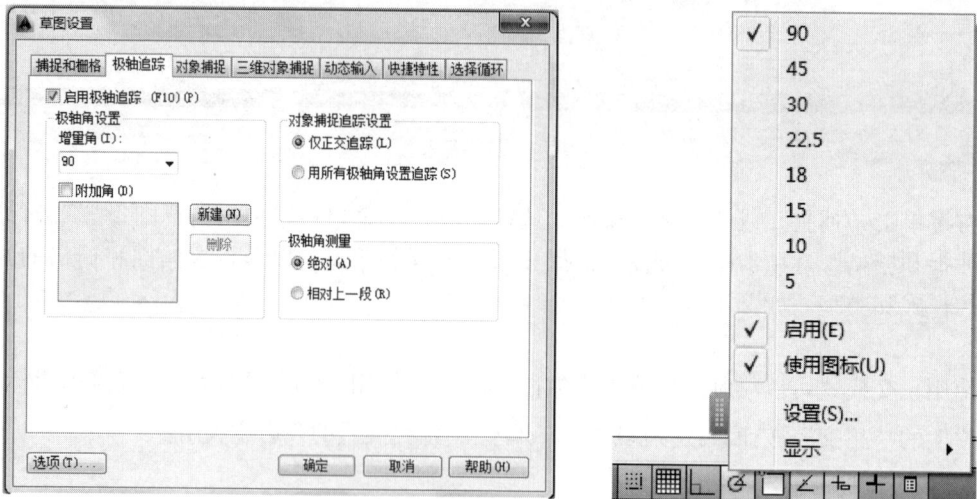

图 1-36　"草图设置"中的"极轴追踪"选项卡

"启用极轴追踪"复选框：打开或关闭极轴追踪功能。

"增量角"下拉列表：设置极轴夹角的递增值，当极轴夹角为该值倍数时，显示辅助线。

"附加角"复选项：当"增量角"下拉列表中的角不能满足需要时，可先选中该项，再通过"新建"命令增加特殊的极轴夹角。

4. 对象捕捉和对象捕捉追踪

使用"对象捕捉"功能可以快速、准确的捕捉到一些特殊的点，例如圆心、切点、线段的端点、中点等。使用"对象捕捉追踪"功能，可捕捉到特殊位置的点作为基点，按指定的极轴角或极轴角的倍数对齐要指定点的路径。"对象捕捉追踪"必须配合"对象捕捉"功能和"对象追踪"功能一起使用，即同时打开"对象捕捉"开关和"对象追踪"开关。

用鼠标单击状态栏上的"对象捕捉"按钮，或按快捷键 F3 可控制对象捕捉功能的开启或关闭。

右键单击状态栏中的"对象捕捉"按钮，选择"设置"菜单项，弹出"草图设置"对话框，在"对象捕捉"选项卡中，如图 1-37 所示，可设置对象捕捉的模式。也可以直接在右键单击后出现的菜单中选择要设置的对象捕捉的模式。对象捕捉模式选项卡中有很多选项，应根据绘图需要合理选择，过多地选择不仅不能提高绘图速度，反而影响绘图速度和有效地拾取所需要的点。

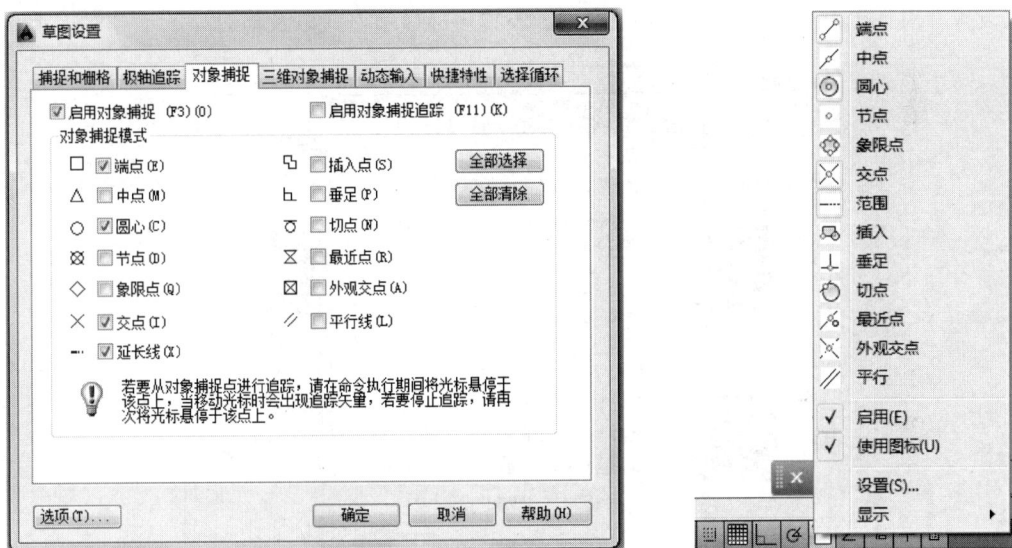

图 1-37　"草图设置"对话框中的"对象捕捉"选项卡

5. "DYN"动态输入

启用动态输入功能后，系统在绘图区的光标附近提供一个命令提示和输入界面，用户可直观地了解命令执行的有关信息并可直接动态地输入绘制对象的各种参数，使绘图变得直观简捷。

单击状态栏的"DYN"按钮或快捷键 F12 可以控制动态输入功能的开关状态。

通过"草图设置"对话框或右键单击"DYN"按钮，打开"动态输入"选项卡，如图 1-38 所示，可设置动态输入、动态提示等选项。各选项功能如下：

（1）"启用指针输入"复选框：选中则启用指针输入并打开动态输入；不选则关闭指针输入。启用指针输入功能后，当执行与点有关的命令时，十字光标的位置坐标将显示在光标附近的提示栏中，也可在此提示栏中直接输入点的坐标，如图 1-39 所示。

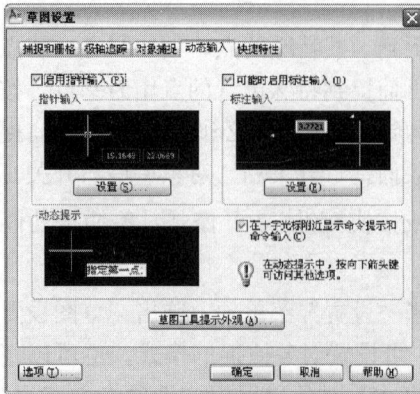

图 1-38 "草图设置"中的"动态输入"选项卡   图 1-39 启用指针输入时的动态提示

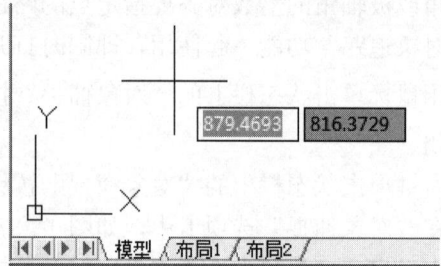

(2) 指针输入的"设置"按钮：单击"指针输入"选项组中的"设置"按钮，弹出"指针输入设置"对话框，如图 1-40 所示，可用于设置坐标显示格式以及何时显示工具栏提示。

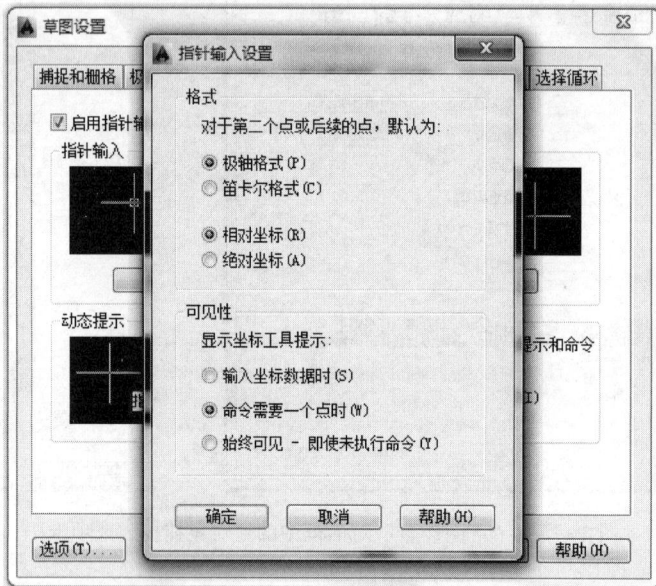

图 1-40 "指针输入设置"对话框

(3) "可能时启用标注输入"复选框：选中时启用标注输入并启动动态输入；不选则关闭标注输入。启用标注输入后，在默认设置下，当命令提示输入下一点时，光标工具栏将显示橡皮筋的长度和极角，可直接输入长度和极角，输入时按 Tab 键可在长度与极角输入字段之间切换，如图 1-41 所示。

(4) 标注输入的"设置"按钮：单击"标注输入"选项组中的"设置"按钮，弹出"标注输入的设置"对话框，如图 1-42 所示，可用于设置工具栏提示的格式。

(5) 动态提示选项组中的"在十字光标附近显示命令提示和命令输入"复选框：可用于设置是否在光标提示栏中显示命令提示。

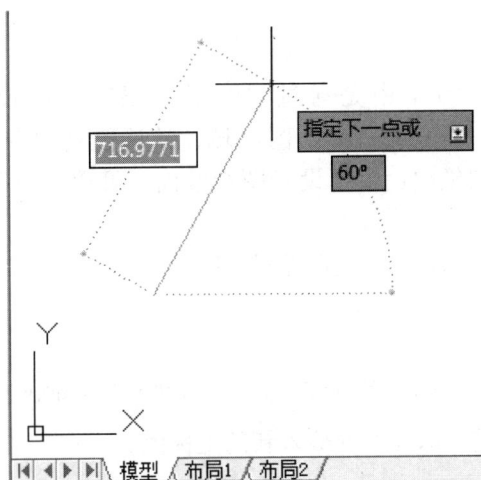

图 1-41　启用标注输入时的动态提示

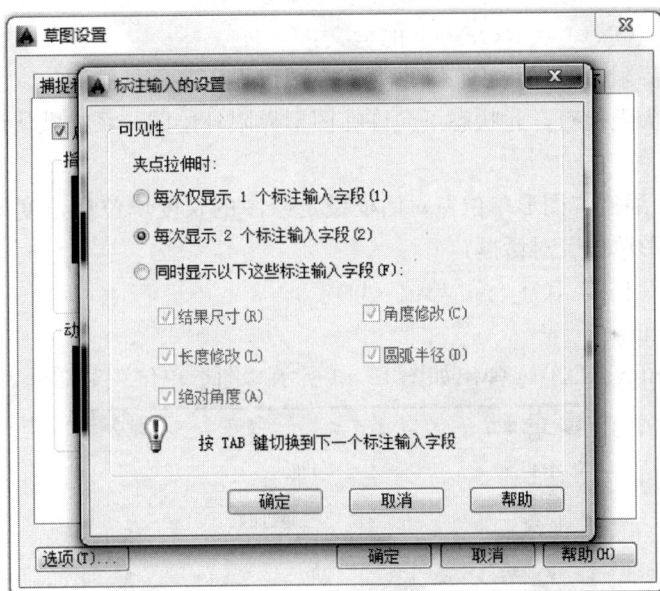

图 1-42　"标注输入的设置"对话框

1.4　基本绘图及系统设定

在开始绘图之前一般需要对基本绘图环境进行设置，就像在图纸上绘图一样，必须先根据图形的大小，准备好合适大小的图纸，根据不同的线型要求准备好粗细不同的绘图笔。设置好 AutoCAD 的绘图环境，可以大大提高绘图的效率，而且使不同的图形文件具有统一的设置，有利于图纸的标准化。

1.4.1 基本绘图设定

1. 设置图纸幅面

图纸幅面在 AutoCAD2014 中是通过"图形界限"来设置的,图形界限是 Auto-CAD2014 绘图空间中的一个假想矩形绘图区域,默认值是左下角点(0,0),右上角点(420,297),相当于 A3 图纸幅面。要设置图纸幅面,可通过以下方法之一激活"图形界限"命令:

➤ 下拉菜单:[格式(O)]/[图形界限(I)]

➤ 命令:limits

执行命令后系统提示:

指定左下角点或[开(ON)/关(OFF)]<0.0000,0.0000>:

按 Enter 键使用默认值<0,0>或输入新的坐标值。

指定右上角点<420.0000,297.0000>:

输入右上角点的坐标。

例如要设定 A4 图纸幅面,则左下角点为<0,0>,右上角点为<210,297>

其中选项[开(ON)/关(OFF)]的含义:

开:打开图形界限检查。此状态下不允许在图形界限范围外绘图。

关:关闭图形界限检查,此状态下允许在图形界限外绘图,系统默认设置为关。

2. 设定绘图单位

AutoCAD2014 通过"图形单位"对话框设定绘图的长度单位和角度单位,可通过以下方法之一打开"图形单位"对话框:

➤ 下拉菜单:[格式(O)]/[单位(U)]

➤ 命令:ddunits

执行命令后 AutoCAD2014 弹出如图 1-43 所示"图形单位"对话框,各选项含义如下。

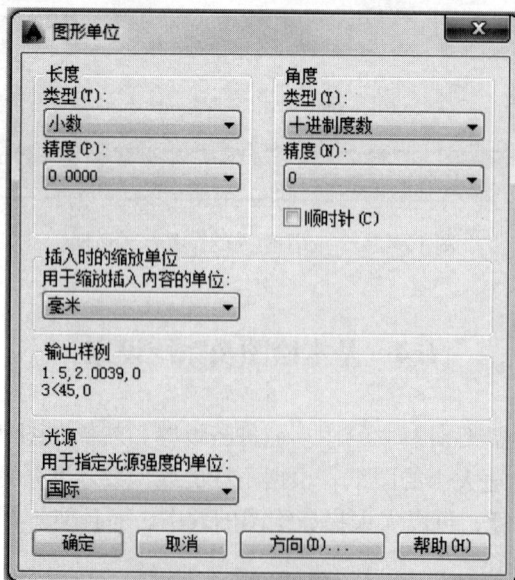

图 1-43 "图形单位"对话框

长度：设置长度单位的类型和精度。

角度：设置角度单位的类型和精度。

插入比例：设置插入块的图形单位。

输出样例：显示当前设置的单位和角度的举例。

方向：规定角度测量的起始位置和方向。

3. 设置图层

当需要使用不同的线型和图线宽度来绘图时，AutoCAD2014 可以通过图层来控制线型、线宽和颜色等内容，在绘图前应按国家标准创建必需的图层。

可通过以下方式之一激活图层管理命令：

➤ 工具栏操作：单击图层工具栏或图层面板中的图标

➤ 下拉菜单操作：[格式（O）]／[图层（L）]

➤ 命令行操作：layer 或 la

执行图层管理命令后，AutoCAD2014 弹出"图层特性管理器"对话框，如图 1 - 44 所示，下面以定义"中心线"层为例说明具体过程。

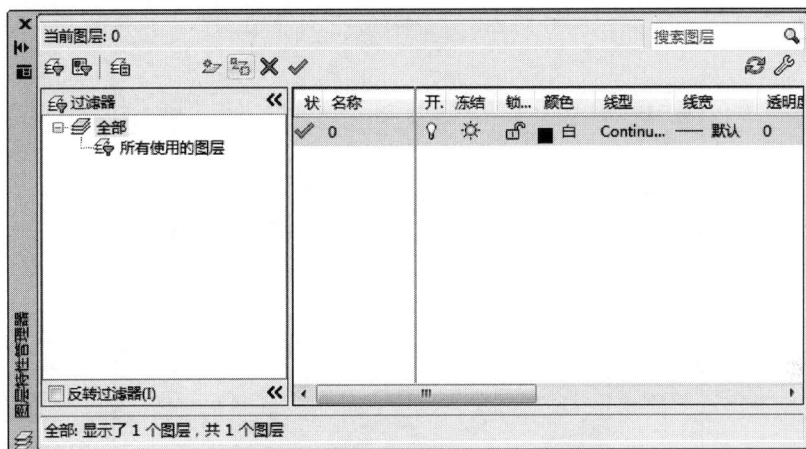

图 1 - 44   "图层特性管理器"对话框

单击对话框中的新建按钮 ，系统自动建立名为"图层 1"的图层，将"图层 1"改为"中心线"，按 Enter 键即新建了"中心线"图层。

单击"中心线"层中的"白色"项，在弹出的"选择颜色"对话框中（图 1 - 45）选择红色方块后单击对话框中的"确定"，完成颜色的设定。

单击"中心线"层中的"Continuous"项，弹出图 1 - 46 所示"选择线型"对话框，在新建文档的线型列表中只有"Continuous"一项，单击"加载"按钮，在弹出的"加载或重载线型"对话框（图 1 - 47）中选中"Center"，单击"确定"返回到"选择线型"对话框，可见在该对话框的线型列表中增加了"Center"一项，选中该线型，单击对话框中的"确定"按钮，即完成线型设定。

单击"中心线"层中的"——默认"项，弹出"线宽"对话框，如图 1 - 48 所示。在对话框中选择"0.25 毫米"，单击"确定"按钮即设定了中心线的线宽。

图1-45 "选择颜色"对话框

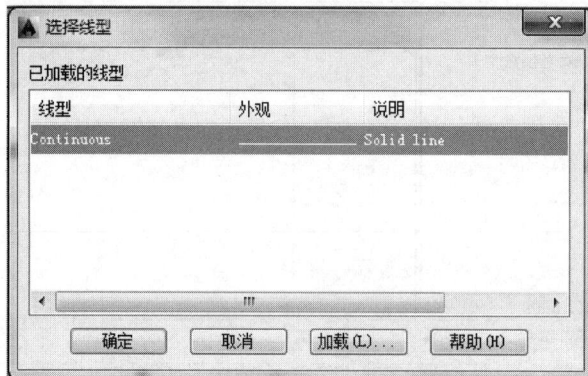

图1-46 "选择线型"对话框

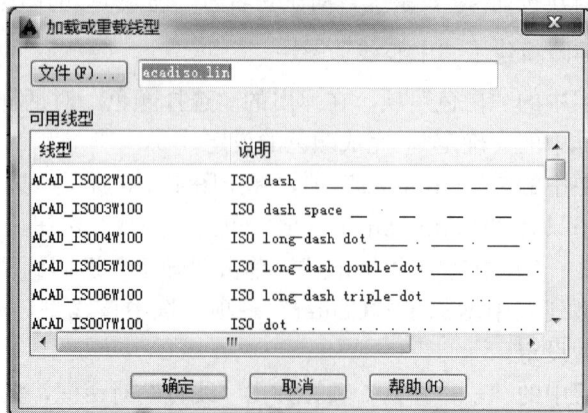

图1-47 "加载或重载线型"对话框

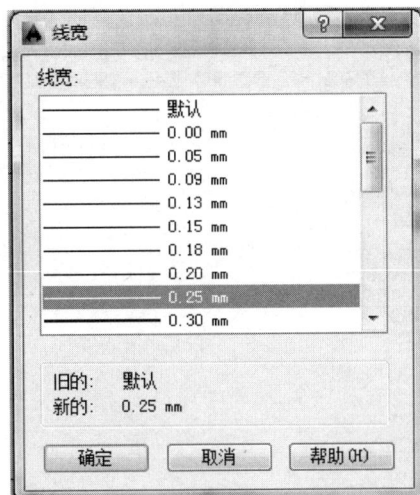

图 1 - 48　"线宽"对话框

用类似的方法，定义其他常用的图层，如图 1 - 49。单击确定"按钮"，关闭图层特性管理器。

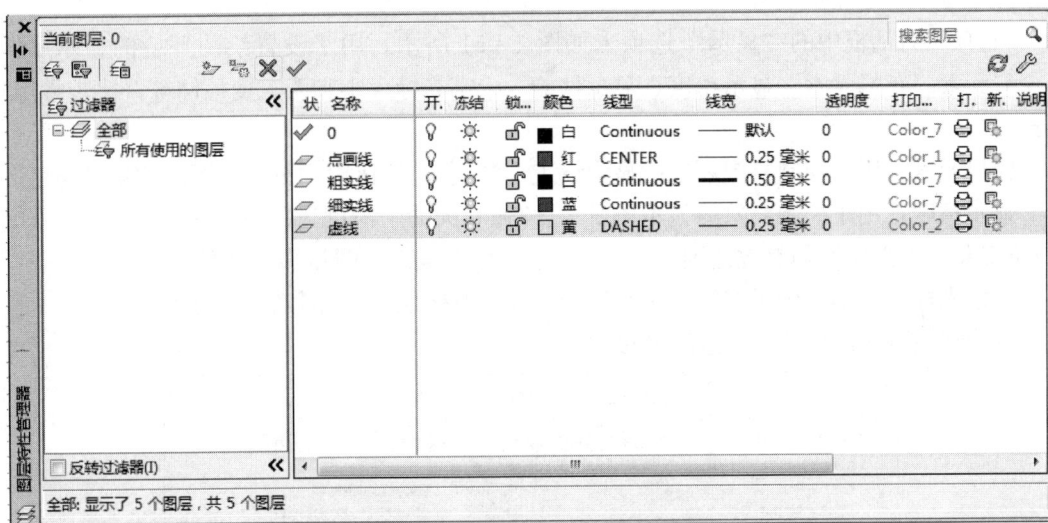

图 1 - 49　已定义好的图层

1.4.2　系统设定

AutoCAD2014 允许用户对系统环境进行设置，选择菜单［工具］/［选项］，或在命令行输入命令"options"，或者（在未运行任何命令也未选择任何对象的情况下）在绘图区单击鼠标右键，在弹出的快捷菜单中选择"选项"，均可打开如图 1 - 50 所示的"选项"对话框。对话框中包含有"文件"、"显示"、"打开和保存"、"打印和发布"、"系统"、"用户系统配置"、"绘图"、"选择集"、"配置"等多个选项卡，通过对各个选项卡的设置，可以改变绘图系统的参数。以下仅介绍几个常用的选项卡的设置。

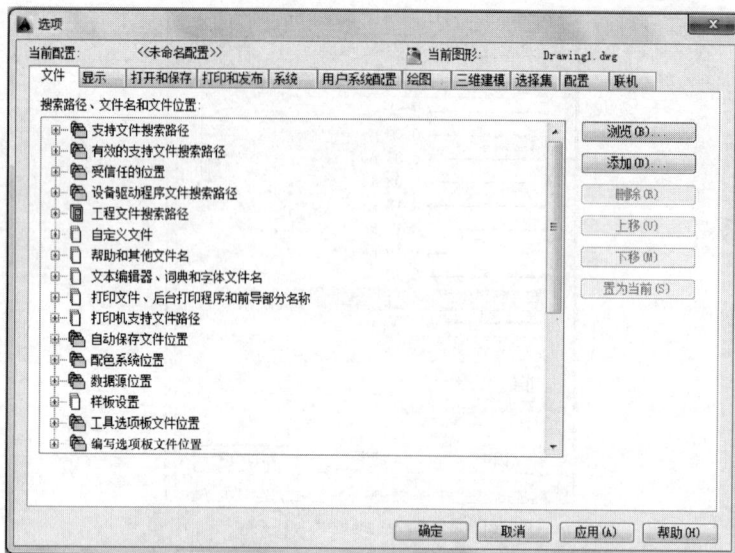

图 1-50　"选项"对话框

1. "显示"选项卡

"选项"对话框中的"显示"选项卡如图 1-51 所示，用于设置绘图环境的显示属性，如窗口元素、布局元素、显示精度、显示性能、十字光标大小和淡入度控制等，比较常用到的设置如：

窗口元素：用于控制绘图环境的显示设置，"颜色"按钮用于更改绘图区背景等颜色。

显示精度：用于控制对象的显示质量。"圆弧和圆的平滑度"的有效范围为 1～20 000，"渲染对象的平滑度"的有效范围为 1～10，显示精度越高，圆弧和圆的显示越光滑。

十字光标的大小：用于控制十字光标的尺寸。有效值从全屏幕的 1%～100%。

其余选项可按默认值，一般不必更改。

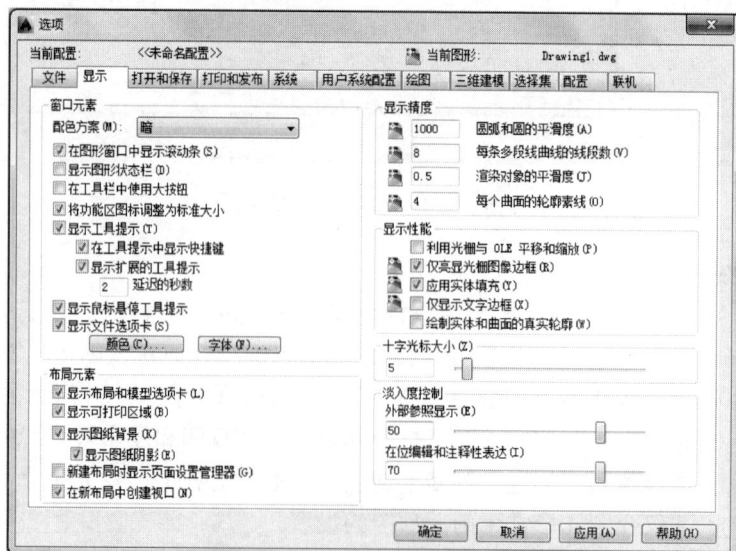

图 1-51　"选项"对话框的"显示"选项卡

2．"打开和保存"选项卡

"选项"对话框中的"打开和保存"选项卡如图 1-52 所示，可用于控制文件打开和保存的相关选项。

"文件保存"选项组中的"另存为"下拉列表框，用于设置文件保存的格式，可设置为较低版本的格式如"AutoCAD2004 图形（＊.dwg）"，以方便低版本用户打开文件。

"文件安全措施"选项组中的"自动保存"复选框，用于设置是否自动保存，"保存间隔分钟数"前的文本框，用于设置自动保存时间间隔。选用此项功能可避免意外断电或死机造成的工作成果丢失。

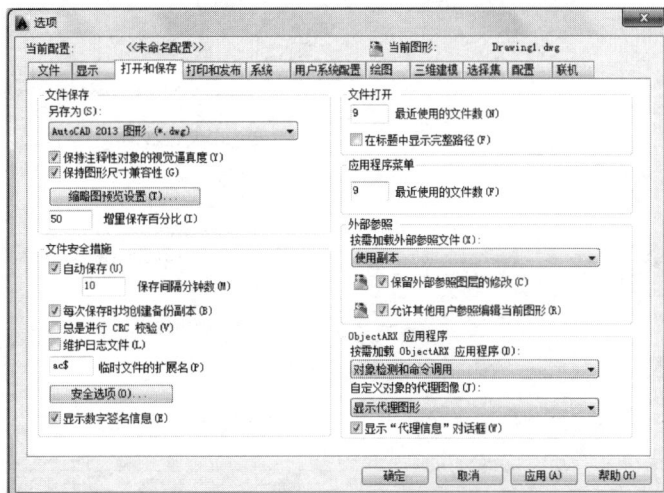

图 1-52 "选项"对话框的"打开和保存"选项卡

3．"绘图"选项卡

"选项"对话框中的"绘图"选项卡如图 1-53 所示，可用于指定多个基本编辑选项，包括自动捕捉、自动追踪、对齐点获取、靶框大小、设计工具栏提示等多项内容的设置。

图 1-53 "选项"对话框的"绘图"选项卡

"自动捕捉设置"选项组中的"颜色"按钮用于设置自动捕捉标记的颜色。

"自动捕捉标记大小"选项组中的滑块，可用于调整自动捕捉标记的大小。

"靶框大小"选项组中的滑块，用于调整十字光标中靶框的大小。

4."选择集"选项卡

"选项"对话框中的"选择集"选项卡如图 1-54 所示，可用于设置选择对象时的相关参数。

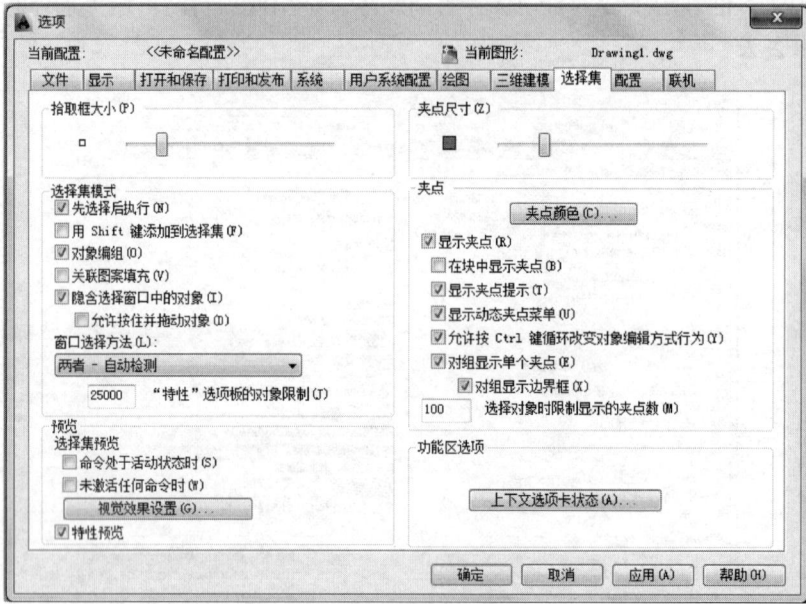

图 1-54　"选项"对话框的"选择集"选项卡

"拾取框大小"选项组中的滑块用于调整选择对象时拾取框的大小。

"夹点尺寸"选项组中的滑块用于调整夹点显示的大小。当"启用夹点"选项选中后，被选中的对象上会以小方块显示夹点，如图 1-55 所示。

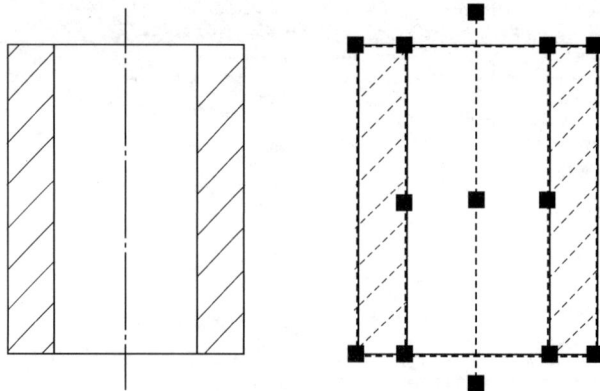

图 1-55　显示"夹点"

"选择集模式"选项组用于控制与对象选择方法相关的设置。默认情况下，"用 Shift 键添加至选择集（F）"为选中状态，当此项为选中状态时，要向选择集中添加对象，必须同时按住 Shift 键，不便于操作，所以一般不选中此项。

思考与练习

1. 可以采用哪几种方法启动 AutoCAD2014？
2. AutoCAD2014 的工作界面由哪几部分组成？各部分的主要作用是什么？
3. 有哪几种方法可以激活 AutoCAD2014 的画圆命令"circle"？
4. 在 AutoCAD2014 中，表示点的坐标有哪几种格式？
5. 以"acadiso"为样板，新建一文件，并按以下要求设置绘图及系统环境：
（1）设置图形界限为 A3（420×297）。
（2）设置表 1-2 所示图层及线型。

表 1-2　　　　　　　　　　　　　图层及线型

名称	颜色	线型	线宽
实体符号	白色	Continuous	0.35mm
连接线	白色	Continuous	0.35mm
中心线	红色	Center	0.25mm
虚线	黄色	ACAD_ISO02W100	0.25mm
定位线	洋红色	ACAD_ISO04W100	0.25mm
文字	青色	Continuous	0.25mm
尺寸线	绿色	Continuous	0.25mm
外图框线	白色	Continuous	0.25mm
内图框线	白色	Continuous	0.50mm

（3）启用对象捕捉，并将"中点"、"端点"、"圆心"、"交点"对象捕捉模式设置为"开"；启用极轴追踪，并设置"增量角"为 30°。

第2章 电力工程常用图形符号的绘制

使用 AutoCAD 可以方便地绘制各种二维平面图形。绘图时，一般先对作图对象进行分析，设置合适的绘图环境，再合理选用 AutoCAD 中的绘图、编辑等命令绘制图样。本章结合电力工程图中常用的图形符号，分析 AutoCAD 2014 提供的二维绘图、编辑命令的功能、输入方式及应用。

2.1 常用电力图形符号1——电流互感器

图 2-1 所示是电流互感器的图形符号，通过本例将学习直线命令 line、圆命令 circle。

图 2-1   电流互感器符号

2.1.1 基本绘图命令

1. 直线命令

用于绘制直线段。可以使用下列方法之一启动"直线"命令。

➤ 命令：line 或 l。

➤ 下拉菜单：[绘图 (D)] / [直线 (L)]。

➤ "绘图"工具栏或二维绘图面板按钮：▱。

2. 圆命令

用于绘制圆。可以使用下列方法之一启动"圆"命令。

➤ 命令：circle 或 c

➤ 下拉菜单：[绘图 (D)] / [圆 (C)]

➤ "绘图"工具栏或二维绘图面板按钮：◉

2.1.2 绘制步骤

1. 创建图形文件

利用"新建"命令，创建一个新的图形文件。

2. 设置绘图环境

绘图环境设置包括系统环境设置和基本绘图设置。系统环境设置是根据需要对"工具"选项卡中的各个选项进行设置，本例中图形比较简单，基本绘图设置如下：将"对象捕捉"设置为启用状态，并选用"端点"、"中点"、"交点"等对象捕捉模式；将"DYN"和"极轴"设置为"开"。其余可采用默认设置。

3. 绘制图形

(1) 单击绘图工具栏中的▱按钮，系统提示：

命令：_line 指定第一点：用鼠标在作图区适当位置选取一点

指定下一点或[放弃(U)]：直接输入相对坐标（@0，-15），或向下移动鼠标，当极轴线亮起时，如图 2-2 (a) 所示，输入15

指定下一点或[放弃(U)]：按回车退出直线命令，画出一长度15的竖直线，如图 2-2 (b) 所示。

（2）单击 ⊙ ，激活圆命令后，系统提示：

命令 _ circle 指定圆的圆心或［三点（3P）/两点（2P）/相切、相切、半径（T）］：移动鼠标，当捕捉到直线中点时，如图 2-3（a）所示，单击鼠标左键，指定圆的圆心，系统继续提示：

指定圆的半径或［直径（D）］：输入 3 按 Enter 键，确定圆的半径，画出直径为 φ6 的圆，如图 2-3（b）所示。

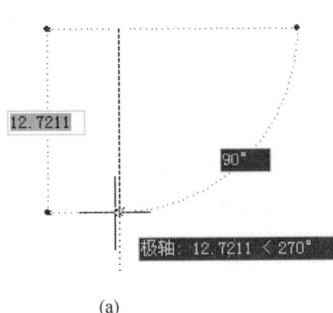

图 2-2　绘制竖直直线　　　　　图 2-3　绘制圆

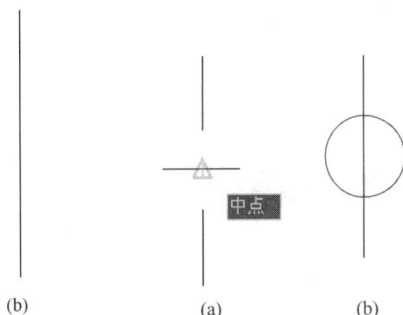

检查图形，完成电流互感器图形符号的绘制。

2.2　常用电力图形符号 2——隔离开关

图 2-4 所示是隔离开关的图形符号，通过本例将学习修剪命令 trim、移动命令 move。

2.2.1　基本绘图命令

1. 修剪命令

用于将图形对象在一条或多条边界上进行修剪。直线、圆弧、圆、椭圆弧、开放的二维和三维多段线、构造线、样条曲线等都可以修剪，而文字、块、轨迹线不能修剪。可以使用下列方法之一启动"修剪"命令。

图 2-4　隔离开关符号

➢　命令：trim 或 tr
➢　下拉菜单：［修改（M）］/［修剪（T）］
➢　"修改"工具栏或二维绘图面板按钮：╫

2. 移动命令

用于移动一个或多个对象，调整对象的位置。可以使用下列方法之一启动"移动"命令。

➢　命令：move 或 m
➢　下拉菜单：［修改（M）］/［移动（V）］
➢　工具栏：✛

2.2.2　绘制步骤

1. 新建文件并设置绘图环境

新建一图形文件，基本绘图设置如下：将"对象捕捉"设置为启用状态，并选用"端

点"、"中点"、"交点"等对象捕捉模式，将"DYN"和"极轴"设置为"开"，"极轴追踪"中的"增量角"设为30°。

2. 绘制图形

(1) 单击 ⬚，系统提示：

命令：_line指定第一点：用鼠标在作图区适当位置选取一点；

指定下一点或[放弃（U）]：直接输入相对坐标（@0，15），或向上移动鼠标，当垂直极轴线亮起时，如图2-5（a）所示，输入15；

指定下一点或[放弃（U）]：按回车退出直线命令，画出一竖直直线，如图2-5（b）所示。

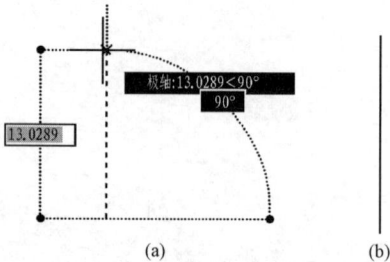

图2-5 绘制竖直直线

(2) 按 Enter 键重复执行直线命令，系统提示：

命令：line指定第一点：用鼠标捕捉到竖直直线的下端点A，并向上移动鼠标，当垂直极轴线亮起时，如图2-6（a）所示，输入5确定直线的第1点；

指定下一点或[放弃（U）]：直接输入相对坐标（@6，<120），或向左上方移动鼠标，当120°极轴线亮起时输入6，如图2-6（b）所示；

指定下一点或[放弃（U）]：向右移动鼠标，当水平极轴线亮起时，点选与竖直直线交点的地方，如图2-6（c）所示；

指定下一点或[放弃（U）]：按回车退出直线命令，完成如图2-6（d）所示直线的绘制。

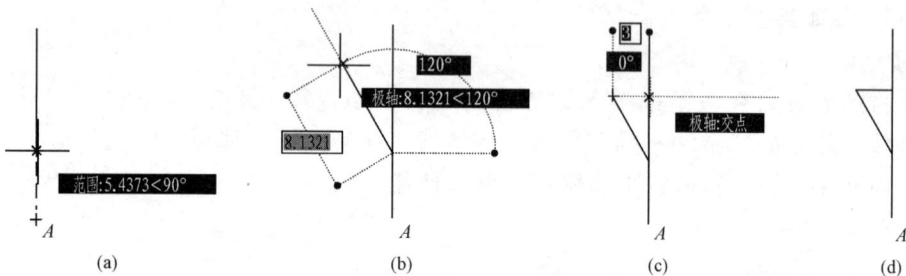

图2-6 绘制倾斜直线

(3) 单击 ⬚，系统提示：

命令：_trim

当前设置：投影=UCS，边=无 显示当前设置，可通过选项[投影（P）]和[边（E）]更改设置；

选择剪切边...

选择对象或<全部选择>：找到1个 选中用于修剪的界线——直线BC、CD，如图2-7（a）所示；

选择对象：按 Enter 键或鼠标右键确定；

选择要修剪的对象，或按住 Shift 键选择要延伸的对象，或
［栏选(F)/窗交(C)/投影(P)/边(E)/删除(R)/放弃(U)］：选
中竖直直线的 BD 段；

　　选择要修剪的对象，或按住 Shift 键选择要延伸的对象，或
［栏选(F)/窗交(C)/投影(P)/边(E)/删除(R)/放弃(U)］：
按 Enter 键或鼠标右键确定，结果如图 2-7（b）所示。

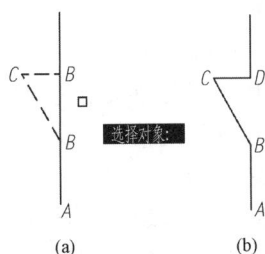

图 2-7　修剪直线

提示

　　AutoCAD 提供了一种在修剪和延伸之间切换的简便方法，在进行修剪时，按住
Shift 键再选择对象，可延伸对象；同样在进行延伸时，按住 Shift 键再选择对象，
可修剪对象，放开 Shift 键后恢复到原修剪或延伸状态。

（4）单击 ✛，系统提示：

命令：_move

选择对象：选中直线 CD，按鼠标右键确定，系统继续提示；

指定基点或［位移（D）］＜位移＞：指定 CD 中点作为基点，系统继续提示；

指定第二个点或＜使用第一个点作为位移＞：向右移动鼠标捕捉到 D 点，单击鼠标左
键确定第 2 定位点，结果如图 2-8 所示。

检查图形，完成隔离开关图形符号的绘制，如图 2-9 所示。

图 2-8　移动水平直线　　　　图 2-9　隔离开关符号

2.3　常用电气图形符号 3——电容器

图 2-10 所示是电容器的图形符号，通过本例将学习复制命令 copy、偏移命令 offset。

2.3.1　基本绘图命令

1. 复制命令

用于将绘图区中已有的一个或多个图形对象复制到绘图区的其
他位置，并保持原有的图形对象不变。可以使用下列方法之一启动
"复制"命令。

图 2-10　电容器符号

➢　命令：copy 或 co 或 cp

➢　下拉菜单：［修改（M）］/［复制（Y）］

➤ "修改"工具栏或二维绘图面板按钮：

2. 偏移命令

用于将对象按指定距离进行平行复制，或通过指定点进行平行复制。可以使用下列方法之一启动"偏移"命令。

➤ 命令：offset
➤ 下拉菜单：[修改（M）] / [偏移（S）]
➤ "绘图"工具栏或二维绘图面板按钮：

2.3.2　绘制步骤

1. 新建文件并设置绘图环境

新建一图形文件，基本绘图设置如下：将"对象捕捉"设置为启用状态，并选用"端点"、"中点"、"交点"等对象捕捉模式，将"DYN"和"极轴"设置为"开"。

2. 绘制图形

（1）单击，系统提示：

命令：_line 指定第一点：用鼠标在作图区适当位置选取一点；

指定下一点或 [放弃（U）]：直接输入相对坐标（@0，-5），或向下移动鼠标，当极轴线亮起时输入5，如图 2-11（a）所示；

指定下一点或 [放弃（U）]：按回车退出直线命令，画出一长度5的竖直线，如图 2-11（b）所示。

（2）按 Enter 键重复执行直线命令，系统提示：

命令：line 指定第一点：用鼠标捕捉到竖直直线的下端点，向左移动鼠标，当水平极轴线亮起时，如图 2-12（a）所示，输入2.5确定直线的第1点；

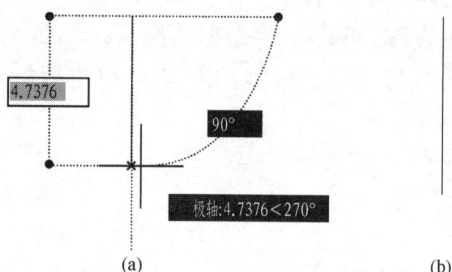

图 2-11　绘制竖直直线

指定下一点或 [放弃（U）]：直接输入相对坐标（@5，0），或向右移动鼠标，当极轴线亮起时输入5，如图 2-12（b）所示；

指定下一点或 [放弃（U）]：按回车退出直线命令，画出一长度5的水平直线，如图 2-12（c）所示。

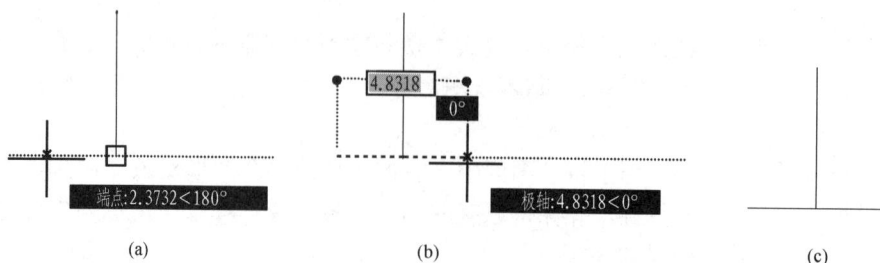

图 2-12　绘制水平直线

（3）单击，系统提示：

命令：_ offset

当前设置：删除源＝否　图层＝源　OFFSETGAPTYPE＝0

指定偏移距离或［通过（T）/删除（E）/图层（L）］＜1.0000＞：输入偏移距离1；

选择要偏移的对象，或［退出（E）/放弃（U）］＜退出＞：选择水平直线；

指定要偏移的那一侧上的点，或［退出（E）/多个（M）/放弃（U）］＜退出＞：单击水平直线下方任一点；

选择要偏移的对象，或［退出（E）/放弃（U）］＜退出＞：按 Enter 键退出命令。

结果如图 2-13 所示。

（4）单击 ，系统提示：

命令：_ copy

选择对象：找到一个　　选中竖直直线；

选择对象：按 Enter 键或鼠标右键确定；

当前设置：复制模式＝多个　　显示系统当前设置，可以通过选项［模式（O）］改变；

指定基点或［位移（D）/模式（O）］＜位移＞：捕捉到竖直直线的上端点，如图 2-14（a）所示；

指定第二个点或＜使用第一个点作为位移＞：向下移动鼠标，捕捉到第二条水平直线中点，如图 2-14（b），单击鼠标确定，如图 2-14（c）所示，最后按 Enter 键结束复制命令。

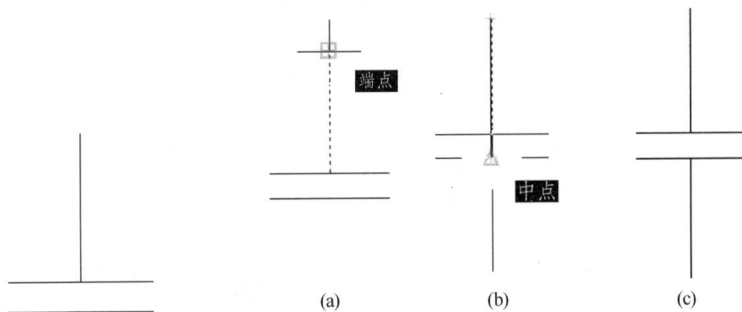

图 2-13　偏移水平直线　　　　　　　图 2-14　复制竖直线

检查图形，完成电容器图形符号的绘制，如图 2-14（c）所示。

> **提示**
>
> 在对图形对象进行复制、移动、镜像、旋转、删除等编辑操作时，可先激活相应命令，要提示选择对象时，选择要进行操作的对象，也可先选择对象后再激活命令，系统将对已选择的对象执行操作而不再提示选择对象。

AutoCAD 有多种选择对象的方法，常用的有以下几种。

（1）单击法：用鼠标左键单击要选取的对象，该对象即变为以虚线方式显示，表明该对象已被选取。

（2）实线框选取法：单击鼠标左键先指定左角点［见图 2-15（a）中的1点］，然后向右拖出矩形框，此矩形框显示为实线，当鼠标移动到合适位置时单击鼠标左键确定矩形框右角点［见图 2-15（a）中的 2 点］，此时完全处在矩形框内的图形对象将被选中，而处于框外或与矩形框相交的对象不被选中，如图 2-15（a）所示。

（3）虚线框选取法：单击鼠标左键先指定右角点［见图 2-15（b）中的 1 点］，然后向左拖出矩形框，此矩形框显示为虚线，当鼠标移动到合适位置时单击鼠标左键确定矩形框左角点［图 2-15（b）中的 2 点］，此时完全处在矩形框内的图形对象或者与矩形框相交（即部分在矩形框内）的图形对象均被选中，如图 2-15（b）所示。

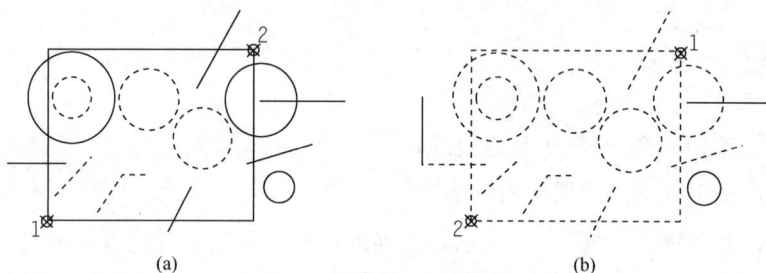

(a)   (b)

图 2-15   用矩形框构造选择集

2.4   常用电力图形符号 4——避雷器

图 2-16 所示是避雷器的图形符号，通过本例将学习矩形命令 rectang、多段线命令 pline、删除命令 erase。

2.4.1   基本绘图命令

1. 矩形命令

用于绘制矩形。可以使用下列方法之一启动"矩形"命令。

➢ 命令：rectang 或 rec

➢ 下拉菜单：［绘图（D）］/［矩形（G）］

➢ "绘图"工具栏或二维绘图面板按钮：▭

2. 多段线命令

图 2-16   避雷器符号

用于绘制多段线。多段线是由相连的多段直线和圆弧线段组成，不同线段可以有不同的宽度，整条多段线是一个整体，可以统一进行编辑。可以使用下列方法之一启动"多段线"命令。

➢ 命令：pline 或 pl

➢ 下拉菜单：［绘图（D）］/［多段线（P）］

➢ "绘图"工具栏或二维绘图面板按钮：⤵

3. 删除命令

用于将错误或多余的对象删除。可以使用下列方法之一启动"删除"命令。

➢ 命令：erase 或 e。

➢ 下拉菜单：［修改（M）］/［删除（E）］

➢ "修改"工具栏或二维绘图面板按钮：✎

➢ 右键快捷菜单：用鼠标右键单击绘图区，在快捷菜单中选"删除"

2.4.2　绘制步骤

1. 新建文件并设置绘图环境

新建一图形文件，将"对象捕捉"设置为启用状态，并选用"端点"、"中点"、"交点"等对象捕捉模式。将"DYN"和"极轴"设置为"开"，"极轴追踪"中的"增量角"设为 30°。

2. 绘制图形

（1）绘制矩形。单击▭，系统提示：

命令：_ rectang

指定第一个角点或［倒角（C）/标高（E）/圆角（F）/厚度（T）/宽度（W）］：输入点的坐标或用鼠标在适当位置指定左下角点；

指定另一个角点或［面积（A）/尺寸（D）/旋转（R）］：输入矩形右上角相对坐标（@3，9），结果如图 2-17 所示。

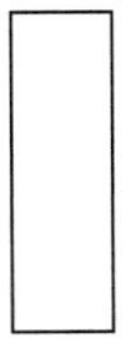

图 2-17　绘制矩形

> **提示**
>
> 矩形命令中其他选项的含义如下：
>
> ［倒角（C）］：用于设置矩形的倒角距离。
>
> ［圆角（F）］：用于指定矩形的圆角半径。
>
> ［标高（E）］：用于指定矩形的标高。
>
> ［厚度（T）］：用于指定矩形的厚度。
>
> ［宽度（W）］：用于为要绘制的矩形指定多段线的宽度。
>
> ［面积（A）］：以当前单位计算的矩形面积绘制矩形。
>
> ［尺寸（D）］：按指定矩形的长度和宽尺寸绘制矩形。

（2）单击↵，系统提示：

命令：_ pline

指定起点：用鼠标捕捉到矩形上端的水平直线的中点，并向下移动鼠标，当水平极轴线亮起时，如图 2-18（a）所示，输入 6 确定直线的第 1 点。系统继续提示：

当前线宽为 0.0000

指定下一个点或［圆弧（A）/半宽（H）/长度（L）/放弃（U）/宽度（W）］：输入"w"，回车确认。系统提示；

指定起点宽度＜0.0000＞：回车确认，起点宽度为默认值。

指定端点宽度＜0.0000＞：输入"1"，回车确认端点宽度。系统提示；

指定下一个点或［圆弧（A）/半宽（H）/长度（L）/放弃（U）/宽度（W）］：移动鼠标至竖直极轴线向上亮起，如图 2-18（b）所示，输入"3"回车，系统提示；

指定下一个点或［圆弧（A）/闭合（C）/半宽（H）/长度（L）/放弃（U）/宽度（W）］：输入"w"，回车确认，系统提示；

指定起点宽度＜1.0000＞：输入"0"，回车确认起点宽度；

指定端点宽度＜0.0000＞：回车确认，默认端点宽度值，系统提示；

指定下一个点或［圆弧（A）/闭合（C）/半宽（H）/长度（L）/放弃（U）/宽度（W）］：移动鼠

标至竖直极轴线向上亮起，输入"6"回车，完成箭头绘制，如图 2 - 18（c）所示，系统继续提示；

指定下一个点或[圆弧（A）/闭合（C）/半宽（H）/长度（L）/放弃（U）/宽度（W）]：按 Enter 键退出命令。

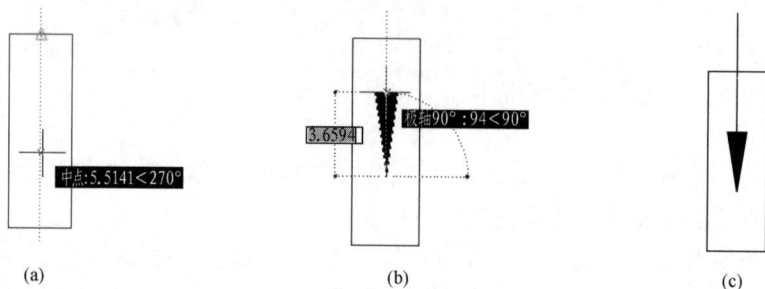

图 2 - 18　绘制箭头

由上步作出的多段线可以看出，用多段线命令作出的多段线是一个对象，一个多段线对象可由多段直线和多段圆弧组成。激活多段线命令后，系统默认画直线段，可连续画多段直线；输入选项对应的字母可切换为该选项命令；输入选项"L"可切换为画直线段。

画直线段时提示：

指定下一点或 [圆弧（A）/闭合（C）/半宽（H）/长度（L）/放弃（U）/宽度（W）]：

其各选项的含义如下。

[圆弧（A）]：画一圆弧，可连续画圆弧。

[闭合（C）]：从指定的最后一点到多段线的起点作直线段使图形成为封闭图形，并结束多段线命令。必须指定两个点以上才有此选项。

[半宽（H）]：指定从宽多段线线段的中心到其一边的宽度。

[长度（L）]：在与上一线段相同的角度方向上绘制指定长度的直线段。

画圆弧时提示：

指定圆弧的端点或

[角度（A）/圆心（CE）/闭合（CL）/方向（D）/半宽（H）/直线（L）/半径（R）/第二个点（S）/放弃（U）/宽度（W）]：

其他各选项的含义如下。

[角度（A）]：指定弧线段的包含角。

[圆心（CE）]：指定弧线段的圆心。

[半径（R）]：指定弧线段的半径。

[方向（D）]：指定弧线段的起始方向。

[第二个点（S）]：指定弧线段的第 2 个点，指定第 2 个点后系统会提示指定第 3 个点。

[闭合（CL）]：从指定的最后一点到多段线的起点圆弧，使图形成为封闭图形，并结束多段线命令。必须指定两个点以上才有此选项。

（3）单击，系统提示：

命令：_line 指定第一点：移动鼠标，选择矩形下端水平直线中点。

指定下一点或 [放弃（U）]：向下移动鼠标，当极轴线亮起时输入 1.5。

指定下一点或［放弃（U）］：按回车退出直线命令，画出一长度
1.5 的竖直线，如图 2-19 所示。

（4）按 Enter 键重复执行直线命令，系统提示：

命令：line 指定第一点：用鼠标捕捉到竖直直线的下端点，并向
左移动鼠标，当水平极轴线亮起时，如图 2-20（a）所示，输入 1.5
确定直线的第 1 点；

指定下一点或［放弃（U）］：直接输入相对坐标（@3，0），或
向右移动鼠标，当极轴线亮起时输入 3，如图 2-20（b）所示；

指定下一点或［放弃（U）］：向左下方向移动鼠标，当 120°极轴线亮起时，如图 2-20
（c）所示，输入 3，画出一长度 3 的直线，如图 2-20（d）所示；

指定下一点或［放弃（U）］：选择水平直线左端点，完成正三角形的绘制，如图 2-20
（e）所示。

图 2-19 绘制竖直直线

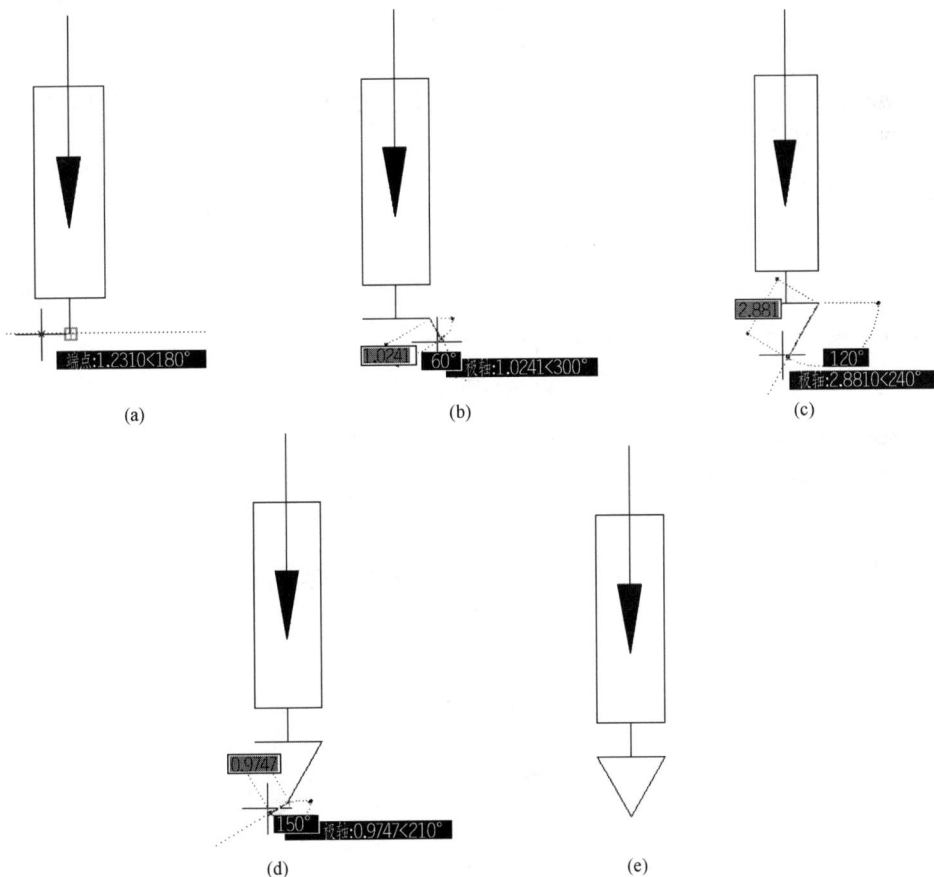

图 2-20 绘制正三角形

（5）单击 📐，系统提示：

命令：_offset

当前设置：删除源＝否 图层＝源 OFFSETGAPTYPE＝0

指定偏移距离或［通过（T）/删除（E）/图层（L）］＜1.0000＞：输入偏移距离 0.7；

选择要偏移的对象，或［退出（E）/放弃（U）］＜退出＞：选择正三角形中水平直线；

指定要偏移的那一侧上的点，或［退出（E）/多个（M）/放弃（U）］＜退出＞：点选水平直线下方，结果如图 2-21（a）所示。系统继续提示；

选择要偏移的对象，或［退出（E）/放弃（U）］＜退出＞：选择上一步骤偏移得到的直线；

指定要偏移的那一侧上的点，或［退出（E）/多个（M）/放弃（U）］＜退出＞：点选水平直线下方，结果如图 2-21（b）所示。系统继续提示；

选择要偏移的对象，或［退出（E）/放弃（U）］＜退出＞：按 ENTER 键退出命令。

（6）单击 ┷，系统提示：

命令：＿trim

当前设置：投影＝UCS，边＝无　显示当前设置，可通过选项［投影（P）］和［边（E）］更改设置；

选择剪切边…

图 2-21　偏移水平直线

选择对象或＜全部选择＞：找到 1 个　选中用于修剪的界线——正三角形的两条斜线，如图 2-22（a）所示；

选择对象：按 Enter 键或鼠标右键确定；

选择要修剪的对象，或按住 Shift 键选择要延伸的对象，或

［栏选（F）/窗交（C）/投影（P）/边（E）/删除（R）/放弃（U）］：选中步骤（4）中偏移得到的两条直线伸出正三角形的部分；

选择要修剪的对象，或按住 Shift 键选择要延伸的对象，或

［栏选（F）/窗交（C）/投影（P）/边（E）/删除（R）/放弃（U）］：按 Enter 键或鼠标右键确定，结果如图 2-22（b）所示。

（7）单击 ◿，系统提示：

选择对象：选择正三角形的两条倾斜的边，按 Enter 键或鼠标右键确定，将图线删除并推出命令。结果如图 2-23 所示。

图 2-22　修剪水平直线　　　　图 2-23　删除多余直线

检查图形，完成避雷器图形符号的绘制。

2.5　常用电力图形符号 5——阻波器

图 2-24 所示是阻波器的图形符号，通过本例将学习阵列命令 array（矩形阵列）。

2.5.1　基本绘图命令

将已经绘制好的对象，使用环形或矩形阵列的方式，复制建立一个原图形对象的阵列排列。可以使用下列方法之一启动"阵列"命令。

➢ 命令：array

➢ 下拉菜单：［修改（M）］/［矩形阵列］

图 2-24　阻波器符号

➢ "绘图""修改"工具栏或二维绘图面板按钮：

将工作空间切换至"草图与注释"，执行命令后，系统提示如下：

命令：_ arrayrect

选择对象：在绘图区选中要复制的圆及其中心线，按 Enter 键确定。

选择对象：指定对角点：找到 4 个

选择对象：

类型＝矩形　关联＝是

此时，"功能区"弹出"阵列创建"选项卡，绘图区的图形进入阵列夹点编辑状态，如图 2-25 所示。

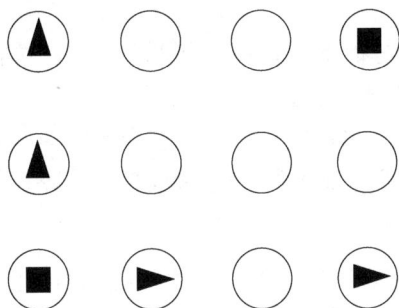

矩形阵列"阵列创建"命令如图 2-26 所示，各选项的含义如下：

（1）"列"面板：

"列数"指定列数；

"介于"指定列间距；

"总计"指第一列到最后一列之间的总距离。

（2）"行"面板：

"行数"指定行数；

"介于"指定行间距；

"总计"指第一行到最后一行之间的总距离。

图 2-25　"矩形阵列"夹点编辑

（3）"层级"面板：用于指定三维阵列的层数和层间距：

"级别"用于指定阵列的层数；

"介于"Z 轴方向的层间距；

"总计"第一层与最后一层之间的总距离。

（4）"特性"面板：

"关联"指定阵列中的对象是关联的还是独立的。"是"包含单个阵列对象中的阵列项目，类似于块。使用关联阵列，可以通过编辑特性和源对象在整个阵列中快速传递更改。"否"创建阵列项作为独立对象。更改一个项目不影响其他项目。

"基点"定义阵列基点，指定用于在阵列中放置项目的基点。"关键点"对于关联阵列，在源对象上指定有效的约束（或关键点）以与路径对齐。如果编辑生成的阵列的源对象，阵列的基点保持与源对象的关键点重合。

"旋转项目"控制在排列项目时是否旋转项目。

"方向"阵列项目排列方向，系统默认逆时针方向为阵列正方向，如有需要，单击改变。

设置后相应的阵列参数后，单击"关闭阵列"即可完成矩形阵列操作。

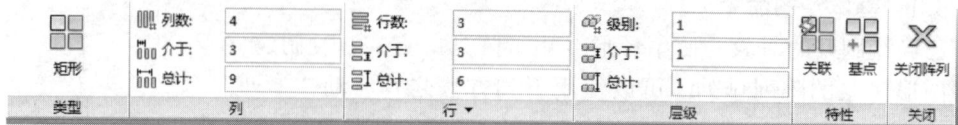

图 2-26　修改"阵列创建"参数

2.5.2　绘制步骤

1. 新建文件并设置绘图环境

新建一图形文件，将"对象捕捉"设置为启用状态，并选用"端点"、"中点"、"交点"、"象限点"等对象捕捉模式。将"DYN"和"极轴"设置为"开"。

2. 绘制图形

（1）单击 ⊙ ，激活圆命令后，系统提示：

命令 _circle 指定圆的圆心或 [三点（3P）/两点（2P）/相切、相切、半径（T）]：移动鼠标，在作图区适当位置选取一点，系统继续提示：

指定圆的半径或 [直径（D）]：输入 1 按 Enter 键，确定圆的半径，画出半径为 $R1$ 的圆，如图 2-27 所示。

（2）单击 ▦ ，弹出"阵列"对话框，选择"矩形阵列"，单击"选择对象"图标 ▣ ，系统暂时关闭对话框。

图 2-27　绘制圆

更改选项卡"阵列创建"参数："列数"——1、"介于"——1、"总计"——系统自动计算；"行数"——4、"介于"——2、"总计"——系统自动计算；鼠标单击取消"关联"，如图 2-28 所示。

随着参数的修改，绘图区的图形会随着变化。参数修改好后，点击"关闭阵列"，完成阵列操作，即完成图形绘制，打开线宽显示，结果如图 2-29 所示。

图 2-28　阵列设置结果

图 2-29　阵列结果

（3）单击 ✎ ，系统提示：

命令：_line 指定第一点：移动鼠标，捕捉到最上面圆的上象限点，如图 2-30（a）所示，继续向上移动鼠标，当极轴线亮起时输入 2，按 Enter 键确定直线的第一点，如图 2-30（b）所示。

指定下一点或 [放弃（U）]：直接输入相对坐标（@0，-12），或向下移动鼠标，当极轴线亮起时输入 12。

指定下一点或［放弃（U）］：按回车退出直线命令，画出一长度 12 的竖直线，如图 2 -
30（c）所示。

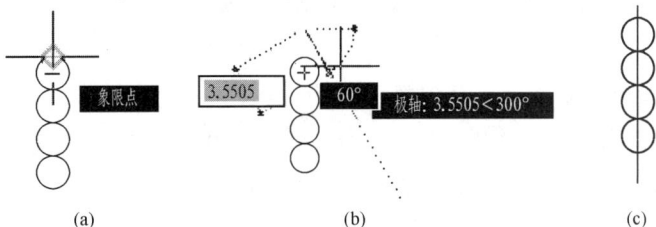

图 2 - 30　绘制水平直线

（4）单击▬，系统提示：

命令：_ trim

当前设置：投影＝UCS，边＝无　显示当前设置，可通过选项［投影（P）］和［边
（E）］更改设置；

选择剪切边...

选择对象或＜全部选择＞：找到 1 个　选中用于修剪的界线——鼠标框选，选中所有图
形元素；

选择对象：按 Enter 键或鼠标右键确定；

选择要修剪的对象，或按住 Shift 键选择要延伸的对象，或

［栏选（F）/窗交（C）/投影（P）/边（E）/删除（R）/放弃（U）］：选中 4 个圆左半
部分及直线与圆相交的部分；

选择要修剪的对象，或按住 Shift 键选择要延伸的对象，或

［栏选（F）/窗交（C）/投影（P）/边（E）/删除（R）/放弃

（U）］：按 Enter 键或鼠标右键确定，结果如图 2 - 31 所示。

检查图形，完成阻波器图形符号的绘制。

图 2 - 31　修剪图线

2.6　常用电力图形符号 6——变压器

图 2 - 32 所示是变压器的图形符号，通过本例将学习阵列命令 array（环形阵列）、正多
边形命令 polygon。

2.6.1　基本绘图命令

正多边形命令用于绘制正多边形。可以使用下列方法之一启动"正
多边形"命令。

图 2 - 32　变压器
符号

➤　命令：polygon 或 pol

➤　下拉菜单：［绘图（D）］/［正多边形（Y）］

➤　"绘图"工具栏或二维绘图面板按钮：⬠

2.6.2　绘制步骤

1. 新建文件并设置绘图环境

新建一图形文件，将"对象捕捉"设置为启用状态，并选用"端点"、"中点"、"交点"、"象限点"等对象捕捉模式。将"DYN"和"极轴"设置为"开"。

2. 绘制图形

(1) 单击 ⊙，激活圆命令后，系统提示：

命令 _ circle 指定圆的圆心或 ［三点（3P）/两点（2P）/相切、相切、半径（T）］：移动鼠标，在作图区适当位置选取一点，系统继续提示：

指定圆的半径或 ［直径（D）］：输入 6 按 Enter 键，确定圆的半径，画出半径为 R6 的圆，如图 2 - 33 所示。

(2) 按 Enter 键重复执行圆命令，系统提示：

命令 _ circle 指定圆的圆心或 ［三点（3P）/两点（2P）/相切、相切、半径（T）］：移动鼠标，捕捉到上一步骤所绘制圆的圆心，向下移动鼠标，当极轴线亮起时，输入 10，按 Enter 键确认圆心位置，系统继续提示：

指定圆的半径或 ［直径（D）］：<6.0000> 直接按 Enter 键，确定圆的半径，再次画出半径为 R6 的圆，如图 2 - 34 所示。

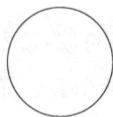

图 2 - 33　绘制圆　　　　　图 2 - 34　再次绘制圆

(3) 单击 ⁄，系统提示：

命令：_ line 指定第一点：移动鼠标，选中到上圆的圆心作为直线的第一点；

指定下一点或 ［放弃（U）］：直接输入相对坐标（@0，－4），或向下移动鼠标，当极轴线亮起时输入 4；

指定下一点或 ［放弃（U）］：按 Enter 键退出直线命令，画出一长度为 4 的竖直线，如图 2 - 35 所示。

(4) 单击 🔳 右下角，选择"环形阵列" 环形阵列，选择环形阵列的对象，如图 2 - 36 所示。

图 2 - 35　绘制竖直直线　　　图 2 - 36　选择对象

更改选项卡"阵列创建"参数："项目数"——3、"介于"——120、"填充"——360；

鼠标单击 取消"关联",如图 2 - 37 所示。

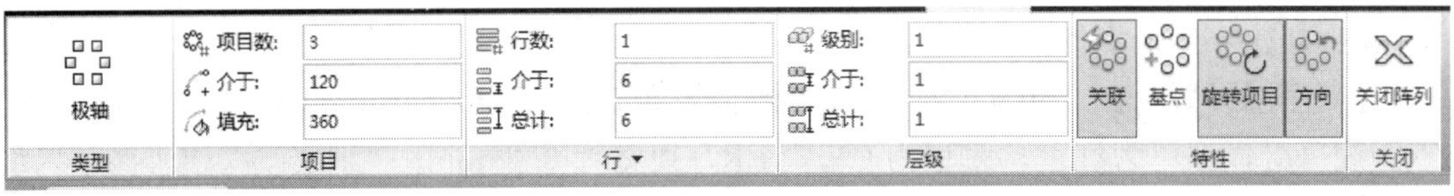

图 2 - 37　"环形阵列"对话框设置结果

设置后在对话框中可以预览阵列效果,单击"确定"按钮,完成阵列操作。

随着参数的修改,绘图区的图形会随着变化。参数修改好后,点击"关闭阵列",完成阵列操作,即完成图形绘制,打开线宽显示,设置结果如图 2 - 38 所示。

(5) 单击 ,系统提示:

命令:_ polygon 输入边的数目<4>:输入多边形的边数 3;

指定正多边形的中心点或 [边 (E)]:捕捉到下圆圆心,单击鼠标左键确定中心点;

输入选项 [内接于圆 (I) /外切于圆 (C)] <I>:按 Enter 键确定默认选项(内接于圆);

指定圆的半径:输入圆的半径 3,结果如图 2 - 39 所示。

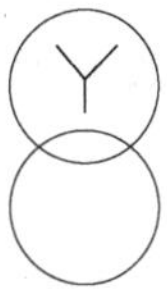

图 2 - 38　阵列结果 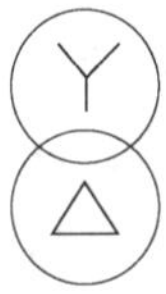　　　　图 2 - 39　绘制正三角形

检查图形,完成变压器图形符号的绘制。

2.7　常用电力金具 1——螺母

六角螺母是常用的螺纹连接件,如图 2 - 40 所示为螺母 GB/T 6170 M20 的一个视图。通过本例将学习打断命令 break 及线型比例因子的设定方法。

2.7.1　基本绘图命令

1. 打断命令

通过指定图形对象上的两点,将对象在指定的两点之间的部分删除。可以使用下列方法之一启动"打断"命令。

➤　命令:break 或 br

➤　下拉菜单:[修改 (M)] / [打断 (K)]

➤　"修改"工具栏或二维绘图面板按钮:

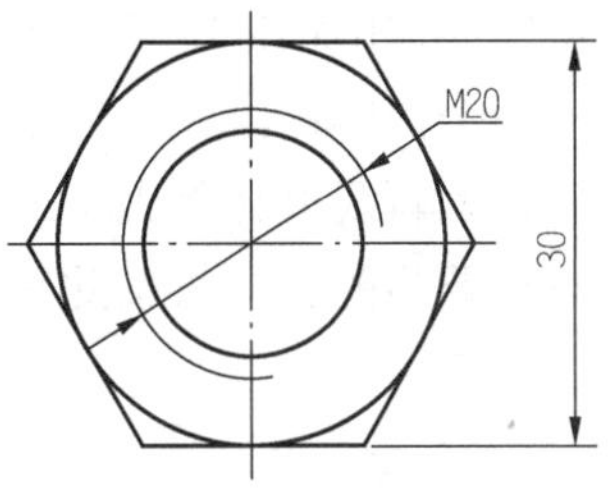

图 2 - 40　六角螺母

2. 设置线型比例因子

在命令行输入命令"ltscale",则系统会提示"输入新线型比例因子<1.0000>:",输入新的比例因子可改变线型的比例。

2.7.2 绘制步骤

1. 新建文件并设置绘图环境

（1）新建一图形文件。

（2）图层设置为："粗实线"层，颜色为黑色，线型为 Continuous，线宽为 0.5mm；"点画线"层，颜色为红色，线型为 CENTER，线宽为 0.25mm；"细实线"层，颜色为绿色，线型为 Continuous，线宽为 0.25mm。

（3）将"对象捕捉"设置为启用状态，并选用"端点"、"交点"、"中点"等对象捕捉模式。

2. 画作图基准线

（1）单击"图层"工具栏中的 按钮，打开图层下拉列表框，选中"点画线"层，如图2-41 所示，将其设置为当前图层。

图 2-41　将"点画线"层置为当前层

（2）单击 ，系统提示：

命令：_line 指定第一点：用鼠标在作图区适当位置选取一点；

指定下一点或［放弃（U）］：向右移动鼠标，捕捉到水平极轴时输入 43；

指定下一点或［放弃（U）］：按 Enter 键确定，画一长 43 的水平中心线；

（3）按 Enter 键重复直线命令，系统提示：

命令：_line 指定第一点：捕捉到水平线中点并向上移动鼠标捕捉到垂直极轴后输入 20；

指定下一点或［放弃（U）］：向上移动鼠标捕捉到垂直极轴后输入 40；

指定下一点或［放弃（U）］：按 Enter 键确定，画一长 40 的垂直中心线；

结果如图 2-42（a）所示。

（4）图 2-42（a）所示中心线的线型比例不符合要求，应更改线型比例设置，可在命令行中输入"ltscale"，则系统提示：

命令：ltscale

输入新线型比例因子＜1.0000＞：输入新的比例因子 0.3，则该图形文件中所有的图线及以后要画的图线将按此比例生成，如图 2-42（b）所示。

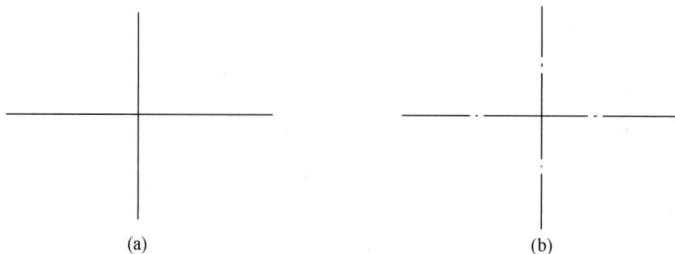

(a)　　　　　　　　　　　　　　(b)

图 2-42　画作图基准线

3. 画正六边形

(1) 将"粗实线"置为当前图层。

(2) 单击 ⬠ ，系统提示：

命令：_polygon 输入边的数目＜4＞：输入多边形的边数 6；

指定正多边形的中心点或 [边 (E)]：捕捉到中心线交点，单击鼠标左键确定中心点；

输入选项 [内接于圆 (I) /外切于圆 (C)] ＜I＞：输入选项标识符 "C"，以外切于圆方式作多边形；

指定圆的半径：输入圆的半径 15；

结果如图 2-43 所示。

4. 绘制圆

单击 ⊙ ，系统提示：

命令：_circle 指定圆的圆心或 [三点 (3P) /两点 (2P) /相切、相切、半径 (T)]：捕捉到中心线交点，单击鼠标左键确定圆心；

指定圆的半径或 [直径 (D)] ＜25.0000＞：捕捉到正六边形任一边的中点；

按 Enter 键重复执行 circle 命令，分别画出 $\phi20$ 和 $\phi17$ 的圆，结果如图 2-44 所示。

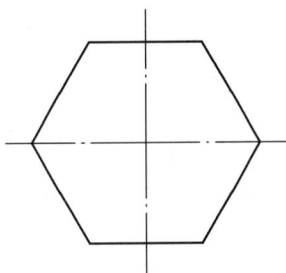

图 2-43　画正六边形　　　　　图 2-44　绘制圆

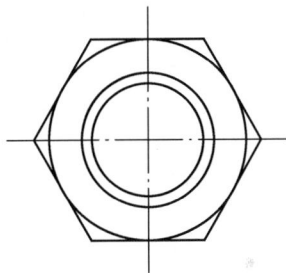

5. 修剪并调整螺纹线

(1) 按 F3 键关闭对象捕捉功能，避免系统自动捕捉到交点。

(2) 单击 ▣ ，系统提示：

命令：_break 选择对象：在 $\phi20$ 圆的 A 点处单击鼠标左键 [见图 2-45 (a)]；

指定第二个打断点或 [第一点 (F)]：在 $\phi20$ 圆的 B 点处单击鼠标左键 [见图 2-45 (a)]；

结果如图 2-45 (b) 所示。

⭐ 提示

使用"打断"命令删除两点之间的圆弧时，系统默认按逆时针方向旋转删除两点间的圆弧。

(3) 选中 $\phi20$ 的圆弧，在图层特性下拉框中选择"细实线"层，将 $\phi20$ 圆弧所在的图层更改为细实线层。结果如图 2-45 (c) 所示，完成作图。

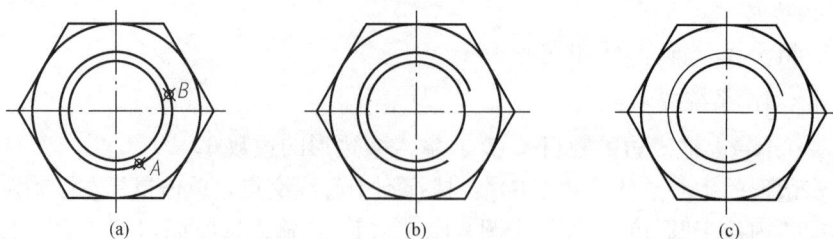

图 2-45　修剪并调整螺纹线

2.8　常用电力金具 2——十字挂板

图 2-46 所示是电力金具十字挂板的一个视图，通过本例将学习镜像命令 mirror、圆角命令 fillet 和夹点编辑命令的功能。

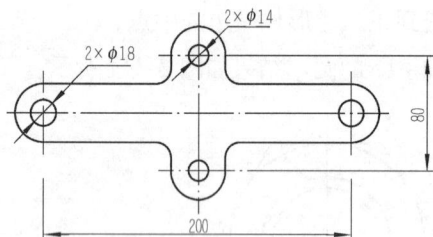

图 2-46　十字挂板

2.8.1　基本绘图命令

1. 镜像命令

用于把选择的图形对象围绕一条对称线作对称复制。镜像操作完成后，可以保留源对象，也可以将其删除。可以使用下列方法之一启动"镜像"命令。

➢ 命令：mirror 或 mi
➢ 下拉菜单：[修改（M）] / [镜像（I）]
➢ "修改"工具栏或二维绘图面板按钮：⚎

2. 圆角命令

通过一个指定半径的圆弧来光滑地连接 2 个对象。可以使用下列方法之一启动"圆角"命令。

➢ 命令：fillet 或 f
➢ 下拉菜单：[修改（M）] / [圆角（F）]
➢ "修改"工具栏或二维绘图面板按钮：▢

3. 夹点编辑

AutoCAD 在图形对象上定义了一些特殊点，用以反映图形对象的特征，称为夹点。可以通过"选项"对话框的"选择集"选项卡中的"夹点"选项组中的"启用夹点"选项，控制夹点的显示，启用该选项，则图形对象被选中时，夹点以带颜色的小方框表示，如图 2-47 所示。利用夹点编辑可以方便地进行拉伸、移动、旋转、比例缩放和镜像等操作。

图 2-47　对象的夹点

2.8.2　绘制步骤

1. 新建文件并设置绘图环境

（1）新建一图形文件。

（2）图层设置为："粗实线"层，颜色为黑色，线型为 Continuous，线宽为 0.5mm；"点画线"层，颜色为红色，线型为 CENTER，线宽为 0.25mm；"细实线"层，颜色为绿色，线型为 Continuous，线宽为 0.25mm。

（3）将"对象捕捉"设置为启用状态，并选用"端点"、"交点"、"中点"等对象捕捉模式。

2. 画作图基准线

（1）将"点画线"层置为当前图层。

（2）单击▨，系统提示：

命令：_line 指定第一点：用鼠标在作图区适当位置选取一点；

指定下一点或［放弃（U）］：向右移动鼠标，捕捉到水平极轴时输入 260；

指定下一点或［放弃（U）］：按 Enter 键结束命令，画出一水平中心线；

（3）按 Enter 键重复直线命令，系统提示：

命令：_line 指定第一点：捕捉到水平中心线中点后向上移动鼠标，当捕捉到竖直极轴后输入 70，按 Enter 键确定直线的第 1 点；

指定下一点或［放弃（U）］：向下移动鼠标，捕捉到竖直极轴时，输入 140，确定直线的第 2 点；

指定下一点或［放弃（U）］：按 Enter 键结束命令，画出一长 140 的竖直直线，结果如图 2-48 所示。

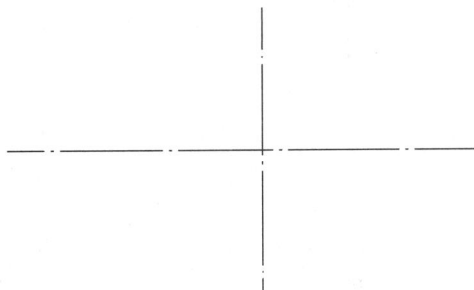

图 2-48　画作图基准线

（4）单击▨，系统提示：

命令：_offset

当前设置：删除源＝否　图层＝源　OFFSETGAPTYPE＝0

指定偏移距离或［通过（T）/删除（E）/图层（L）］＜1.0000＞：输入偏移距离 100；

选择要偏移的对象，或［退出（E）/放弃（U）］＜退出＞：选择竖直中心线；

指定要偏移的那一侧上的点，或［退出（E）/多个（M）/放弃（U）］＜退出＞：单击竖直中心线的左侧任一点；

选择要偏移的对象，或［退出（E）/放弃（U）］＜退出＞：按 Enter 键结束命令。

（5）按 Enter 键重复偏移命令，系统提示：

命令：_offset

当前设置：删除源＝否　图层＝源　OFFSETGAPTYPE＝0

指定偏移距离或［通过（T）/删除（E）/图层（L）］＜100.0000＞：输入偏移距离 40；

选择要偏移的对象，或［退出（E）/放弃（U）］＜退出＞：选择水平中心线；

指定要偏移的那一侧上的点，或［退出（E）/多个（M）/放弃（U）］＜退出＞：单击水平中心线的上侧任一点；

　　选择要偏移的对象，或［退出（E）/放弃（U）］＜退出＞：按 Enter 键结束命令，结果如图 2 - 49 所示。

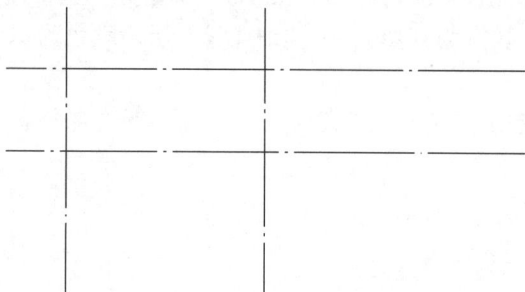

图 2 - 49　偏移中心线

3. 绘制圆

（1）将"粗实线"置为当前图层。

（2）单击 ⊙，系统提示：

　　命令：_circle 指定圆的圆心或［三点（3P）/两点（2P）/相切、相切、半径（T）］：捕捉到中心线交点 A，如图 2 - 50（a）所示，单击鼠标左键确定圆心；

　　指定圆的半径或［直径（D）］＜25.0000＞：输入半径 9；

　　按 Enter 键重复执行 circle 命令，以 A 为圆心，画出 $\phi20$ 的圆，及以 B 为圆心的 $\phi14$ 和 $\phi20$ 的圆，结果如图 2 - 50（b）所示。

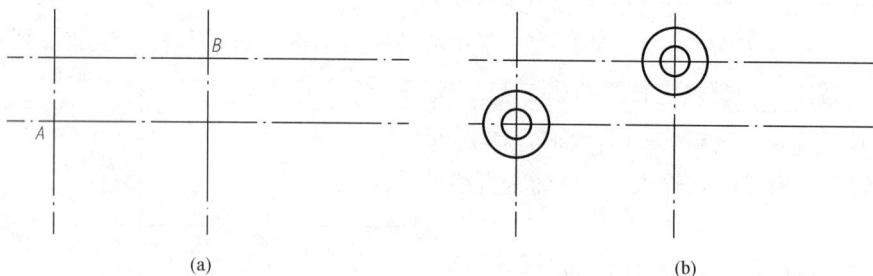

（a）　　　　　　　　　　　　　　　　　（b）

图 2 - 50　绘制圆

　　（3）利用夹点编辑功能调整中心线长度。选中左边的竖直中心线，单击中心线上端部夹点，该夹点被激活，显示为高亮色（红色），如图 2 - 51（a）所示，此时系统提示：

　　＊＊拉伸＊＊

　　指定拉伸点或［基点（B）/复制（C）/放弃（U）/退出（X）］：

　　向下移动鼠标改变上端夹点至合适位置，再单击鼠标确定，在调整时应注意捕捉竖直极轴。用同样的方法调整下端夹点的位置，从而改变中心线的长度，结果如图 2 - 51（b）所示。

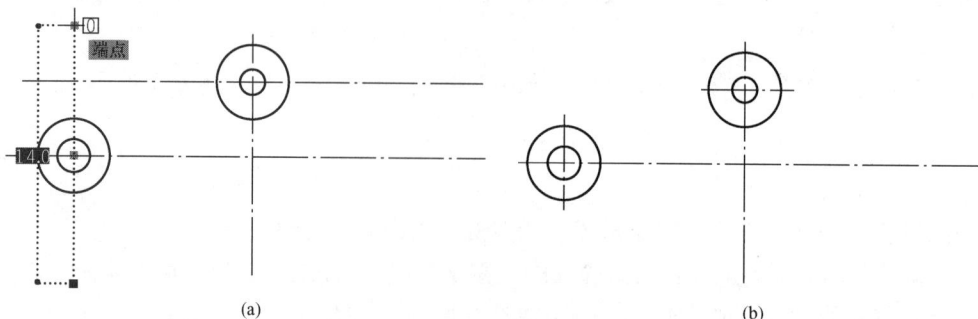

（a）　　　　　　　　　　　　　　　　　（b）

图 2 - 51　调整中心线长度

（4）图 2-51（a）所示中心线的线型比例不符合要求，应更改线型比例设置，可在命令行中输入"ltscale"，修改中心线线型比例，结果如图 2-52 所示。

（5）单击⊢，系统提示：

命令：_ trim

当前设置：投影＝UCS，边＝无　显示当前设置，可通过选项［投影（P）］和［边（E）］更改设置；

选择剪切边…

选择对象或＜全部选择＞：找到 1 个选中水平和垂直的两条中心线作为修剪的界线；

图 2-52　调整线型比例

选择对象：按 Enter 键或鼠标右键确定；

选择要修剪的对象，或按住 Shift 键选择要延伸的对象，或

［栏选（F）/窗交（C）/投影（P）/边（E）/删除（R）/放弃（U）］：选两 $\phi20$ 圆向内的圆弧；

选择要修剪的对象，或按住 Shift 键选择要延伸的对象，或

［栏选（F）/窗交（C）/投影（P）/边（E）/删除（R）/放弃（U）］：按 Enter 键或鼠标右键确定，获得两个半圆弧，结果如图 2-53 所示。

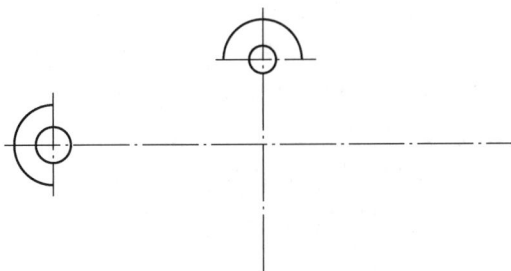

图 2-53　修剪圆弧

4. 绘制连接直线

单击╱，系统提示：

命令：_ line 指定第一点：移动鼠标，点选上一步骤修剪好的左半圆弧的上端点；

指定下一点或［放弃（U）］：向右移动鼠标，当水平极轴亮起时，再次移动鼠标，捕捉到上一步骤修剪好的上半圆弧的左端点，并向下移动至竖直极轴亮，在水平极轴与竖直极轴交点处，如图 2-54（a）所示，单击鼠标左键，确定直线第二点；

指定下一点或［放弃（U）］：点选上半圆弧的左端点；

指定下一点或［放弃（U）］：按 Enter 键结束命令，结果如图 2-54（b）所示。

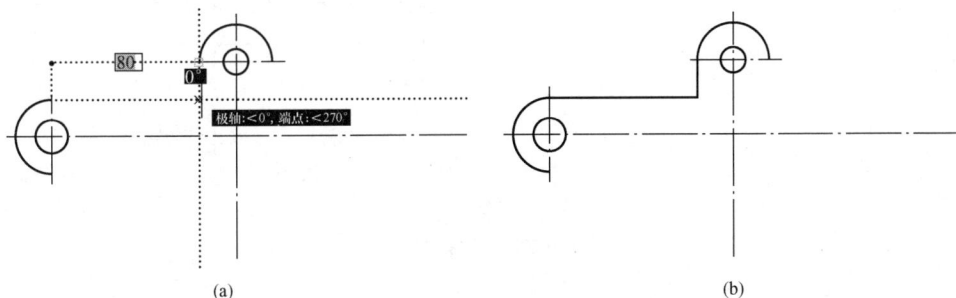

(a)

(b)

图 2-54　绘制直线

5. 圆角命令

激活"圆角"命令，系统提示如下：

命令：fillet

当前设置：模式＝修剪，半径＝0.0000　　显示系统设置；

选择第一个对象或［放弃（U）/多段线（P）/半径（R）/修剪（T）/多个（M）］：输入选项"R"；

指定圆角半径＜0.0000＞：输入圆角半径 10；

提 示

作图时应根据倒圆角的具体要求并注意系统的当前设置。可以通过选项［修剪（T）］改变圆角的"修剪"模式，通过选项［半径（R）］设置圆角半径。

选择第一个对象或［放弃（U）/多段线（P）/半径（R）/修剪（T）/多个（M）］：选择水平直线；

选择第二个对象，或按住 Shift 键选择要应用角点的对象：选择竖直直线，结果如图 2-55 所示。

图 2-55　圆角命令

6. 镜像图线

（1）单击 ⚠，系统提示：

选择对象：指定对角点：选择修剪后的左半圆弧、φ18 圆、左端的竖直中心线、水平直线、圆角圆弧及竖直直线，如图 2-56（a）所示；

选择对象：单击鼠标右键确认；

指定镜像线的第一点：点选中间垂直中心线上端点；

指定镜像线的第二点：点选中间垂直中心线下端点；

要删除源对象吗？［是（Y）/否（N）］＜N＞：按键默认选项不删除源对象并退出镜像命令，结果如图 2-56（b）所示。

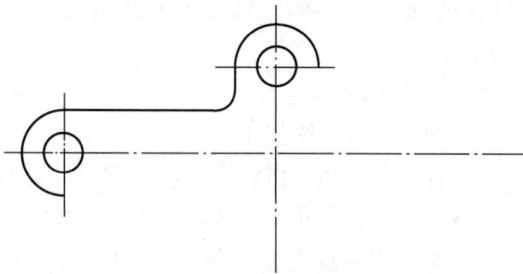

(a)

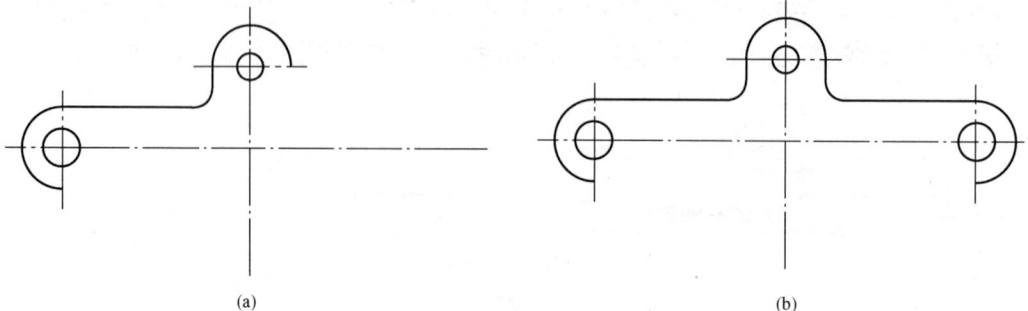

(b)

图 2-56　镜像处理

（2）按 Enter 键重复执行镜像命令，系统提示：

选择对象：指定对角点：选择修剪后的 φ20 上半圆弧、φ14 圆、左右两条竖直直线、连个圆角圆弧及两条水平直线；

选择对象：单击鼠标右键确认；

指定镜像线的第一点：点选中间水平中心线左端点；

指定镜像线的第二点：点选中间水平中心线右端点；

要删除源对象吗？［是（Y）/否（N）］
＜N＞：按键默认选项不删除源对象并退出镜像命令，结果如图 2-57 所示。

检查图形，完成十字挂板的绘制，如图 2-57 所示。

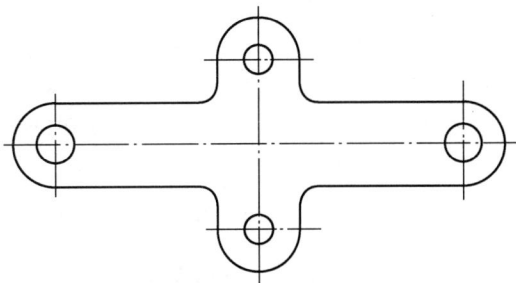

图 2-57 镜像处理

2.9 常用电力金具 3——管母线内接头

图 2-58 所示是管母线内接头的一个视图，通过本例将学习倒角 chamfer、合并 join、样条曲线 spline、图案填充 bhatch、特性匹配等命令。

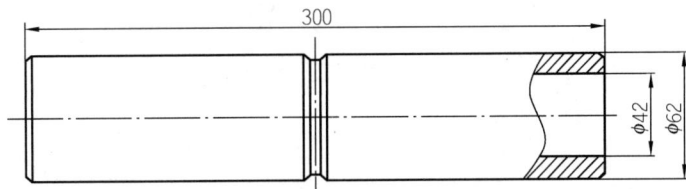

图 2-58 管母线内接头

2.9.1 基本绘图命令

1. 倒角命令

用于为选定的 2 条直线或多段线的拐角处绘制斜线。可以使用下列方法之一启动"倒角"命令。

➤ 命令：chamfer 或 cha
➤ 下拉菜单：［修改（M）］/［倒角（C）］
➤ "修改"工具栏或二维绘图面板按钮：▨

2. 样条曲线命令

用于绘制不规则的光滑曲线图形。样条曲线由数据点、拟合点和控制点控制。可以使用下列方法之一启动"样条曲线"命令。

➤ 命令：spline
➤ 下拉菜单：［绘图（D）］/［样条曲线（S）］/［拟合点（F）］
➤ "绘图"工具栏或二维绘图面板按钮：∿

3. 图案填充命令

把某种图案填入某一指定区域的过程，称为图案填充。可以使用下列方法之一启动"图案填充"命令。

➤ 命令：bhatch

➤ 下拉菜单：［绘图（D)］/［图案填充（H)］

➤ "绘图"工具栏或二维绘图面板按钮：▨

执行命令后，系统弹出"图案填充和渐变色"对话框，如图 2-59 所示。在对话框中，有"图案填充"和"渐变色"2 个选项卡，可以分别进行图案填充和渐变色填充。单击对话框右下角的 ⊙ 按钮，可打开更多选项用于进行更多设置，如图 2-60 所示。

图 2-59　"图案填充和渐变色"对话框

图 2-60　更多选项的"图案填充和渐变色"对话框

　　机械绘图中常用的是图案填充，对话框中"图案填充"选项卡中各选项的含义如下。

　　"类型"：用于确定填充图案的类型及图案。AutoCAD 提供的图案类型有预定义、用户定义和自定义 3 种。其中"预定义"表示用 AutoCAD 标准图案文件中的图案填充，机械制图中比较常用。

　　"图案"：用于确定标准图案文件中的填充图案。当在"类型"中选择了"预定义"后，"图案"选项变为可选，单击右侧 ∨ 按钮，可在下拉列表中选择相应图案，或单击 ⋯ 按钮，弹出如图 2-61 所示"填充图案选项板"对话框，从中选择所需的图案。

　　"样例"：显示当前用户所选用的填充图案。单击该图像可弹出如图 2-61 所示的"填充图案选项板"对话框，从中选择所需的图案。

　　"自定义图案"：可用于选择用户自定义的填充图案。只有在"类型"框中选用"自定义"后，该项才可选。

　　"角度"：用于确定填充图案时的旋转角度。

　　"比例"：用于确定填充图案的比例。每种图案在定义时的初始比例为 1，在"比例"框中输入相应的比例值，可以根据需要放大或缩小填充图案。

　　"图案填充原点"：用于确定填充图案的原点，包括"使用当前原点"和"指定原点"2 个选项。

　　"边界"：用于确定填充图案的区域界限，有"拾取点"和"选择对象"2 种确定填充区域边界的方式。

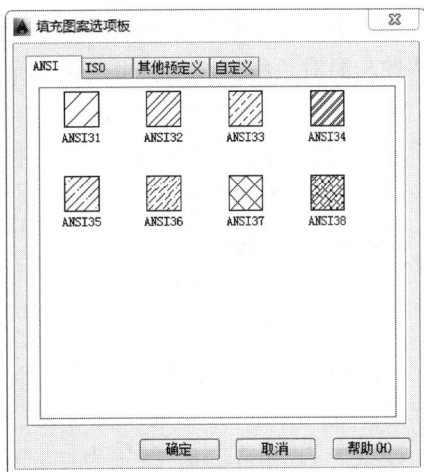

图 2-61　"填充图案选项板"对话框

　　单击"拾取点"按钮 ▨，AutoCAD 暂时退出对话框，系统提示：

　　拾取内部点或［选择对象（S）/删除边界（B）］：在希望填充的区域内任意选取一点。

　　AutoCAD 会自动确定出包围该点的封闭填充边界，并且这些边界以高亮度显示。选择完成后按 Enter 键返回对话框。

　　单击"选择对象"按钮 ▨，AutoCAD 暂时退出对话框，系统提示：

　　选择对象或［拾取内部点（K）/删除边界（B）］：

　　可以选择多个对象构成填充区域的边界，这些边界以高亮度显示。选择完成后按 Enter 键返回对话框。

　　"选项"：用于定义填充图案的属性。

　　"继承特性"：该按钮的作用是继承特性，即选用图中已有的填充图案作为当前的填充图案。

　　"孤岛"：指填充区域内的封闭区域。孤岛内的填充方式有普通、外表和忽略 3 种，可以根据填充要求选择其中一种。默认的填充方式为"普通"。选项中"孤岛检测"复选项用于控制是否启用孤岛检测。

"边界保留"：用于确定边界类型。选项中"保留边界"复选项用于控制是否保留边界；"对象类型"用于确定控制边界的类型，下拉列表中给出了"多义线"和"面域"2种边界类型。

"边界集"：用于定义当使用拾取点方式确定填充区域时，AutoCAD应该进行分析的对象集合。有2种定义边界集的方式："当前视口"和"现有集合"。其中"当前视口"是系统默认选项；"现有集合"是用户自己选定的一组对象，可以通过右侧的"新建"按钮选择对象。

"允许的间隙"：用于定义当使用拾取点方式确定填充区域时，构成填充区域的边界线之间的最小距离。可以在"公差"文本框中直接输入数值。

4. 特性匹配命令

用于把对象的特性（如线型、颜色、图层等）复制给其他对象，使这些对象的某些或全部特性与源对象特性相同。可以使用下列方法之一启动"特性匹配"命令。

➢ 命令：matchprop 或 ma
➢ 下拉菜单：［修改（M）］/［特性匹配（M）］
➢ "修改"工具栏按钮：

2.9.2　绘制步骤

1. 新建文件并设置绘图环境

（1）新建一图形文件。

（2）图层设置为："粗实线"层，颜色为黑色，线型为Continuous，线宽为0.5mm；"点画线"层，颜色为红色，线型为CENTER，线宽为0.25mm；"细实线"层，颜色为绿色，线型为Continuous，线宽为0.25mm。

（3）将"对象捕捉"设置为启用状态，并选用"端点"、"交点"、"中点"等对象捕捉模式。

2. 画作图基准线

（1）将"点画线"层置为当前图层。

（2）单击，系统提示：

命令：_ line 指定第一点：用鼠标在作图区适当位置选取一点；

指定下一点或［放弃（U）］：向右移动鼠标，捕捉到水平极轴时输入320；

指定下一点或［放弃（U）］：按Enter键结束命令，画出一水平中心线；

（3）按Enter键重复直线命令，系统提示：

命令：_ line 指定第一点：捕捉到直线中点后向上移动鼠标，当捕捉到竖直极轴后输入40，按Enter键确定直线的第1点；

指定下一点或［放弃（U）］：向下移动鼠标，捕捉到竖直极轴时，输入80，确定直线的第2点；

指定下一点或［放弃（U）］：按Enter键结束命令，画出一长80的竖直直线；

（4）激活"线型比例"命令，适当调整中心线比例，使其符合国标要求，结果如图2-62所示。

3．绘制外形

（1）将"粗实线"层置为当前图层。

（2）单击▭，系统提示：

命令：_rectang

指定第一个角点或 ［倒角（C）/标
高（E）/圆角（F）/厚度（T）/宽度（W）］：

图 2-62　绘制中心线

单击对象捕捉工具栏的"捕捉自"按钮 ，捕捉到中心线的交点，并单击；

_from 基点：＜偏移＞：输入偏移距离@-150，-31；

指定另一个角点或 ［面积（A）/尺寸（D）/旋转（R）］：输入相对坐标@300，62，绘
制如图 2-63 所示的矩形。

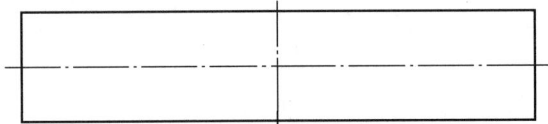

图 2-63　绘制外轮廓线

4．绘制中间结构

（1）单击◢，系统提示：

命令：_line 指定第一点：移动鼠标
捕捉到上方水平轮廓线的中点，向右移
动鼠标至极轴线亮起，输入 3，按 Enter

键确定直线第一点；

指定下一点或 ［放弃（U）］：向下移动鼠标，当极轴线亮起时，当极轴线与下方水平轮
廓线交点处，单击鼠标左键确定直线第二点；

指定下一点或 ［放弃（U）］：按 Enter 键确认，退出直线命令；

（2）按 Enter 键重复执行直线命令，用类似的方法，在竖直中心线左侧绘制相同的竖直
轮廓线，轮廓线与竖直中心线距离也为 3，结果如图 2-64 所示。

5．画倒角

（1）激活"倒角"命令，系统提示
如下：

命令：chamfer

（"修剪"模式）当前倒角距离 1＝
0.0000，距离 2＝0.0000　显示系统当前设置；

图 2-64　绘制水平直线

选择第一条直线或［放弃(U)/多段线(P)/距离(D)/角度(A)/修剪(T)/方式(E)/多个(M)］：
指定第一个倒角距离＜1.0000＞：输入第 1 个倒角距离 3；
指定第二个倒角距离＜1.0000＞：输入第 2 个倒角距离 3；

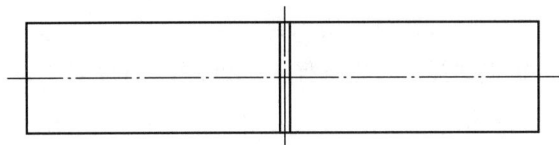

提 示

　　作图时应根据倒角的具体要求并注意系统的当前设置模式。可以通过 ［修剪
（T）］选项改变倒角的"修剪"模式，通过 ［距离（D）］选项设置倒角距离。

选择第一条直线或 ［放弃（U）/多段线（P）/距离（D）/角度（A）/修剪（T）/方式
（E）/多个（M）］：输入选项"P"

选择二维多段线：选择矩形

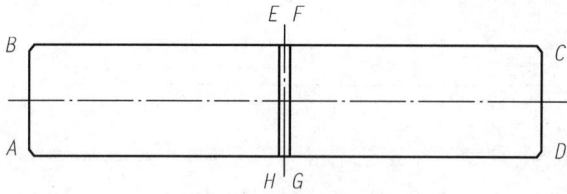

图2-65　倒角处理-修剪

4条直线已被倒角，结果如图2-65所示。

（2）对中间凹槽进行倒角处理：

按 Enter 键重复"倒角"命令，系统提示如下：

命令：chamfer

（"修剪"模式）当前倒角距离1＝3.0000，距离2＝3.0000

选择第一条直线或[放弃（U）/多段线（P）/距离（D）/角度（A）/修剪（T）/方式（E）/多个（M）]：输入选项"T"，回车确认；

输入修剪模式选项[修剪（T）/不修剪（N）]＜修剪＞：输入选项"N"，选择"不修剪"模式，回车确认；

选择第一条直线或[放弃（U）/多段线（P）/距离（D）/角度（A）/修剪（T）/方式（E）/多个（M）]：输入选项"M"；

选择第一条直线或[放弃（U）/多段线（P）/距离（D）/角度（A）/修剪（T）/方式（E）/多个（M）]：如图2-66（a）所示，选择BE边；

选择第二条直线，或按住 Shift 键选择要应用角点的直线：如图2-65（a）所示，选择EH边，绘制出倒角，结果如图2-67（a）所示；

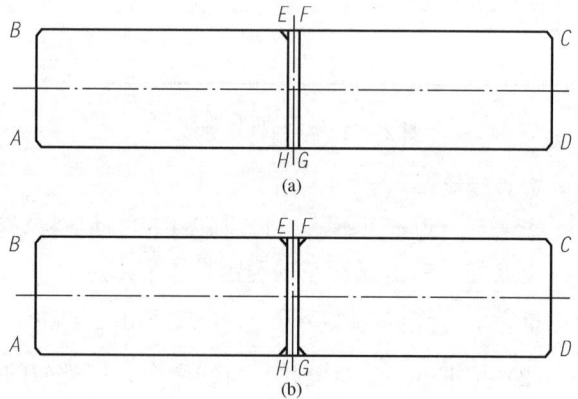

图2-66　倒角处理-不修剪

再根据提示分别选择FC和FG、AH和EH、GD和GF边，绘制出另外3个倒角，按 Enter 键结束命令，结果如图2-66（b）所示。

6. 补充及修整轮廓线，完成中间凹槽部分轮廓线绘制

（1）单击◢，系统提示：

命令：_line 指定第一点：移动鼠标，点击如图2-67（a）所示的点2；

指定下一点或[放弃（U）]：点击如图2-67（a）所示的点3；

指定下一点或[放弃（U）]：按 Enter 键确认，退出直线命令，结果如图2-67（b）所示。

（2）按 Enter 键重复直线命令，分别连接点1和点5、点4和点8、点6和点7，结果如图2-67（c）所示。

（3）激活"修剪"命令，系统提示及操作如下：

命令：trim

当前设置：投影＝UCS，边＝无

选择剪切边…

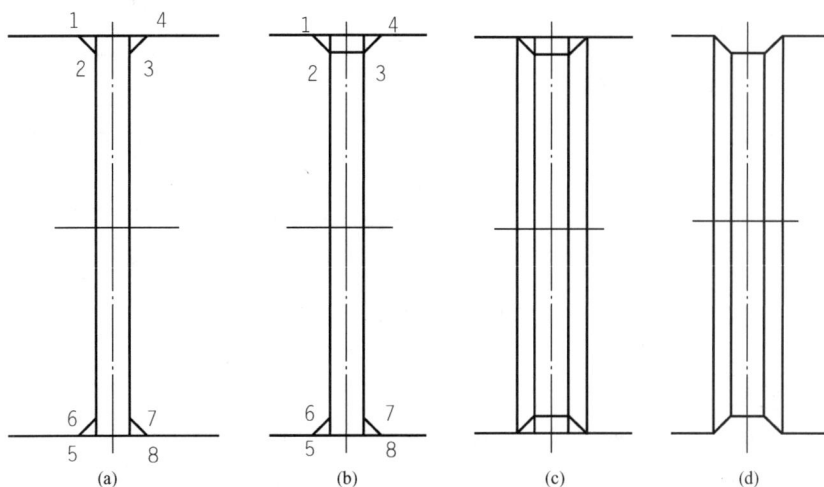

图 2-67　补充及修整轮廓线

选择对象或＜全部选择＞：选择图 2-67（b）所示的轮廓线 12、34、56 及 78；

选择要修剪的对象，或按住 Shift 键选择要延伸的对象，或［栏选（F）/窗交（C）/投影（P）/边（E）/删除（R）/放弃（U）］：根据内接头轮廓形状选择需要修剪的对象，要注意修剪顺序；

选择要修剪的对象，或按住 Shift 键选择要延伸的对象，或［栏选（F）/窗交（C）/投影（P）/边（E）/删除（R）/放弃（U）］：按 Enter 键结束修剪命令，结果如图 2-67（d）所示。

7. 图案填充，完成作图

（1）将"细实线"图层置为当前图层；

（2）激活"样条曲线"命令，系统提示及操作如下：

命令：_spline

指定第一个点或［对象（O）］：在上方水平轮廓线适当位置点 1 单击，如图 2-68（a）所示；

指定下一点：在适当位置取点 2；

指定下一点或［闭合（C）/拟合公差（F）］＜起点切向＞：在适当位置取点 3；

指定下一点或［闭合（C）/拟合公差（F）］＜起点切向＞：捕捉到下方水平轮廓线交点 4 单击，如图 2-68（b）所示；

指定起点切向：按 Enter 键确定；

指定端点切向：按 Enter 键确定，结果如图 2-68（c）所示。

（3）激活"直线"命令，系统提示：

命令：_line 指定第一点：移动鼠标捕捉到右端竖直轮廓线中点，向上移动鼠标，当竖直极轴线亮起时，输入 21，回车确认直线第一点；

指定下一点或［放弃（U）］：向左移动鼠标，捕捉到水平极轴与样条曲线的交点，单击

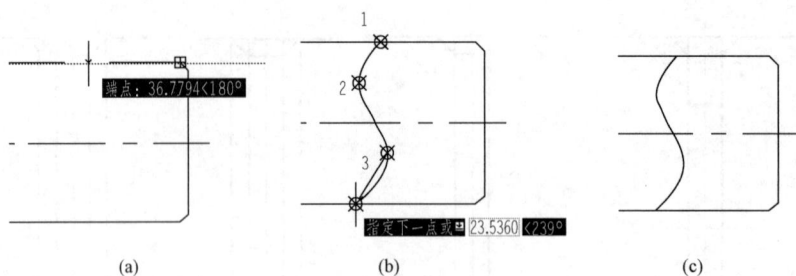

图 2-68　绘制样条曲线

鼠标左键确认直线第二点；

    指定下一点或［放弃（U）］：按 Enter 键结束命令，画出一水平直线。

（4）按 Enter 键重复直线命令，用同样的方法在水平中心线下方绘制一条与中心线距离 21，与样条曲线相交的水平直线，结果如图 2-69 所示。

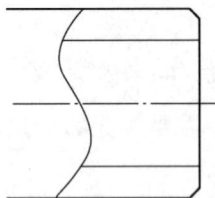

图 2-69　绘制水平直线

（5）激活"图案填充"命令，系统提示及操作如下：

命令：_ bhatch

弹出如图 2-60 所示"图案填充和渐变色"对话框。设置如下："类型"选择预定义，"图案"选择"ANSI31"，"角度和比例"分别为 0 和 1，"图案填充原点"可任意选择一种，复选"选项"中的"关联"项，单击拾取点图标 ，AutoCAD 暂时关闭对话框，系统提示如下：

命令：_ bhatch

拾取内部点或［选择对象（S）/删除边界（B）］：在第 1 个填充区域内任一点 1［见图 2-70（a）］单击；

    正在选择所有可见对象…

    正在分析所选数据…

    正在分析内部孤岛…

    拾取内部点或［选择对象（S）/删除边界（B）］：在第 1 个填充区域内任一点 2［见图 2-70（a）］单击；

    正在分析内部孤岛…

    拾取内部点或［选择对象（S）/删除边界（B）］：

按 Enter 键结束填充区域选择，系统返回对话框，检查无误后按"确定"按钮完成图案填充，结果如图 2-70（b）所示。

（6）单击 ，系统提示：

命令：' _ matchprop

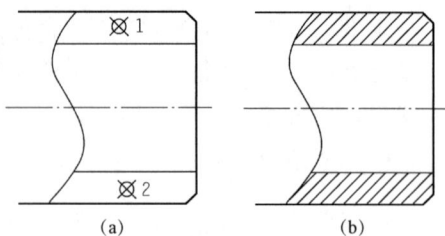

图 2-70　填充剖面线

选择源对象：选择图中任一粗实线；

当前活动设置：颜色　图层　线型　线型比例　线宽　厚度　显示当前活动设置，可以通过选项［设置（S）］更改；

选择目标对象或［设置（S）］：分别点选上步骤两条细实线绘制的水平直线；

选择目标对象或［设置（S）］：按 Enter 键结束命令，通过此操作可将两水平细实线改为粗实线，结果如图 2-71 所示。

检查图形，完成管母线内接头的绘制，如图 2-72 所示。

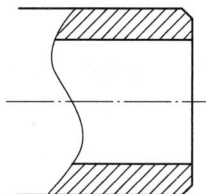

图 2-71　修改线型　　　　　　　　图 2-72　完成作图

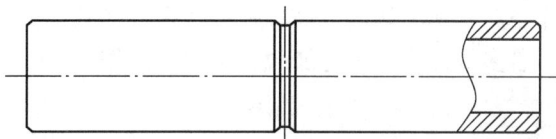

2.10　平面图形其他绘图及编辑命令

前面结合具体绘图实例介绍了 AutoCAD2014 中大部分平面图形绘图命令、编辑命令及其应用。除此之外，AutoCAD 2014 还有以下一些平面图形绘图命令和编辑命令。

2.10.1　其他绘图命令

1. 构造线命令

用于绘制一条经过指定点的双向无限长直线，指定点称为根点。可以使用下列方法之一启动"构造线"命令。

➢ 命令：xline

➢ 下拉菜单：［绘图（D）］/［构造线（T）］

➢ "绘图"工具栏或二维绘图面板按钮：

构造线常用于辅助作图，如在三视图作图过程中用构造线作为辅助线，以保证视图之间的"长对正、高平齐、宽相等"的对应关系。执行命令后，系统提示：

命令：_xline 指定点或［水平（H）/垂直（V）/角度（A）/二等分（B）/偏移（O）］：默认选项为指定点，可在绘图区任意指定一点，构造线将通过此点。系统继续提示：

指定通过点：指定构造线通过的第 2 点，以确定构造线的方向；

系统将重复以上提示，可连续作出通过第 1 点的不同方向的构造线，直至按 Enter 键结束命令。

其他选项的含义如下。

［水平（H）］：用于创建一条通过选定点的水平构造线。

［垂直（V）］：用于创建一条通过选定点的垂直构造线。

［角度（A）］：以指定的角度创建一条构造线。

［二等分（B）］：创建一条构造线，它经过选定角的顶点，并且平分选定的 2 条线之间的夹角。

［偏移（O）］：指定偏移距离创建平行于另一个对象的构造线。

2. 多线命令

用于绘制多重平行线。多线中包含的每条线称为元素，可通过设置指定各自的位置、线型和颜色。在使用多线命令前，一般应根据要求设置和保存多线样式。

(1) 设置多线样式

可以使用下列方法之一启动"多线样式"命令。

➤ 命令：mlstyle

➤ 下拉菜单：[格式 (O)] / [多线样式 (M)]

执行命令后，弹出如图 2-73 所示"多线样式"的对话框。在该对话框中，可以新建、修改和重命名多线样式，进行加载、保存等操作。

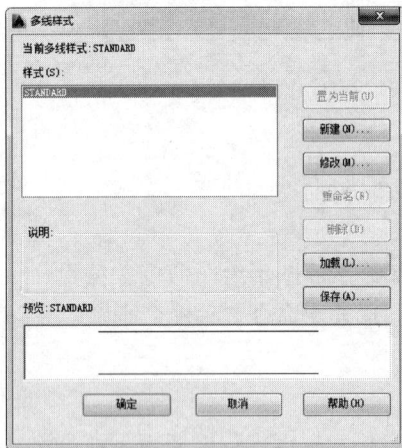

图 2-73 "多线样式"对话框

(2) 绘制多线

可以使用下列方法之一启动"多线"命令。

➤ 命令：mline

➤ 下拉菜单：[绘图 (D)] / [多线 (U)]

执行命令后，系统提示：

命令：_mline

当前设置：对正＝上，比例＝20.00，样式＝STANDARD

指定起点或 [对正 (J) /比例 (S) /样式 (ST)]：指定多线的起点；

指定下一点：指定多线的下一点；

指定下一点或 [放弃 (U)]：在命令提示下指定多线的下一点，直至完成多线绘制。

3. 圆弧命令

用于绘制圆弧。可以使用下列方法之一启动"圆弧"命令。

➤ 命令：arc 或 a

➤ 下拉菜单：[绘图 (D)] / [圆弧 (A)]

➤ "绘图"工具栏或二维绘图面板按钮：

单击，执行命令后，系统提示：

命令：_arc 指定圆弧的起点或 [圆心 (C)]：指定圆弧第一点；

指定圆弧的第二个点或 [圆心 (C) /端点 (E)]：指定圆弧第二点；

指定圆弧的端点：指定圆弧第三点，完成三点画圆弧命令；

AutoCAD2014 除了可以通过三点画圆弧外，还提供了其他完成圆弧绘制的方法，这些命令位于下拉菜单 [绘图 (D)] / [圆弧 (A)] 中，如图 2-74 所示，可以根据实际需要，选择不同的方法绘制圆弧。

4. 修订云线命令

用于绘制修订云线。修订云线是由连续圆弧组成的多段线以构成云线形对象，如图 2-75 所示。修订云线一般作为对象标记使用。可以使用下列方法之一启动"修订云线"命令。

➤ 命令：revcloud

➢　下拉菜单：［绘图（D）］／［修订云线（V）］

➢　"绘图"工具栏或二维绘图面板按钮：⟳

执行命令后，系统提示：

命令：_ revcloud

最小弧长：15　最大弧长：15　样式：普通

指定起点或［弧长（A）/对象（O）/样式（S）］＜对象＞： 指定云线的起点；

沿云线路径引导十字光标…　沿路径移动鼠标即可自动绘制云线，如图 2-75（a）所示；

修订云线完成。　按鼠标右键结束命令或将鼠标移至起点自动闭合，如图 2-75（b）所示；

其他选项的含义如下。

［对象（O）］：选择此选项，可将已有的图形对象转化为云线。将如图 2-75（c）所示的圆转化为云线后，结果如图 2-75（d）所示。

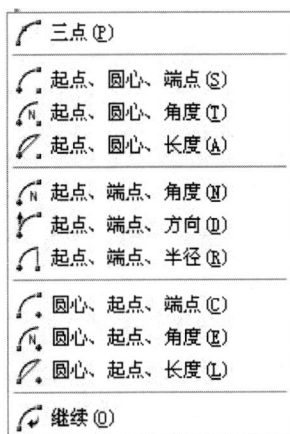

图 2-74　其他圆弧绘制命令

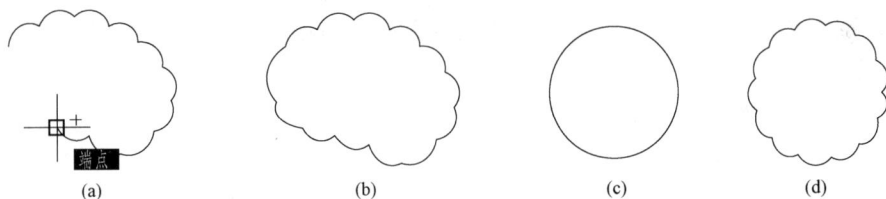

| 三点(P) |
| 起点、圆心、端点(S) |
| 起点、圆心、角度(T) |
| 起点、圆心、长度(A) |
| 起点、端点、角度(N) |
| 起点、端点、方向(D) |
| 起点、端点、半径(R) |
| 圆心、起点、端点(C) |
| 圆心、起点、角度(E) |
| 圆心、起点、长度(L) |
| 继续(O) |

(a)　　　　(b)　　　　(c)　　　　(d)

图 2-75　修订云线

［弧长（A）］：用于指定云线中弧线的长度。

［样式（S）］：用于指定修订云线的样式。

5. 椭圆命令和椭圆弧命令

用于绘制椭圆和椭圆弧。可以使用下列方法之一启动"椭圆"或"椭圆弧"命令。

➢　命令：ellipse

➢　下拉菜单：［绘图］／［椭圆］／［圆弧］

➢　"绘图"工具栏或二维绘图面板按钮：⬯或⤸

激活"椭圆"命令，系统提示及操作如下：

命令：_ ellipse

指定椭圆的轴端点或［圆弧（A）/中心点（C）］：确定椭圆长轴的第 1 点；

指定轴的另一个端点：确定椭圆长轴的第 2 点；

指定另一条半轴长度或［旋转（R）］：输入半轴长度，或者在绘图界面中用鼠标点选一点作为椭圆短轴的一个端点。

2.10.2　其他编辑命令

1. 缩放命令

用于按比例缩放图形对象。可以使用下列方法之一启动"缩放"命令。

➢　命令：scale

> ➤ 下拉菜单：［修改（M）］/［缩放（L）］
> ➤ "修改"工具栏或二维绘图面板按钮：▣

执行命令后，系统提示：

命令：_scale

选择对象：在命令提示下分别选择要缩放的图形对象；

选择对象：按 Enter 键或鼠标右键结束对象选择；

指定基点：指定一点作为缩放时的基准点；

指定比例因子或［复制（C）/参照（R）］<1.0000>：输入比例因子则图形将指定比例因子缩放；

若选择"复制"选项，则将对源对象进行复制并缩放，此操作可保留原有的图形对象。也可选择"参照"选项，通过在作图区指定参考长度进行缩放。

2. 拉伸命令

用于拉伸、压缩或移动对象。在拉伸时将移动位于选择窗口内部的端点，而选择窗口外部的端点不动。因此，当对象的所有端点均在选择窗口内部时，该命令将使对象移动；当对象有部分端点不在选择窗口内时，该命令将使对象拉伸或压缩。可以使用下列方法之一启动"拉伸"命令。

> ➤ 命令：stretch
> ➤ 下拉菜单：［修改］/［拉伸］
> ➤ "修改"工具栏或二维绘图面板按钮：▯

执行命令后，系统提示：

命令：_stretch

以交叉窗口或交叉多边形选择要拉伸的对象…

选择对象：

指定第一个角点：指定对角点：找到 4 个　用交叉窗口选择对象，如图 2-76（a）所示；

选择对象：按 Enter 键或鼠标右键结束对象选择；

指定基点或［位移（D）］<位移>：在适当位置指定基点；

指定第二个点或<使用第一个点作为位移>：根据拉伸要求选择第 2 点，结果如图 2-76（b）所示。

3. 分解命令

用于分解 AutoCAD 中一些无法单独编辑的图形对象，如图块、尺寸标注、多段线、多边形和图案填充等。可以使用下列方法之一启动"分解"命令。

> ➤ 命令：explode
> ➤ 下拉菜单：［修改］/［分解］
> ➤ "修改"工具栏或二维绘图面板按钮：✦

4. 合并命令

将多个对象，如处于同一直线上的多段直线、处于同一个圆上的多段圆弧合并为一个对

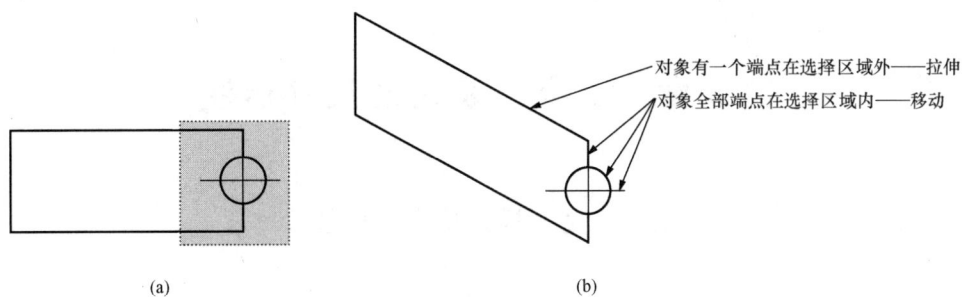

图 2-76　拉伸
(a) 选择对象；(b) 拉伸结果

象。可通过下列方法之一启动"合并"命令。

- ➢ 命令：join 或 j
- ➢ 下拉菜单：[修改（M）] / [合并（J）]
- ➢ "修改"工具栏或二维绘图面板按钮：

思考与练习

1. AutoCAD2014 有哪些绘图命令？

2. AutoCAD2014 有哪些编辑命令？

3. 绘制本章例题各图形。

第3章　文字、表格及尺寸标注

3.1　文字样式及文字标注

　　绘制电力工程图样时，经常要进行文字的标注，AutoCAD2014 提供了文字注写功能，通过使用文字可以标注图样中的非图形信息，标记图形的各个部分，对其进行说明或注释。

3.1.1　定义文字样式

　　文字样式用于控制图形中所使用文字的字体、高度和宽度系数等。在输入文字对象前，应先设置好相应的文字样式，并将所要使用的文字样式置为当前。在一幅图形中可以定义多种文字样式，以适合不同对象的需要。AutoCAD2014 通过"文字样式"对话框来定义文字样式，或对已有的文字样式进行修改。可通过以下方法之一打开"文字样式"对话框：

　　➢ 命令：style 或 ddstyle

　　➢ 下拉菜单：［格式（O）］/［文字样式（S）］

　　➢ 文字工具栏或文字面板中的图标：

　　执行以上操作后，系统弹出如图 3-1 所示"文字样式"对话框，以定义一样式名为"工程字-35"（字高为 3.5mm）的文字样式为例，操作方法如下：

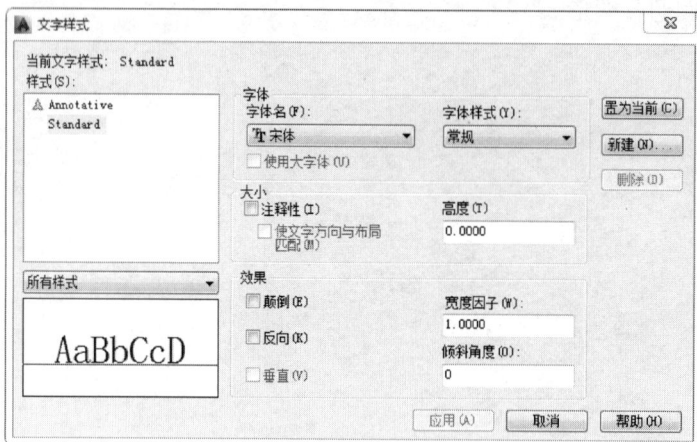

图 3-1　"文字样式"对话框（1）

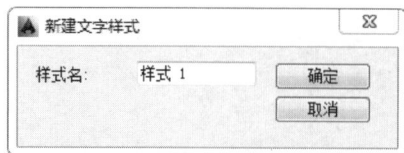

图 3-2　"新建文字样式"对话框

　　（1）AutoCAD2014 默认的文字样式是"Standard"，其字体为 txt. shx，高度为 0，宽度比例为 1。单击对话框中的"新建"按钮，AutoCAD2014 弹出如图 3-2 所示"新建文字样式"对话框，在该对话框的"样式名"文本框中将"样式 1"改为"工程字-35"，单击"确定"返回"文字样式"对话框，此时在样式选项组中多了一个"工程字 - 35"样式，如图3 - 3所示。

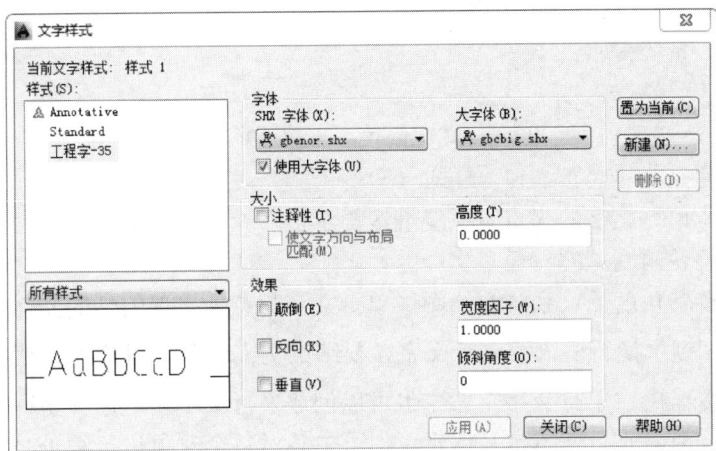

图 3 - 3 "文字样式"对话框（2）

（2）选中"工程字 - 35"样式，在对话框中的"字体"选项组中，在"字体名"下拉列表中选择"gbenor. shx"，"gbenor. shx"用于标注正体英文字体，也可选择"gbeitc"用于标注斜体英文字体。选择"使用大字体"复选项框，在"大字体"下拉列表中选择"gbcbig. shx"，"gbcbig. shx"用于标注符合国家制图标准的中文字体。

（3）在此对话框中的"大小"选项组中，在"高度"文本框中输入 3.5，高度用于设置输入文本的高度。如果将高度设为 0，则表示不对字体高度进行设置，每次用该样式输入单行文字时，AutoCAD2014 都将提示输入文字的高度，输入多行文字时，则按默认字高。默认字高取决于新建文件时采用的样板图，如采用"acadiso. dwg"样板，则默认字高为 2.5，如采用"acad. dwg"样板，则默认字高为 0.2。"注释性"复选框，用于指定图纸空间视图中的文字方向与布局方向匹配，暂不选择。

（4）在此对话框中的"效果"选项组中，可以通过设置其中的选项来控制文字的效果。

颠倒：选中该复选框，则将文字上下颠倒显示，电力工程图样中一般不用。

反向：选中该复选框，则将文字左右反向显示，电力工程图样中一般不用。

垂直：选中该复选框，则将文字垂直排列显示，电力工程图样中一般不用。

宽度因子：在该文本框中可输入文字的宽度比例系数，一般按默认值1。

倾斜角度：在该文本框中可输入文字的倾斜角度。一般按默认值0。

按以上方法设置的样式已符合制图国家标准的要求，如图 3 - 3 所示。分别单击"应用"和"置为当前"按钮，最后单击"关闭"按钮退出对话框。

可按以上方法定义不同的文字样式。已经定义好的文字样式，还可以进行重命名、修改样式设定，也可删除已定义的但没有用过的文字样式。

3.1.2 单行文字的标注

单行文字常用于创建标注文字、标题块等较短的文字。可通过以下方法激活单行文字命令：

➢ 命令行：text 或 dtext

> ➤　下拉菜单：［绘图（D)］／［文字（X)］／［单行文字（S)］
> ➤　文字工具栏或文字面板中的图标：**AI**

激活命令后，系统提示：

命令：_ dtext
当前文字样式："工程字 - 35"　　文字高度：3.5000　　注释性：否
指定文字的起点或［对正（J)／样式（S)］：
指定一点定位单行文字的起点，系统继续提示：
指定文字的旋转角度<0>：

输入文字的旋转角度后，系统在绘图区单行文字起点处出现闪烁的光标，此时可输入一行文字，按 Enter 键可换行输入第二行文字，要结束文字输入，可连续按两次 Enter 键即可退出单行文字命令。由"单行文字"命令也可以创建多行文本，但这种多行文字的每一行是一个对象，不能同时对几行文本进行编辑，但可单独对每个对象进行编辑。

其他选项的含义：

［对正（J)］：对正选项用于确定文本的对齐方式，对齐方式决定文本的哪一位置点与插入点对齐。执行此选项，则系统提示：

输入选项
［对齐（A)／调整（F)／中心（C)／中间（M)／右（R)／左上（TL)／中上（TC)／右上（TR)／左中（ML)／正中（MC)／右中（MR)／左下（BL)／中下（BC)／右下（BR)］：

（1）对齐（A)：选择此选项，系统要求确定一条直线段作为文本的基线，线段的两个端点作为文本的起始点和终止点。按此方式输入文字后，系统按文字样式中设定的宽度系数、输入字符的多少自动调整字高和宽度，使输入的文本均匀地分布于指定的两点之间。

（2）调整（F)：选择此选项，与对齐方式相似，系统要求确定一条直线段作为文本的基线，所不同的是系统按输入字符的多少自动调整文字宽度（但文字高度按文字样式中设定的高度保持不变），使输入的文本均匀地分布于指定的两点之间。

（3）其他选项：选择这些选项的任一项，需要输入一点，确定文字的对齐点。Auto-CAD 为标注文本行定义了如图 3-4 所示的 4 条基准线，不同的文本对齐点位置如图中"×"所示，图中与各对齐点相应的字母对应了上述命令提示中的文字对齐选项。

文字注写默认的方式是左下（BL)方式。

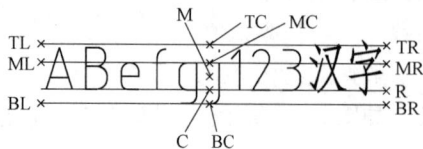

图 3-4　文字对齐方式

［样式（S)］：样式选项用于选择文字样式，可选择任一已定义的文字样式。执行此选项，则系统提示：

输入样式名或［?］<样式 1>：

此时可输入需要的样式名或默认当前样式，若不记得已设置过的样式名，可输入"?"，系统提示：

输入要列出的文字样式<*>：

按 Enter 键，系统将弹出一文本窗口，显示所有已定义过的样式及其设置，如图 3-5 所示。

使用"单行文字"命令创建文字的过程中，可以随时改变文本的位置，只要将光标移到

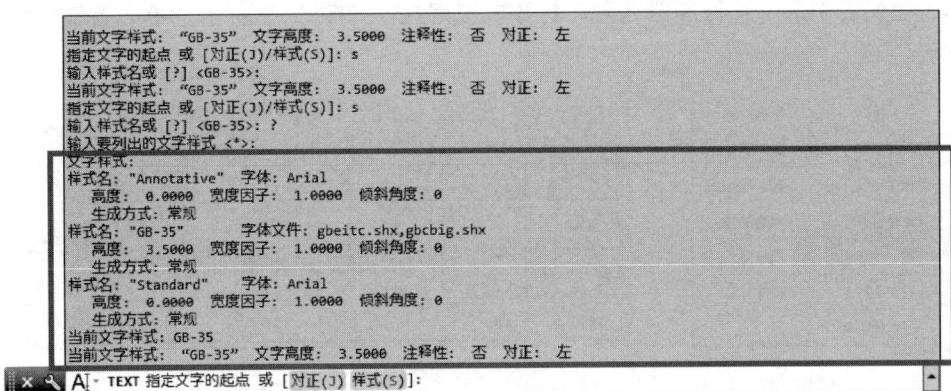

图 3-5 文本窗口

新的位置单击鼠标，则当前行结束，并在新的位置开始新的一行，用这种方法可以把文本标注到绘图区的任一位置。

3.1.3 特殊字符的输入

实际绘图时，有时需要标注一些特殊字符，如"ϕ、α、δ"等符号，上画线、下画线等，这些符号不能直接从键盘输入，可用以下两种方法输入。

1. 控制码

AutoCAD2014 提供了一些控制码，用于输入一些特殊字符。常用控制码见表 3-1。

表 3-1   AutoCAD 常用控制码

符号	功能	符号	功能
%%O	上画线	\u+0278	电相位
%%U	下画线	\u+E101	流线
%%D	"度"符号	\u+2261	标识
%%P	正负符号	\u+E102	界碑线
%%C	直径符号	\u+2260	不相等
%%%	百分号%	\u+2126	欧姆
\u+2248	几乎相等	\u+03A9	欧米加
\u+2220	角度	\u+214A	低界线
\u+E100	边界线	\u+2082	下标2
\u+2140	中心线	\u+00B2	上标2
\u+0394	差值		

2. 利用模拟键盘

借助于 Windows 系统提供的模拟键盘，其具体操作步骤如下：

(1) 选择某种输入法，如"智能 ABC" 。

(2) 右键单击输入法提示条中的模拟键盘图标 ，打开模拟键盘列表，如图 3-6 所示。

（3）在列表中选中某种模拟键盘，打开模拟键盘，如图 3-7 所示。单击要输入的符号，即可输入。

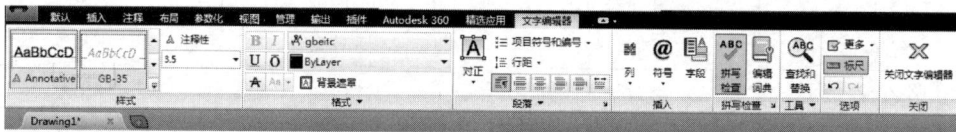

图 3-6　模拟键盘列表

图 3-7　模拟键盘

3.1.4　多行文字的标注

多行文字可用于标注较长、较复杂的多行文本。可通过以下方法之一激活多行文字命令：

➢ 命令行：mtext 或 dtext

➢ 下拉菜单：[绘图（D）] / [文字（X）] / [多行文字（M）]

➢ 文字工具栏或文字面板中的图标：**A**

激活命令后，系统提示：

命令：_ mtext 当前文字样式："工程字-35"　文字高度：3.5　注释性：否

指定第一角点：

指定矩形框的第一个角点后系统提示：

指定对角点或[高度(H)/对正(J)/行距(L)/旋转(R)/样式(S)/宽度(W)/栏(C)]：

直接指定矩形框的第二个角点，系统以这两个点为对角点形成一个矩形区域，其宽度为将要标注多行文本的宽度，此时系统在"功能区"添加图 3-8 所示的"文字编辑器"选项卡，该选项卡包含有 8 个面板，可利用此输入多行文字并对其格式进行设置。

图 3-8　多行文字编辑器

[高度（H）]：用于指定文字的高度。

[对正（J）]：用于确定所标注文本的对齐方式。选取此项，系统提示：

输入对正方式 [左上（TL）/中上（TC）/右上（TR）/左中（ML）/正中（MC）/右中（MR）/左下（BL）/中下（BC）/右下（BR）] <左上（TL）>：

这些对齐方式与"单行文本"命令中的各对齐方式相同，选取一种对齐方式后按 Enter 键，回到上一级提示。

[行距（L）]：用于确定多行文本的行距。选择此项，系统提示：

输入行距类型 ［至少（A）/精确（E）］＜至少（A）＞：

此提示下有两种确定行距的方式，"至少（A）"方式下，系统将根据每行文本中最大的字符自动调整行间距。"精确（E）"下，可输入一个数值确定行间距，也可输入"$n\times$"的形式，n 是一个具体数值，表示行间距设置为单行文本高度的 n 倍，单行文本高度是本行文本字符高度的 1.66 倍。

［旋转（R）］：用于确定文本行的倾斜角度。

［样式（S）］：确定当前的文字样式。

［宽度（W）］：指定多行文本的宽度。

［栏（C）］：用于指定多行文字对象的栏选项。

以上各选项功能也可在多行文字编辑器中，通过相应的功能按钮进行设置。多行文字编辑器的界面与 Microsoft 的 Word 编辑器界面类似，里面包含了很强的文字格式功能，如图 3-9 所示。

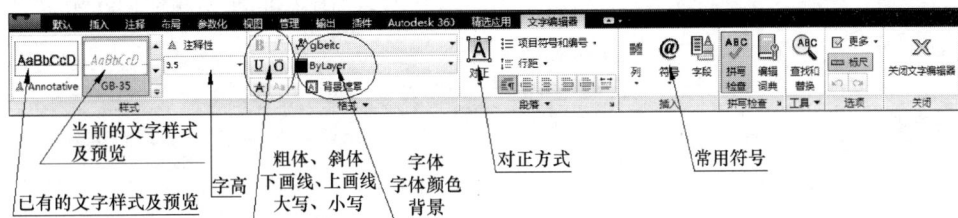

图 3-9　多行文字编辑器

1. "堆叠"按钮

利用堆叠按钮，可以创建堆叠文字。只有当文字中输入"/"、"♯"、"^"这三种堆叠符号之一并选中要堆叠的文字时，堆叠按钮才被激活。使用三种堆叠符号得到的堆叠效果：

如输入并选中"123/456"后单击 ✤ 按钮，得到如图 3-10（a）所示效果。

如输入并选中"3♯4"后单击 ✤ 按钮，得到如图 3-10（b）所示效果。

如输入并选中"+0.021^-0.007"后单击 ✤ 按钮，得到如图 3-10（c）所示效果。

如输入并选中"M2^"后单击 ✤ 按钮，得到如图 3-10（d）所示效果。

如输入并选中"A^2"后单击 ✤ 按钮，得到如图 3-10（e）所示效果。

（a）　　　　（b）　　　　（c）　　　　（d）　　　　（e）

图 3-10　文字的堆叠效果

2. "符号"按钮

用于输入各种符号。单击该按钮 @▾，系统打开符号列表，如图 3-11 所示。用户可以从中选择符号输入到文本中，单击"其他"按钮将弹出字符映射表，如图 3-12，从中也可找到需要的字符。

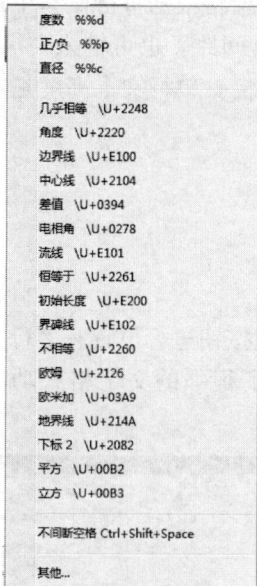

图 3-11　符号列表

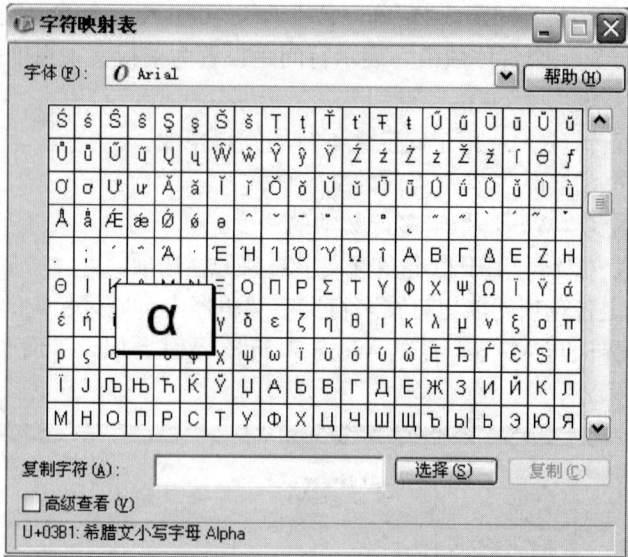

图 3-12　字符映射表

3. "插入字段"按钮

可插入一些常用或预设的字段，单击该按钮，系统打开如图 3-13 所示的"字段"对话框，用户可从中选择字段插入到标注文本中。也可以通过如图 3-14 所示"选项"菜单中的"插入字段"执行此操作。

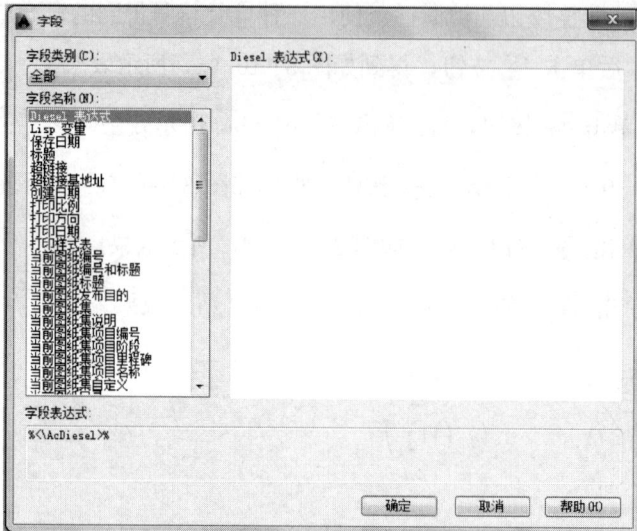

图 3-13　"字段"对话框

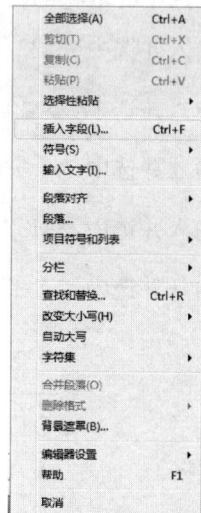

图 3-14　"选项"菜单

4. "倾斜角度"微调框

用于设置文字的倾斜角度。

5. "追踪"微调框

$a*b$ | 1 |

增大或减小所选字符之间的距离。1.0 是常规间距,设置大于 1.0 可增大间距,设置小于 1.0 可减小间距。

6. "宽度因子"微调框

○ | 1 |

扩展或收缩选定字符。1.0 是常规宽度,设置大于 1.0 可增大字符宽度,设置小于 1.0 可减小字符宽度。

7. "选项"按钮

单击"选项"按钮 ,系统弹出"选项"菜单,如图 3-14 所示。其中多数选项与上述按钮重复,这里仅介绍不重复的选项。

"查找和替换"选项:可以进行多行文字的查找和替换,其操作方法与 Word 中的查找、替换功能相似,如图 3-15 所示。

"背景遮罩"选项 背景遮罩:此选项用于设置文字编辑框是否使用背景。"边界偏移因子"用于指定文字周围不透明背景的大小。"填充颜色"用于设置不透明背景的颜色,如图 3-16 所示。

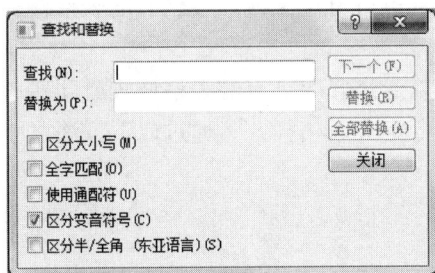

图 3-15　"查找和替换"对话框　　　　图 3-16　"背景遮罩"对话框

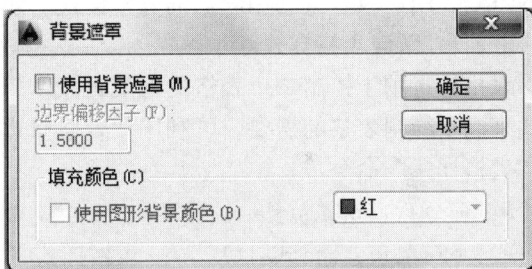

3.1.5　编辑文字

可以利用"编辑"命令对已创建的文字进行编辑,还可利用"特性"选项板来编辑文字。

(1) 利用"编辑"命令编辑文字。可以通过以下方法之一启用文本"编辑"命令:

➢　命令行:ddedit

➢　下拉菜单:[修改 (M)] / [对象 (O)] / [文字 (T)] / [编辑 (E)]

➢　文字工具栏:

执行命令后,系统提示:

命令:_ddedit

选择注释对象或 [放弃 (U)]:

此时光标变为拾取框,按要求选择想要修改的文字,即可进行修改。如果被选取的文字是由"多行文字"创建的文字,则弹出多行文字编辑器,可在此编辑器中对文字进行编辑。

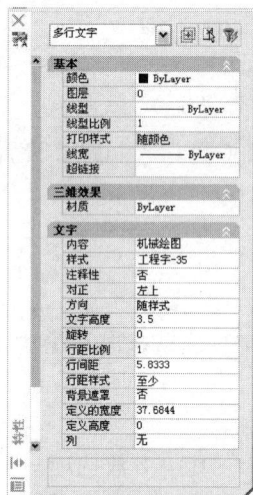

图 3-17　"特性"选项板

如果被选取的文字是由"单行文字"创建的文字，则被选择的文字呈亮显状态，可对文字内容进行修改。

对于单行文字也可直接双击，亮显后即可进行修改。对于多行文字双击后则弹出多行文字编辑器，在编辑器中即可对文字进行编辑。

（2）利用"特性"选项板编辑文字。可以使用下列方法之一启用"特性"选项板：

➤ 命令行：ddmodify 或 properties

➤ 下拉菜单：［修改（M）］/［特性（P）］

➤ 标准工具栏：🔲

执行上述命令后，系统打开如图 3-17 所示"特性"选项板，选择要修改的文字，在"特性"选项板中可对文字内容等属性进行修改。

3.2　表格样式及创建表格

在电力工程图样中经常要用到表格，如标题栏、参数表、材料明细表等。AutoCAD2014 可通过创建表格命令来创建数据表，从而取代先前利用绘制线段和文本来创建表格的方法。用户可直接利用默认的表格样式创建表格，也可自定义或修改已有的表格样式。

3.2.1　新建表格样式

表格样式用于控制一个表格的外观属性。用户可以通过修改已有的表格样式或新建表格样式来满足绘制表格的需要。可利用"表格样式"命令定义表格样式。通过以下方法之一启用"表格样式"命令：

➤ 命令行：tablestyle

➤ 下拉菜单：［格式（O）］/［表格样式（B）］

➤ 样式工具栏或表格面板中的图标：🔲

执行上述命令后，系统弹出"表格样式"对话框，如图 3-18 所示。对话框中"新建"按钮用于新建表格样式，"修改"按钮用于对已有表格样式进行修改。

下面以定义一个用于创建标题栏的"标题栏"表格样式为例，说明操作方法步骤。

（1）单击"新建"按钮，系统打开"创建新的表格样式"对话框，如图 3-19 所示，在"新样式名"文本框中输入"标题栏"，单击"继续"按钮，系统打开"新建表格样式"对话框，如图 3-20 所示。

（2）设置对话框中各选项组参数：

"起始表格"选项组：可以在图形中指定一个表格用作样例来设置此表格样式的格式，图形中没有表格，可不选。

"常规"选项组：用于设置表格方向，有"向上"和"向下"两个选项，这里选"向下"。

"单元样式"选项组：在"单元样式"下拉列表中有"标题"、"表头"、"数据"三个选项，可分别用于设置表格标题、表头和数据单元的样式。三个选项中均包含有"常规"、"文

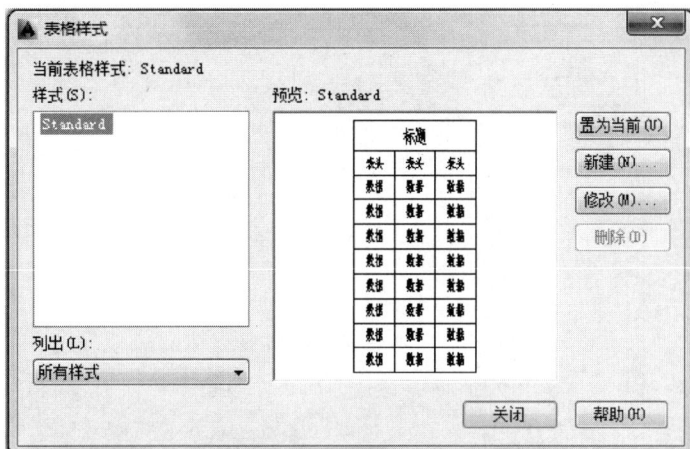

图 3-18　"表格样式"对话框

字"和"边框"三个选项卡。

选择"数据"选项组的"常规"选项卡，在"特性"选项组中可设置单元的填充颜色、对齐、格式和类型等项；"页边距"选项组用于设置单元边界与单元内容之间的间距，如图 3-20 所示。

选择"数据"选项组的"文字"选项卡，在"特性"选项组中可设置文字样式、文字高度、文字颜色和文字角度，如图 3-21 所示。

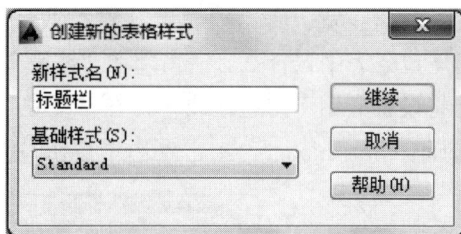

图 3-19　"创建新的表格样式"对话框

图 3-20　"新建表格样式"对话框

选择"数据"选项组的"边框"选项卡，在"特性"选项组中可设置数据边框线的各种

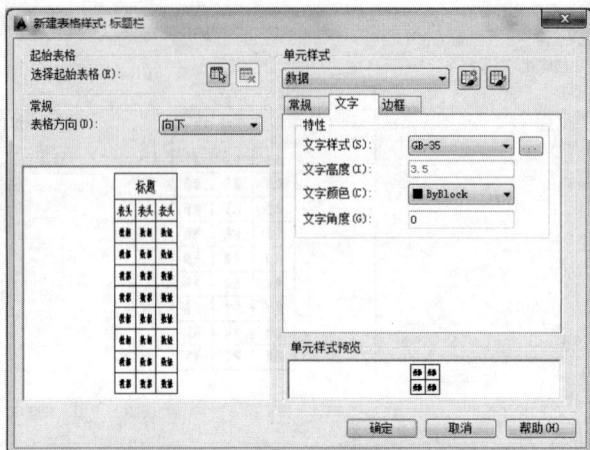

图 3 - 21   "新建表格样式"对话框

形式，包括线宽、线型、颜色、是否双线、边框线有无等选项，如图 3 - 22 所示。在"线宽"下拉列表中选择 0.25mm，在"线型"下拉列表中选择"continuous"，单击内边框按钮 ⊞，将设置应用于内边框线，再在"线宽"下拉列表中选择 0.50mm，在"线型"下拉列表中选择"continuous"，单击外边框按钮 ▣，将设置应用于外边框线。

图 3 - 22   "新建表格样式"对话框

    "标题"和"表头"选项的内容及设置方法同上所述。标题栏表格不包含标题和表头，因此可不必对"标题"和"表头"选项进行设置。

3.2.2   创建表格

    在设置好表格样式后，可以利用"表格"命令创建表格。可使用下列方法之一启用"表格"命令：

- ➢   命令行：table
- ➢   下拉菜单：［绘图（D）］/［表格］
- ➢   按钮选项卡［注释］面板按钮：▦

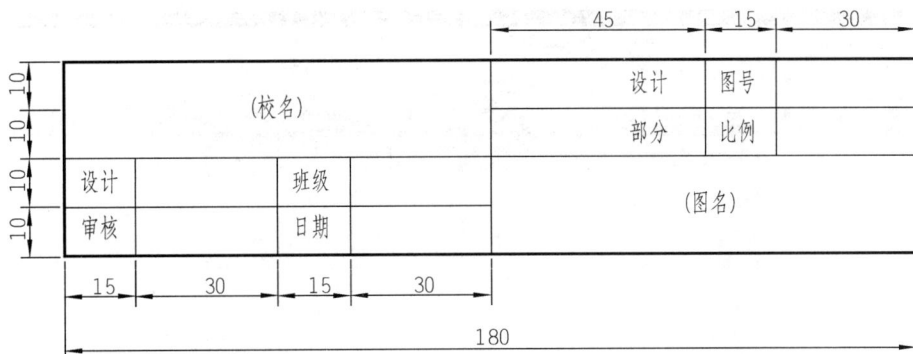

图 3 - 23　标题栏格式

下面以创建图 3 - 23 所示标题栏表格为例，创建表格的方法步骤如下：

（1）执行"表格"命令后，系统打开"插入表格"对话框，如图 3 - 24 所示。在"表格样式"下拉列表框中选择"标题栏"样式，"插入选项"选择"从空表格开始"，"插入方式"选择"指定插入点"，"列和行设置"选项组中分别输入"7"列、列宽"15"，数据行"4"，行高"1"，单元格样式全部选择"数据"，如图 3 - 24 所示。单击"确定"按钮，系统在指定的插入点自动插入一个空表格，并显示多行文字编辑器，如图 3 - 25 所示，用户可逐行逐列地输入相应的文字或数据。单击"确定"按钮，先退出文字编辑器。先将标题和表头两行删除，即第一、二行，只留下四行。

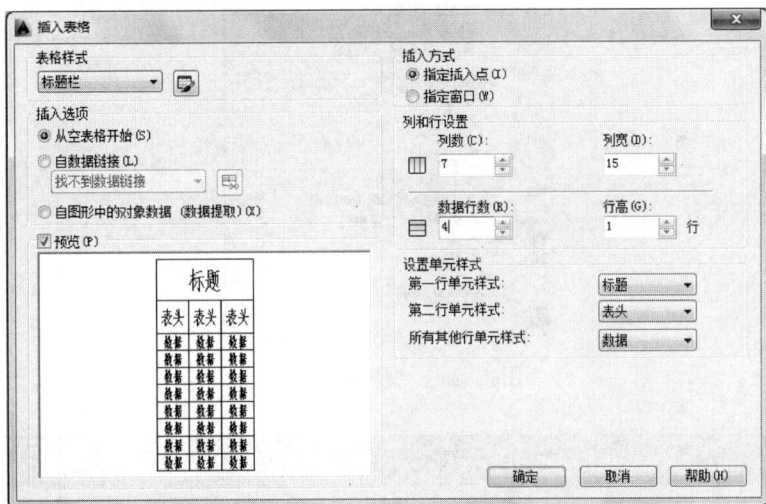

图 3 - 24　"插入表格"对话框

（2）调整行高和列宽：选中所有单元格，右击鼠标，在快捷菜单中选择"特性"选项，在弹出的"特性"对话框中，如图 3 - 26 所示，将"单元高度"设为"10"。选中表格第 2 列单元格，如图 3 - 27 所示，在"特性"对话框中将"单元宽度"改为"30"。采用同样方法分别将第 4、5 和 7 列"单元宽度"改为"30"、"45"、"30"。调整行高和列宽后的表格如图 3 - 28 所示。调整行高和列宽时，也可以在选中单元格后通过移动单元格夹点来改变单元格的大小。

图 3 - 25　空表格和多行文字编辑器

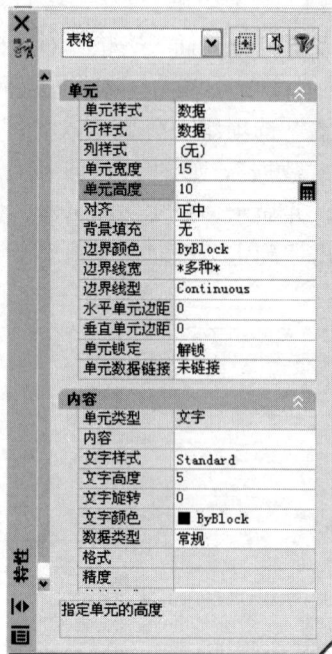

图 3 - 26　"特性"对话框

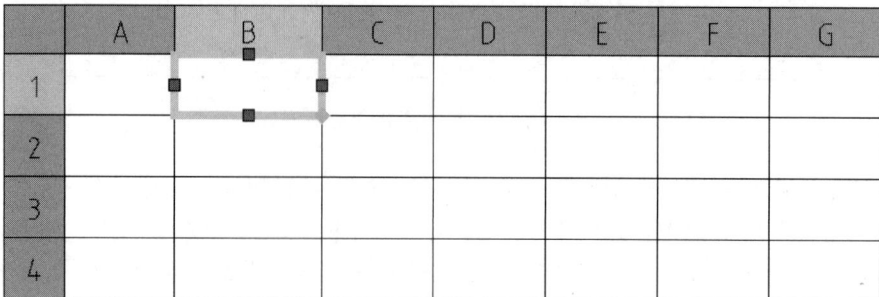

图 3 - 27　选中单元格调整行高

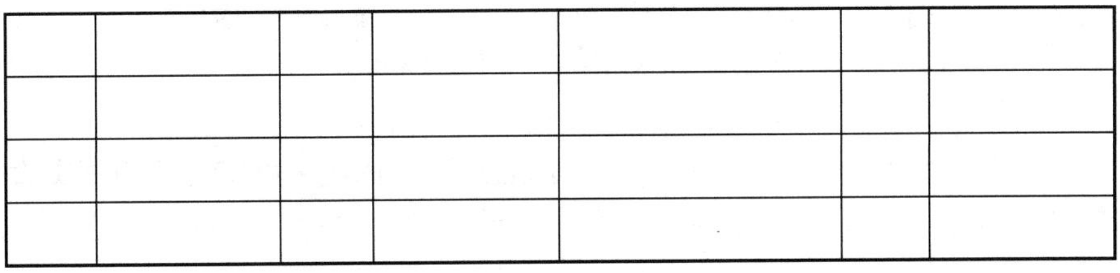

图 3-28　调整行高和列宽后的表格

（3）合并单元格：选中前 2 行前 4 列单元格，单击"表格"工具栏中的合并单元按钮
，如图 3-29 所示，在弹出的选项中选择"全部"，则完成前 2 行前 4 列单元格的合并。
采用同样的方法将需要合并的单元格进行合并，合并后的表格如图 3-30 所示。合并单元格
操作，也可在选中要合并的单元格后单击鼠标右键，在弹出的快捷菜单中选择"合并"/
"全部"。

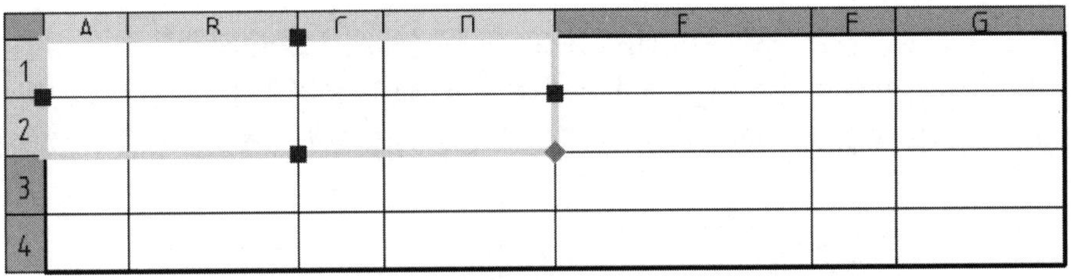

图 3-29　选中单元格进行合并

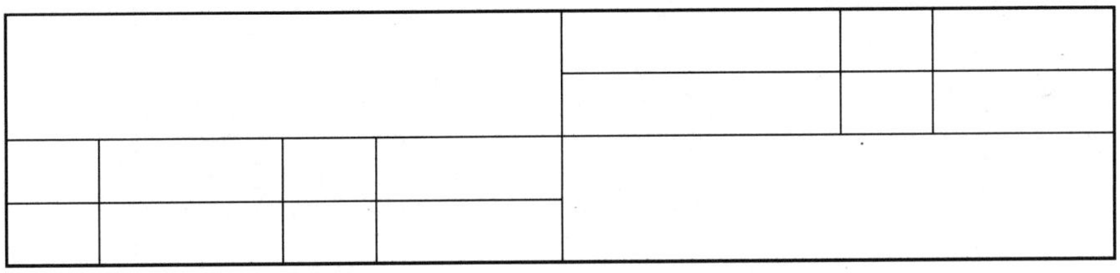

图 3-30　合并单元格后的表格

（4）填写单元格文字：在表格单元格内双击，系统弹出多行文字编辑器，即可输入或对
单元格中已有文字进行编辑。单元格中的文字默认按表格样式中设置的样式和字高，但也可
在多行文字编辑器中改变单元格的文字格式，如将"图名"和"校名"单元格的文字高度改
为"8"，如图 3-31 所示。

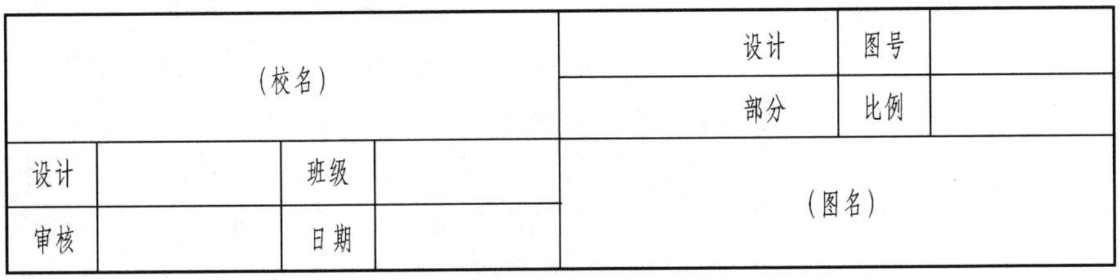

图 3-31　填写单元格文字后的表格

3.3 尺寸样式及尺寸标注

尺寸标注是电力工程绘图的一项重要内容，通过尺寸标注来确定对象的真实大小和相互之间的位置关系。AutoCAD2014 提供有一套完善的尺寸标注命令，可方便地进行尺寸标注和编辑。

3.3.1 设置尺寸标注样式

电力工程制图国家标准对尺寸标注的格式有具体的要求，标注尺寸前应设置好符合国家标准要求的尺寸标注样式。AutoCAD2014 利用"尺寸样式"命令来设置尺寸标注的样式。可采用以下方法之一激活"尺寸样式"命令：

➢ "默认"选项卡"注释"面板下拉菜单按钮： 📐
➢ 下拉菜单：[标注（M）] / [标注样式（S）]
➢ 命令：Dimstyle

执行尺寸样式命令后，系统弹出如图 3 - 32 所示"标注样式管理器"对话框，对话框中"新建（N）"按钮用于新建尺寸标注样式，"修改（M）"按钮用于修改已有的尺寸标注样式。下面以新建一样式名为"尺寸 - 35"（即尺寸文字的字高为 3.5）的标注样式为例，操作方法如下：

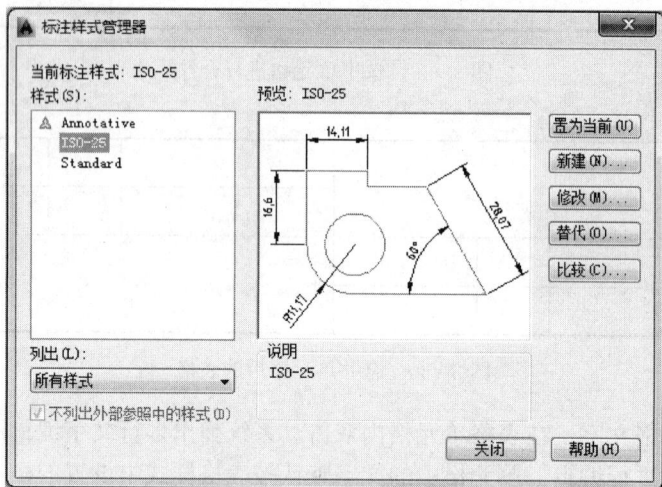

图 3 - 32 "标注样式管理器"对话框

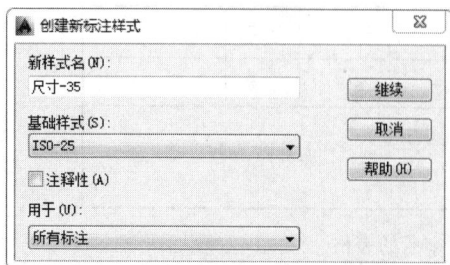

图 3 - 33 "创建新标注样式"对话框

单击对话框中的"新建（N）"按钮，在弹出的"创建新标注样式"对话框的"新样式名"文本框中输入"尺寸 - 35"，如图 3 - 33 所示，单击"继续"，AutoCAD 弹出"新建标注样式"对话框，如图 3 - 34 所示。此对话框中有"线"、"符号和箭头"、"文字"等 7 个选项卡，单击各选项卡标签，切换到各选项卡界面，可以分别设置尺寸样式的所有内容。下面仅对需要更改设置的选项加以说明：

"线"选项卡：该选项卡用于设置尺寸线、尺寸界线的形式和特征，各选项设置如图 3 - 34 所示。

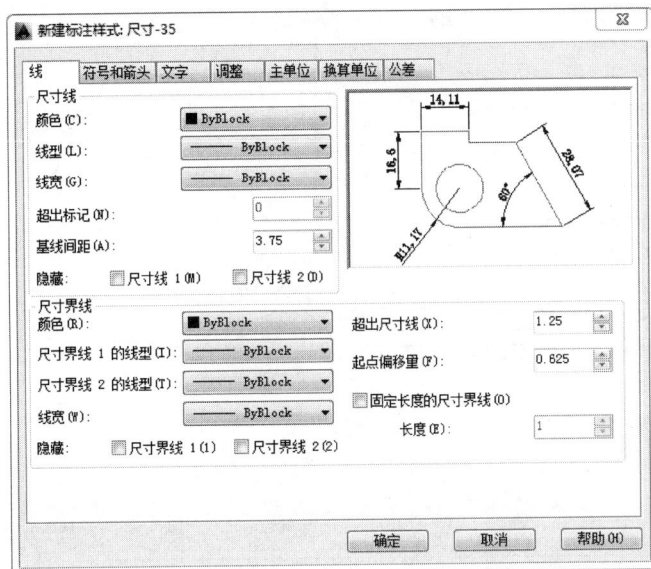

图 3 - 34　"新建标注样式"对话框的"线"选项卡

"符号和箭头"选项卡：该选项卡用于设置箭头、圆心标记、弧长符号和半径标注折弯的形式和特征，各选项设置如图 3 - 35 所示。注意应在"弧长符号"选项卡选中"标注文字的上方"。

图 3 - 35　"新建标注样式"对话框的"符号和箭头"选项卡

"文字"选项卡：该选项卡用于设置尺寸文本的形式、位置和对齐方式等，各选项设置如图 3-36 所示。

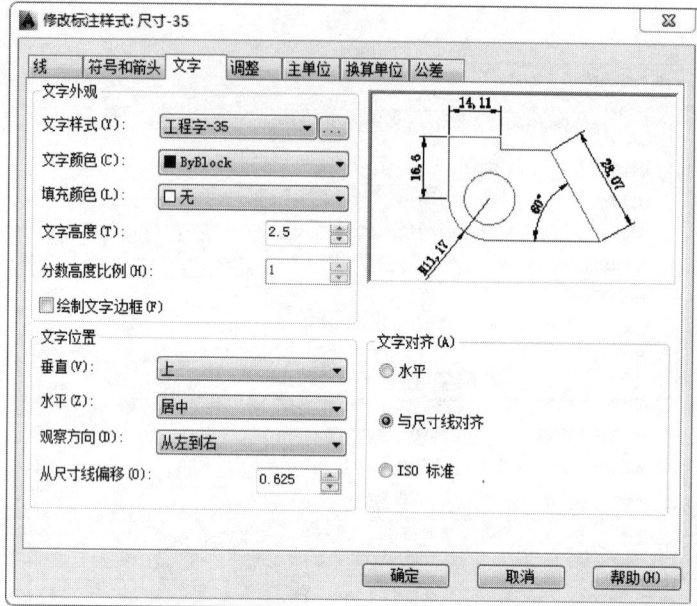

图 3-36　"新建标注样式"对话框的"文字"选项卡

"调整"选项卡：该选项用于设置尺寸文本、尺寸箭头的标注位置以及标注特征比例等。各选项设置如图 3-37 所示。

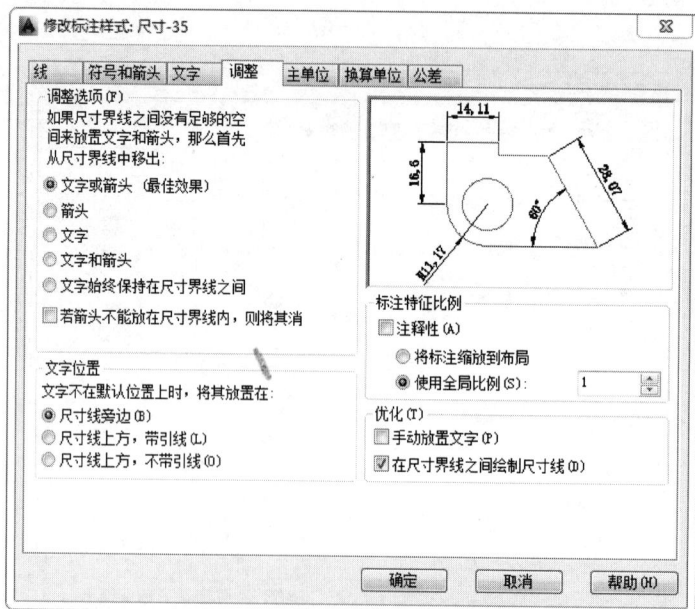

图 3-37　"新建标注样式"对话框的"调整"选项卡

　　"主单位"选项卡：该选项用于设置尺寸标注的主单位和精度，以及给尺寸文本添加固定的前缀或后缀。各选项设置如图 3 - 38 所示。

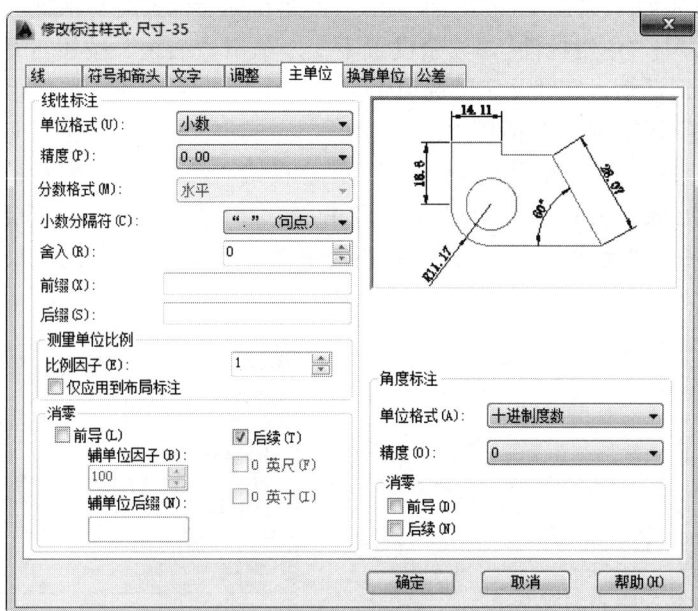

图 3 - 38　"新建标注样式"对话框的"主单位"选项卡

　　"换算单位"和"公差"选项可按默认设置，按"确定"按钮回到"标注样式管理器"对话框，如图 3 - 39 所示，可见在样式列表中增加了"尺寸 - 35"样式。

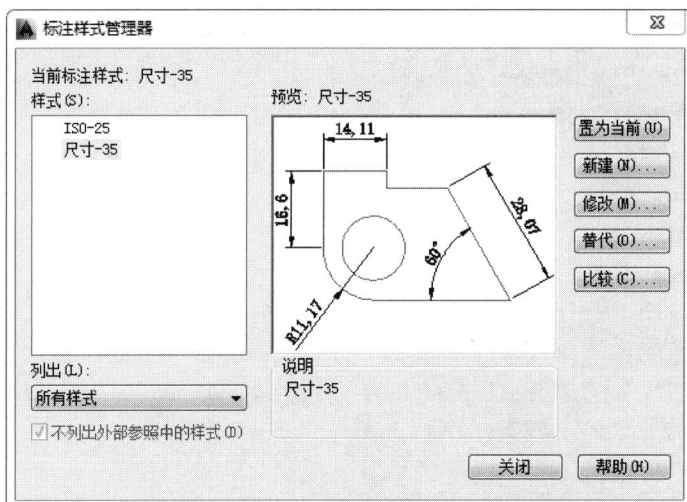

图 3 - 39　"标注样式管理器"对话框

　　在样式列表中选中"尺寸 - 35"，单击"置为当前"按钮，即可按样式"尺寸 - 35"标注尺寸，此样式可以标出符合国家标准要求的线性尺寸，但对于角度尺寸的标注还不符合国家标准，如图 3 - 40（a）所示。为此还应在样式"尺寸 - 35"的基础上定义专门适用于角度标注的子样式。操作方法：

　　打开"标注样式管理器"对话框，在"样式"列表框中选中"尺寸 - 35"样式，单击对话框中的"新建"按钮，弹出如图 3 - 41 所示"创建新标注样式"对话框，在对话框的"用于"下拉列表中选中"角度标注"，其余设置不变。单击"继续"按钮打开如图 3 - 42 所示"新建标注样式"对话框，在"文字"选项卡中，选中"文字对齐"选项组中的"水平"单选按钮，其余设置不变。单击对话框中的"确定"，完成角度样式的设置，返回到"标注样式管理器"对话框，如图 3 - 42 所示。从图中可看出在样式"尺寸 - 35"的下面多了一个"角度"子样式。将"尺寸 - 35"样式设为当前样式，单击"关闭"按钮对话框，则完成标注样式的全部设置，至此，采用"尺寸 - 35"样式所标注的角度尺寸将符合国标要求，如图 3 - 40（b）所示。

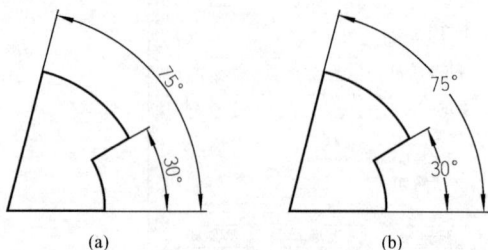

图 3 - 40　角度的标注
（a）不符合国标要求；（b）符合国标要求

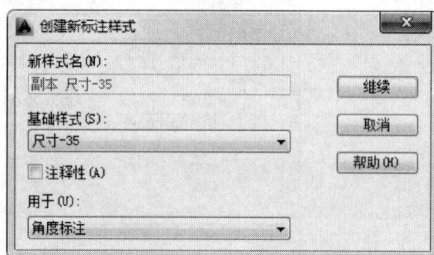

图 3 - 41　设置角度标注样式

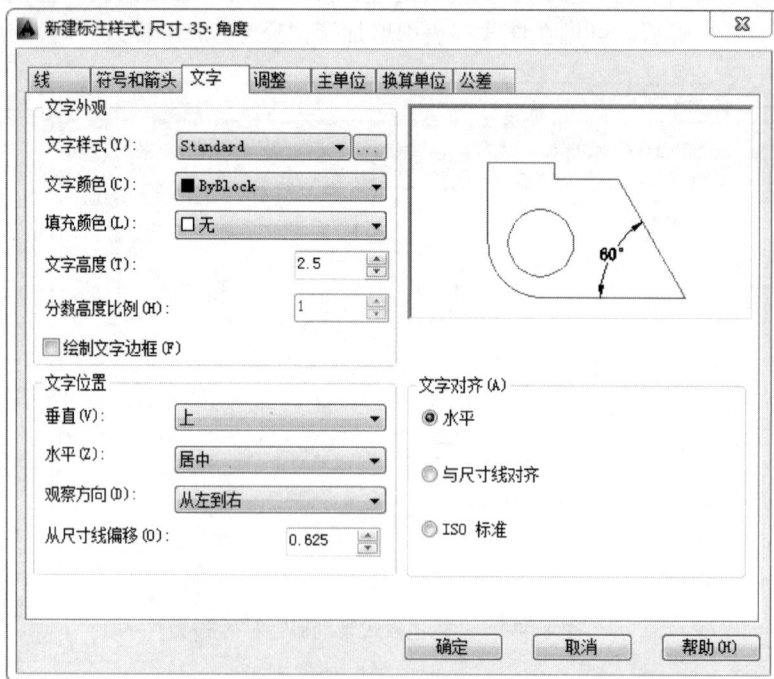

图 3 - 42　设置角度标注的文字对齐方式

根据不同的需要，用户可以创建不同的标注样式。在如图 3-43 所示的"标注样式管理器"对话框中，在样式列表框中显示了所有的尺寸标注样式，在列表中选择合适的标注样式，单击"置为当前"按钮，则可将所选择的样式置为当前，在随后进行的尺寸标注，尺寸的外观及功能取决于当前尺寸样式的设定。

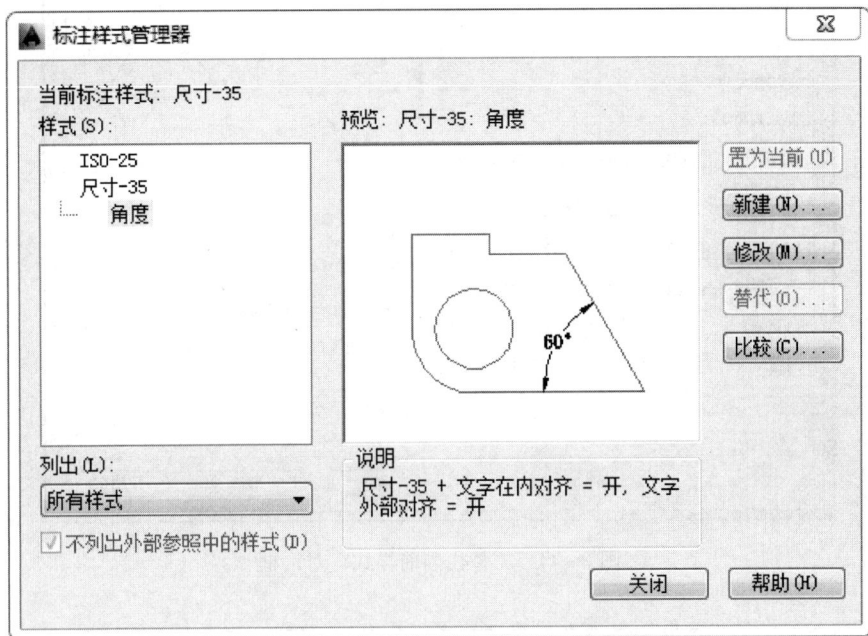

图 3-43 "标注样式管理器"对话框

当对已有标注样式进行局部修改，或对已有标注样式中某个选项进行修改时，可以采用替代标注样式的方法。在"标注样式管理器"中，选中要修改的标注样式"尺寸-35"，单击"替代"按钮，系统弹出如图 3-44 所示的"替代当前样式：尺寸-35"对话框，在其中对需要修改的选项分别进行设置。完成后单击"确定"按钮返回"标注样式管理器"对话框，此时在样式列表框中多了一项"样式替代"。如图 3-45 所示，单击"关闭"按钮完成替换标注样式。

3.3.2 尺寸的标注

设置好尺寸标注样式后，就可选择合适的尺寸标注样式，利用尺寸标注命令进行尺寸标注。AutoCAD2014 提供有多种尺寸标注命令，可方便地进行尺寸标注和尺寸编辑。

1. 线性标注

线性标注可用于标注水平和垂直尺寸，可通过以下方法之一激活线性标注命令：

➤ 工具栏操作：单击标注工具栏或标注面板中的图标⊢

➤ 下拉菜单操作：[标注（N）] / [线性（L）]

➤ 命令行操作：DIMLINEAR 或 DLI

执行命令后 AutoCAD 提示：

命令：_ dimlinear

指定第一条尺寸界线原点或＜选择对象＞：　　　　　（指定第一条尺寸界线起点）

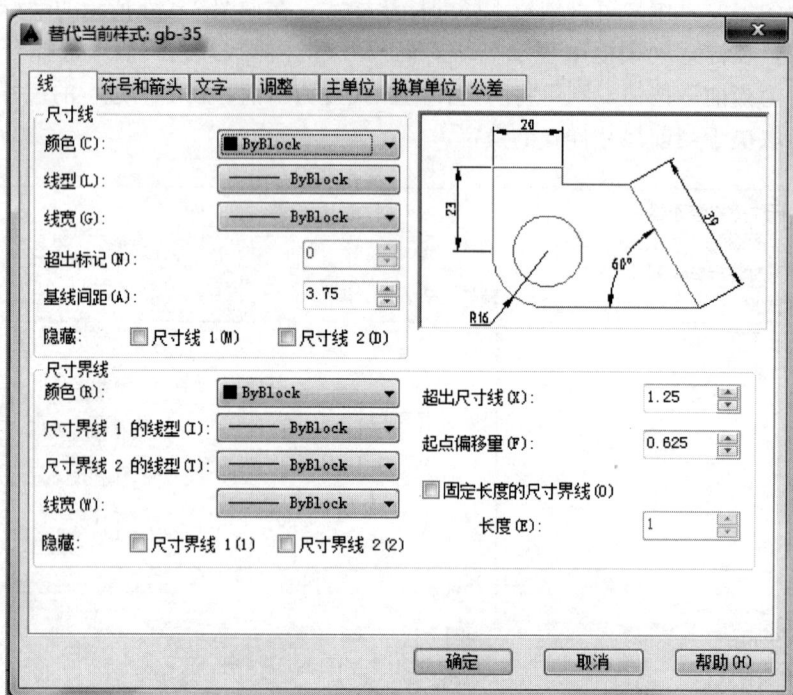

图 3-44   "替代当前样式"对话框

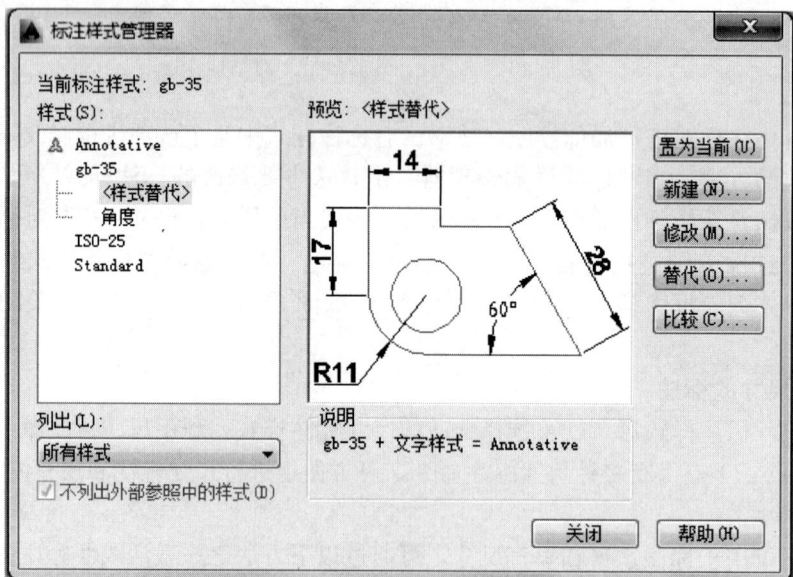

图 3-45   "标注样式管理器"对话框

指定第二条尺寸界线原点：（指定第二条尺寸界线起点）

指定尺寸线位置或

[多行文字（M）/文字（T）/角度（A）/水平（H）/垂直（V）/旋转（R）]：（移动鼠标指定尺寸线的位置）

系统默认按已设置的标注样式标注出尺寸。

当提示指定第一条尺寸界线时，也可直接回车，按提示选择要标注的对象，如图 3－46 (a) 中，当提示指定第一条尺寸界线时，按 Enter 键，系统提示选择对象，此时选择一个对象，则系统将标注该对象尺寸。

当提示指定尺寸线位置时，可通过选项标识符来更改默认标注，各选项含义如下：

［多行文字（M）］：用于在多行文本编辑器中输入尺寸文本。

［文字（T）］：用于在命令行中输入尺寸文本。

［角度（A）］：用于改变尺寸文本的角度。

［水平（H）、垂直（V）］：指定标注水平型尺寸或垂直型尺寸。如图 3－46 所示，当选择 1 点和 2 点后，若输入选项"H"，则只能标出水平尺寸，如图 3－46（b）；若输入选项"V"，则只能标出垂直尺寸，如图 3－46（c）。一般通过移动鼠标至合适位置，系统会自动变换"水平"或"垂直"模式。

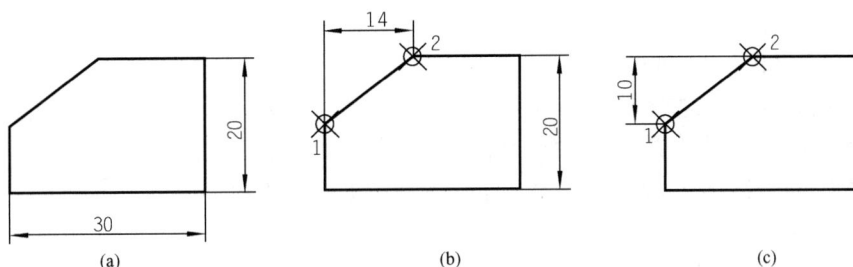

图 3－46　线性标注

2. 对齐标注

对齐标注可对斜线进行尺寸标注，可通过以下方法之一激活对齐标注命令：

➤ 工具栏操作：单击标注工具栏或标注面板中的图标✓

➤ 下拉菜单操作：［标注（N）］/［对齐（G）］

➤ 命令行操作：Dimaligned

执行命令后 AutoCAD 提示：

命令：_ dimaligned

指定第一条尺寸界线原点或＜选择对象＞：　　　　　（指定第一条尺寸界线起点 1）

指定第二条尺寸界线原点：　　　　　　　　　　　　（指定第二条尺寸界线起点 2）

指定尺寸线位置或

［多行文字（M）/文字（T）/角度（A）］：　　　　（移动鼠标指定尺寸线的位置）

有关操作和选项含义与线性标注相同。对齐标注图例如图 3－47 所示。

3. 基线标注

基线标注可标注从同一基线开始的多个尺寸，可通过以下方法之一激活基线标注命令：

➤ 工具栏操作：单击标注工具栏或标注面板中的图标□

➤ 下拉菜单操作：［标注（N）］/［基线（B）］

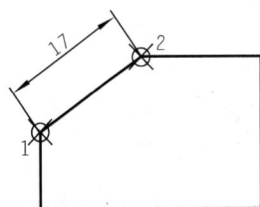

图 3－47　对齐标注

➢ 命令行操作：dimbaseline

在执行该命令操作之前，应先标注一个尺寸，基线标注会自动将此尺寸的第一个尺寸界线作为基线。执行基线标注命令后 AutoCAD 提示：

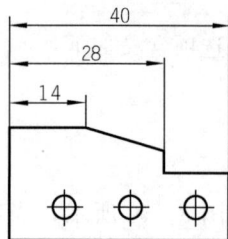

图 3-48　基线标注

命令：_ dimbaseline

指定第二条尺寸界线原点或 ［放弃（U）/选择（S）］＜选择＞：
此时指定另一个尺寸的第二条尺寸界线的引出点的位置就可自动标注出尺寸，提示会重复出现，直到标完该基线的所有尺寸，按 Enter 键结束命令，如图 3-48 所示。

4. 连续标注

连续标注可标注一系列首尾相接的尺寸，可通过以下方法之一激活连续标注命令：

➢ 工具栏操作：单击标注工具栏或标注面板中的图标 ⊞
➢ 下拉菜单操作：［标注（N）］ / ［连续（C）］
➢ 命令行操作：dimcontinue

在执行该命令操作之前，应先标注一个尺寸，连续标注会自动将此尺寸的第二个尺寸界线作为第二个尺寸的起点，命令的提示及操作方法与基线标注相同。连续标注图例如图 3-49 所示。

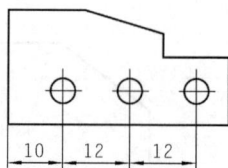

图 3-49　连续标注

5. 半径标注

半径标注用于标注圆或圆弧的半径，可通过以下方法激活半径标注命令：

➢ 工具栏操作：单击标注工具栏或标注面板中的图标 ◎
➢ 下拉菜单操作：［标注（N）］ / ［半径（R）］
➢ 命令行操作：dimradius

执行命令后系统提示：

命令：_ dimradius

选择圆弧或圆：　　　　　　　　（选择需要标注的圆或圆弧）

指定尺寸线位置或 ［多行文字（M）/文字（T）/角度（A）］：　　　　　　　　（确定标注线的位置或输入选项标识符）

如果需要修改系统自动生成的尺寸文字，则在输入新文字时应加半径符号 "R"。

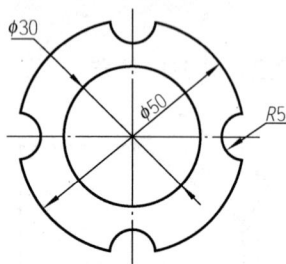

图 3-50　半径和直径标注

半径标注的图例如图 3-50、图 3-51 中 R5 所示。图 3-51 为两种半径标注的文字对齐方式，根据用户需要可在标注样式管理器中定义用于半径标注和直径标注的样式，并在"文字对齐"设置区选择"ISO 标准"或"与尺寸线对齐"。具体操作方法与创建角度标注样式的方法相同，这里不再重述。

6. 直径标注

直径标注用于标注圆或圆弧的直径，可通过以下方法激活直径标注命令：

➢ 工具栏操作：单击标注工具栏或标注面板中的图标 ◎

➤ 下拉菜单操作：[标注（N）] / [直径（D）]

➤ 命令行操作：dimdiameter

执行命令后提示及操作方法步骤与半径标注相同，如果需要修改系统自动生成的尺寸文字，则在输入新文字时加直径符号"%%C"。

如图 3-51 所示，标注 $4 \times \phi 5$ 时，可在选择圆后通过输入选项标识符"M"，激活多行文字编辑器，在编辑器中"$\phi 5$"前输入"$4 \times$"，

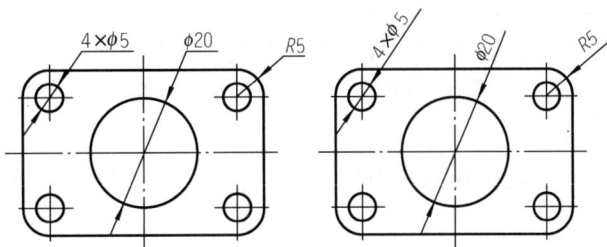

图 3-51　半径和直径标注的文字对齐方式

也可先标注出"$\phi 5$"，之后再通过尺寸编辑命令修改。与半径标注一样，直径标注也有两种常用的文字对齐方式，可根据需要灵活设置。

7. 折弯标注

折弯标注常用于标注较大半径的圆弧。可通过以下方法激活折弯标注命令：

➤ 工具栏操作：单击标注工具栏或标注面板中的图标 ⚡

➤ 下拉菜单操作：[标注（M）] / [折弯（J）]

➤ 命令行操作：dimjogged

执行命令后 AutoCAD 提示：

命令：_ dimjogged

选择圆弧或圆：　　　　（选择需要标注的圆弧）

指定图示中心位置：　　　　（指定一点来代替圆心位置）

标注文字＝100

指定尺寸线位置或 [多行文字（M）/文字（T）/角度（A）]：　　　　（指定一点确定尺寸线位置其他选项）

指定折弯位置：　　　　（指定一点确定折弯位置）

标注结果如图 3-52 所示。

8. 角度标注

角度标注用于标注角度尺寸，可通过以下方法激活角度标注命令：

➤ 工具栏操作：单击标注工具栏或标注面板中的图标 △

➤ 下拉菜单操作：[标注（N）] / [角度（A）]

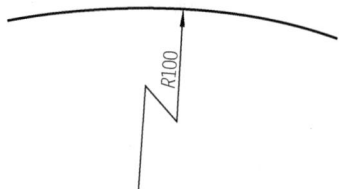

图 3-52　折弯标注

➤ 命令行操作：dimangular

执行命令后 AutoCAD 提示：

选择圆弧、圆、直线或＜指定顶点＞：

在此提示下可有不同的操作：

（1）选择圆弧：若选择圆弧，则标注出圆弧所对应的圆心角的角度，如图 3-53（a）所示。

（2）选择圆：若选择圆，则系统提示：

指定角的第二个端点：（指定第二个点）

系统将标注出以圆心为角度顶点、指定圆时的第一点和按提示指定的第二点作为尺寸界线起点的角度，如图 3 - 53（b）所示。

（3）选择直线：若选择一条直线，则系统提示选择第二条直线，按提示选择第二条直线后，则标出两直线间的夹角。移动鼠标可以选择标注锐角或钝角，如图 3 - 53（c）、(d) 所示。

（4）指定顶点：通过指定三个点来标注角度。激活角度标注命令后按 Enter 键，则系统提示：

指定角的顶点：　　　　　　　　（指定角度顶点 1）

指定角的第一个端点：　　　　　（指定第一个端点 2）

指定角的第二个端点：　　　　　（指定第二个端点 3）

指定三个点后，角度标注如图 3 - 53（e）所示。

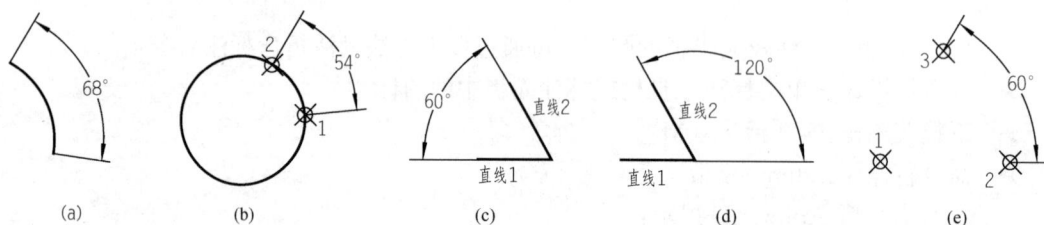

图 3 - 53　角度标注

公差标注等其他标注命令将在后续章节中介绍。

3.3.3　尺寸的编辑

完成尺寸标注的创建后，根据需要还可以对标注的文字、位置及样式进行修改编辑。AutoCAD 提供了多种编辑尺寸的方法。通过修改标注样式的方法可同时对图形中的尺寸进行编辑，通过尺寸标注编辑命令可对需要编辑的尺寸标注进行全面的修改编辑，还可以通过夹点操作快速编辑尺寸标注的位置、通过属性选项板修改选定尺寸的各属性值等。

1. 使用编辑文字命令"ddedit"编辑尺寸文字

可通过以下方法之一激活编辑文字命令：

➤ 命令行：ddedit

➤ 下拉菜单：［修改（M）］/［对象（O）］/［文字（T）］/［编辑（E）］

➤ 文字工具栏：

执行命令后，系统提示：

命令：_ ddedit

选择注释对象或［放弃（U）］：

选择想要修改的尺寸，则弹出多行文字编辑器，可在此编辑器中对尺寸文字进行编辑。

2. 使用编辑标注命令"dimedit"编辑尺寸文字和尺寸界线角度

可通过以下方法之一激活编辑标注命令：

➤ 命令行：dimedit

➤ 标注工具栏：

执行命令后，系统提示：

命令：_ dimedit

输入标注编辑类型 ［默认（H）/新建（N）/旋转（R）/倾斜（O）］＜默认＞：

各选项功能如下：

［默认（H）］：选择此项，可将选定的标注文字移回到由标注样式指定的默认位置和旋转角。

［新建（N）］：选择此项，AutoCAD 将打开多行文字编辑器，可利用此编辑器进行尺寸文本的修改。

［旋转（R）］：用于改变尺寸文本行的倾斜角度。图 3-54（a）为默认的标注，图 3-54（b）为将文本行倾斜 60°后的效果。

［倾斜（O）］：默认情况下，长度型尺寸的尺寸界线垂直于尺寸线。选择此项，可修改长度型尺寸标注的尺寸界线，使其倾斜一定角度，与尺寸线不垂直。图 3-55（a）为默认的标注，图 3-55（b）为修改尺寸界线为 30°后的效果。

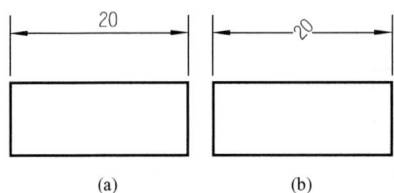

图 3-54 改变尺寸文本行的倾斜角度

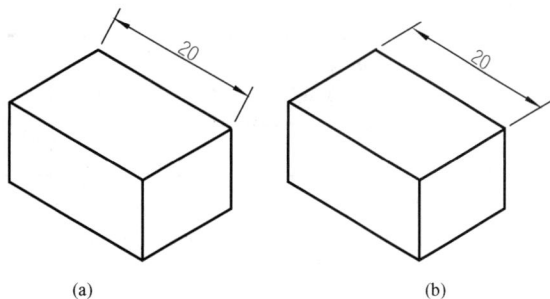

图 3-55 改变尺寸界线的倾斜角度

3. 使用编辑标注文字命令"dimtedit"调整标注文字位置

可通过以下方法之一激活编辑标注文字命令：

➢ 命令行：dimtedit

➢ 标注工具栏：

执行命令后，系统提示：

命令：_ dimtedit

选择标注：

指定标注文字的新位置或 ［左（L）/右（R）/中心（C）/默认（H）/角度（A）］：

各选项功能如下：

［指定标注文字的新位置］：用于更新尺寸文本的位置，可用鼠标将文本拖到新位置。

［左（L）/右（R）］：使尺寸文本沿尺寸线左（右）对齐，此选项只对长度型、半径型、直径型尺寸标注起作用。

［中心（C）］：将尺寸文本放置于尺寸线的中间位置。

［默认（H）］：将尺寸文本按默认位置放置。

［角度（A）］：用于改变尺寸文本行的倾斜角度。此项与"dimedit"命令中的"旋转（R）"选项效果相同。

4. 使用夹点调整标注位置

使用夹点可以很方便地移动尺寸线、尺寸界线和标注文字的位置。选中需调整的尺寸后，通过调整尺寸线两端或标注文字所在处的夹点来调整标注的位置，也可以通过调整尺寸界线夹点来调整标注长度。如图 3-56（a）所示标注，选中尺寸 8 后，在尺寸上即显示夹点，用鼠标选中该尺寸线任一端的夹点并向上拖放到合适位置，如图 3-56（b）所示，放开鼠标后即移动了标注的位置。此时再选中该尺寸左边尺寸界线的夹点，将其向左拖动，并捕捉到左侧的端点，如图 3-56（c）所示，放开鼠标后即改变了该尺寸的标注长度，如图 3-56（d）所示。

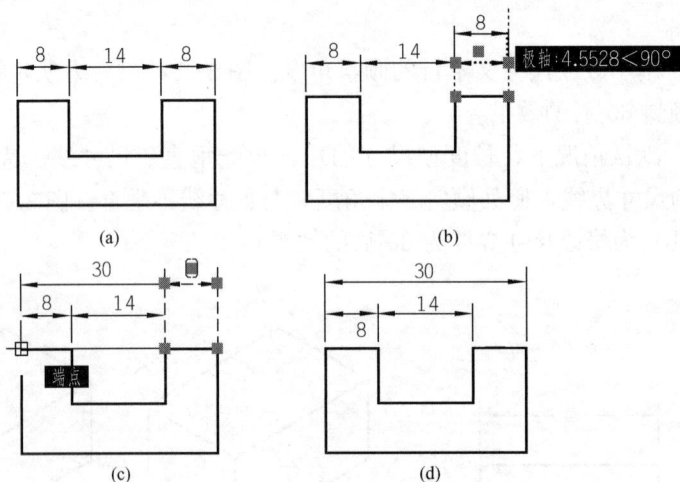

图 3-56　使用夹点调整标注位置

5. 通过属性选项板修改选定尺寸

用鼠标双击选定尺寸，或选中尺寸后单击鼠标右键，在弹出的快捷菜单中选择"特性"，则系统弹出尺寸的"特性"选项板，如图 3-57 所示，在选项板中可修改选定尺寸的各属性值。

图 3-57　尺寸的"特性"选项板

思考与练习

1. 定义符合电力工程制图标准的文字样式，并练习创建单行文字和多行文字。

2. 定义名为"参数表"的表格样式，并创建如下表格，并填写下表中各单元文字。

序号	名称	型号	单位	数量
1	耐张绝缘子串	FXBW4 - 110/100	串	20
2	钢芯铝绞线	LGJ - 240	米	100
3	主变压器	SZ10 - 31500/110	台	2
4	隔离开关	GW - 126D/1250	组	2
5	隔离开关	GW - 126D/1250	组	3
6	六氟化硫断路器	LTB 3450/40	台	1
7	电流互感器	LB7 - 110 3150/5	台	6
8	高阻波器	XZK - 630 - 1.0/16	只	1
9	电压抽取装置	TEMP - 110SU	台	2
10	端子箱	XW300×300×200	只	2

3. 定义符合国家标准要求的尺寸标注样式，练习各尺寸标注命令。

第4章　常用电气设备的绘制

本章主要介绍了常用电气设备，如绝缘子、变压器、电流互感器、电压互感器及断路器、隔离开关等外形的绘制。本章中的图例按 1∶1 的尺寸绘制，图中尺寸仅供参考。

4.1　绝缘子的绘制

如图 4-1 所示为一线路悬式绝缘子的外形图，其主要用来固结架空输、配电导线和屋外配电装置的软母线，并使其与接地部分绝缘。

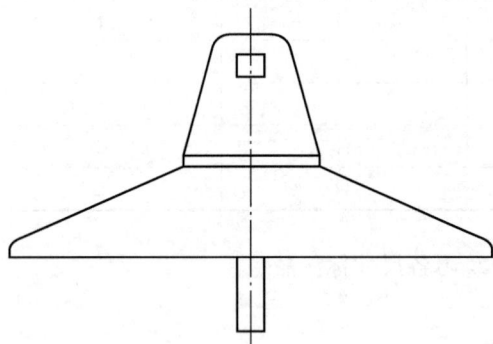

具体绘图步骤如下：

1. 绘制绝缘子的铁帽部分

（1）将"实体符号"层置为当前层，单击"绘图"工具栏中的"矩形"命令按钮▢，绘制矩形 58×4。将"中心线"层置为当前层，单击"绘图"工具栏中的"直线"命令按钮▱，利用对象捕捉追踪功能，捕捉矩形上边的中点绘制其中心线，如图 4-2 所示。绘制结果如图 4-3 所示。

图 4-1　绝缘子外形图

图 4-2　捕捉中点　　　图 4-3　绘制矩形

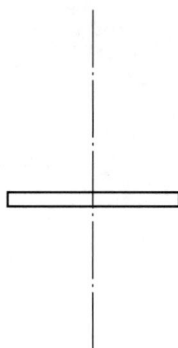

（2）再将"实体符号"层置为当前层，单击"绘图"工具栏中的"直线"命令按钮▱，捕捉拾取矩形的左上角点 A，输入坐标@14，48，按 Enter 键，水平向右移动鼠标，当水平极轴亮起时输入 30，再按 Enter 键，最后捕捉拾取矩形的右上角点，以绘制出绝缘子铁帽的轮廓线，结果如图 4-4 所示。

（3）利用"修改"工具栏中的"圆角"命令，绘制两个 R6 的圆角，结果如图 4-5 所示。

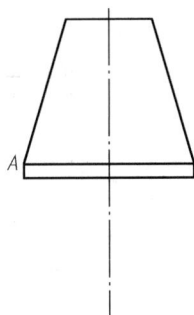

图 4-4　绘制铁帽轮廓　　　　图 4-5　绘制两圆角

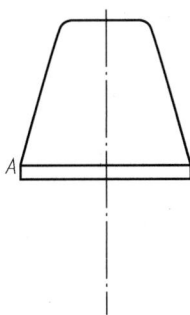

（4）单击"绘图"工具栏中的"矩形"命令按钮▭，利用"对象捕捉"工具栏中的"捕捉自"命令按钮 ，捕捉到矩形的左上角点 A 为基点，输入偏移@23，32，确定出矩形的左下角点，再输入@12，8，确定出矩形的右上角点，结果如图 4-6 所示。

2. 绘制绝缘子的电瓷部分

（1）单击"绘图"工具栏中的"直线"命令按钮▱，利用"对象捕捉"工具栏中的"捕捉自"命令按钮，捕捉到矩形的左下角点 B 为基点，输入偏移@-71，-36，确定出直线的左端点，以绘制出长度为 200 的水平直线 CD，结果如图 4-7 所示。

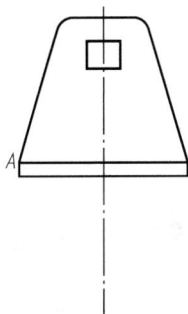

图 4-6　绘制矩形

（2）单击"绘图"工具栏中的"直线"命令按钮▱，捕捉直线的左端点 C，向上绘制一长度为 6 的垂直线，然后捕捉拾取 B 点，结果如图 4-8 所示。

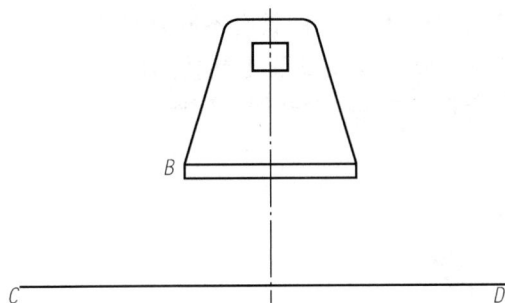

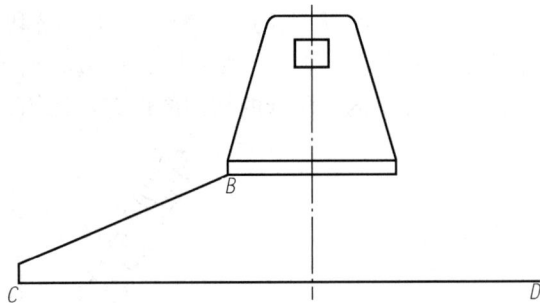

图 4-7　绘制直线　　　　　　　　　　图 4-8　绘制左电瓷

（3）利用"修改"工具栏中的"圆角"命令，绘制 R6 的圆角，结果如图 4-9 所示。

（4）单击"修改"工具栏中的"镜像"命令按钮◢◣，选中左电瓷轮廓线，以中心线为镜像线，把左电瓷对称复制到右边，结果如图 4-10 所示。

3. 绘制绝缘子的铁脚部分

单击"绘图"工具栏中的"直线"命令按钮▱，利用对象捕捉追踪功能，捕捉到如图 4-11 所示中 C 点，水平向右移动鼠标，在对象捕捉追踪的虚线亮起时输入 94，按 Enter，再垂直向下移动鼠标绘制出长度为 30 的直线。采用相同的方法依次向右、向上绘制出长度为 12 的水平线和 30 的垂直线。利用夹点编辑命令，适当调整中心线的长度，结果如图 4-12 所示。

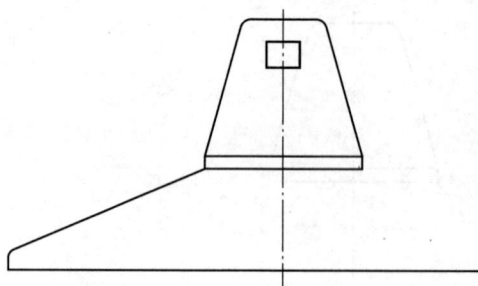

图 4-9　绘制圆角

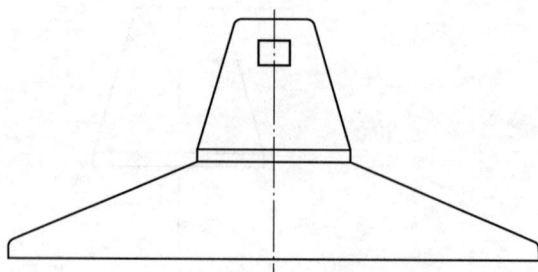

图 4-10　镜像绘制右电瓷

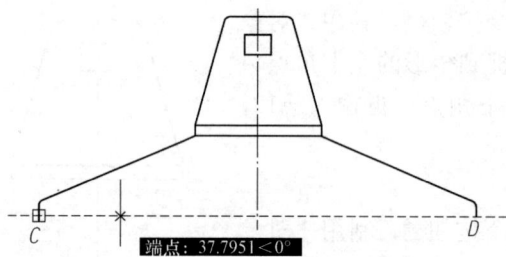

图 4-11　捕捉直线的端点

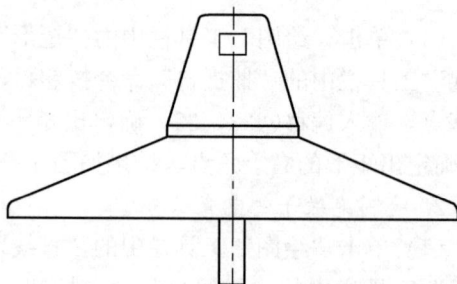

图 4-12　绘制绝缘子的铁脚

4.2　变压器的绘制

图 4-13 为变压器的外形图。变压器是利用电磁感应原理，借助具有不同匝数的原、副绕组之间的磁耦合作用，改变原、副边的电压、电流，从而实现交流电能传递的目的。图 4-13 中表示出的变压器的结构部件有：油箱、高低套管、油枕、散热器及底座等。

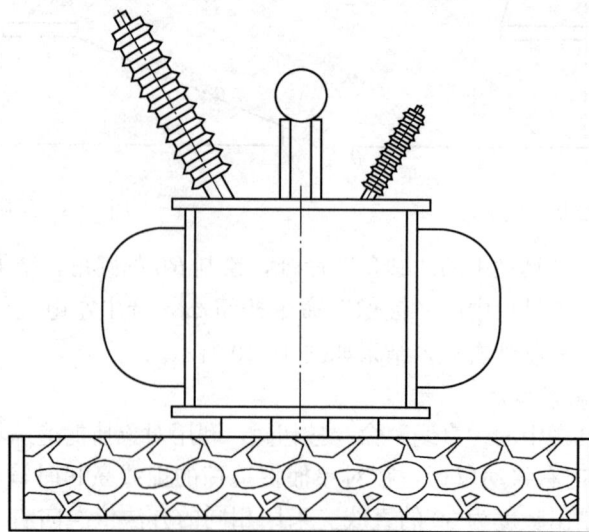

图 4-13　变压器外形图

具体绘图步骤如下：

1. 绘制变压器的油箱

（1）将"实体符号"层置为当前层，单击"绘图"工具栏中的"矩形"命令按钮▢，绘制出一个2400×2200的矩形。将"中心线"层置为当前层，单击"绘图"工具栏中的"直线"命令按钮✐，利用对象捕捉追踪功能，捕捉矩形上边的中点绘制出其中心线。

（2）单击"修改"工具栏中的"偏移"命令按钮▨，将上述矩形向内偏移复制100，向外偏移复制140，结果如图4-14（a）所示。

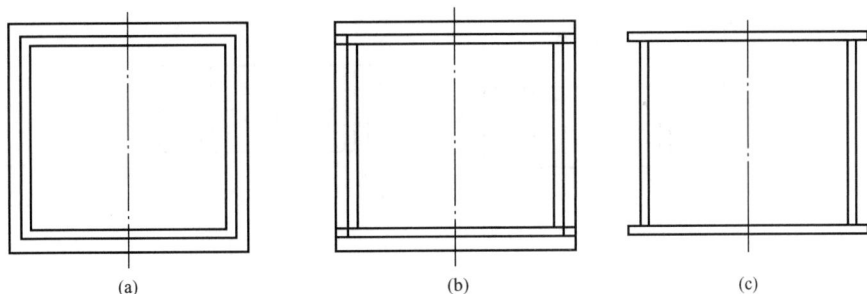

图4-14　绘制变压器的油箱部分

（3）单击"修改"工具栏中的"分解"命令按钮▨，将上述三个矩形分解，并以最外边矩形的左右边为边界，利用"修改"工具栏中的"延伸"命令按钮─✐，延伸内部矩形的水平线，结果如图4-14（b）所示。

（4）利用"修剪"命，修剪多余的线条，结果如图4-14（c）所示。

2. 绘制变压器的油枕

（1）单击"绘图"工具栏中的"矩形"命令按钮▢，利用对象捕捉追踪功能，当捕捉到油箱最上面直线的中点时，水平向左移动鼠标，在对象捕捉追踪的虚线亮起时输入110，按 Enter，如图4-15（a）所示，再输入@-80，800，以绘制出左边的矩形，结果如图4-15（b）所示。

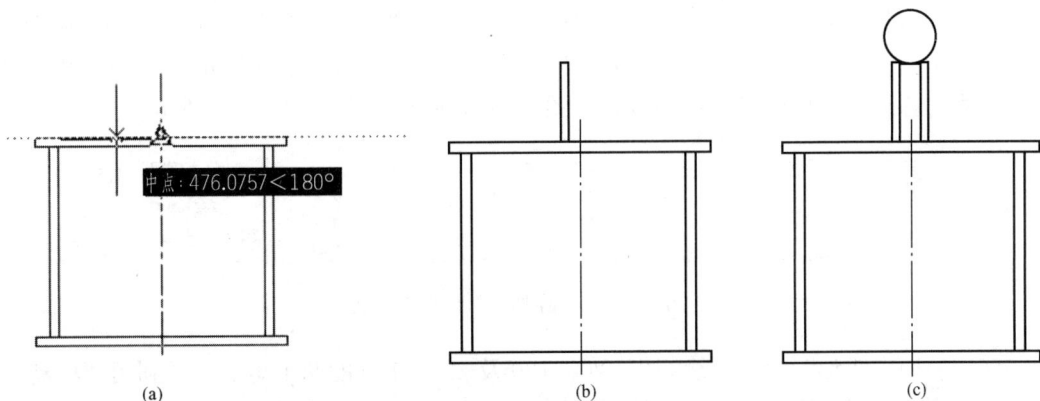

图4-15　绘制变压器的油枕部分

（2）单击"修改"工具栏中的"镜像"命令按钮◭，选中上图所绘制的矩形，以中心线作为镜像线，把矩形对称复制到右边。再利用"圆"命令，采用三点方式在两矩形顶端上绘制出一个大小合适的圆，结果如图 4 - 15（c）所示。

3. 绘制变压器的高、低压套管

（1）单击"绘图"工具栏中的"矩形"命令按钮▭，绘制出一个 500×180 的矩形。再利用"修改"工具栏中的命令按钮▨将该矩形分解，最后利用▨命令按钮将其两条垂直边分别向内偏移复制 60、90 及 110。将"中心线"层置为当前层，利用直线命令绘制出其中心线，结果如图 4 - 16（a）所示。

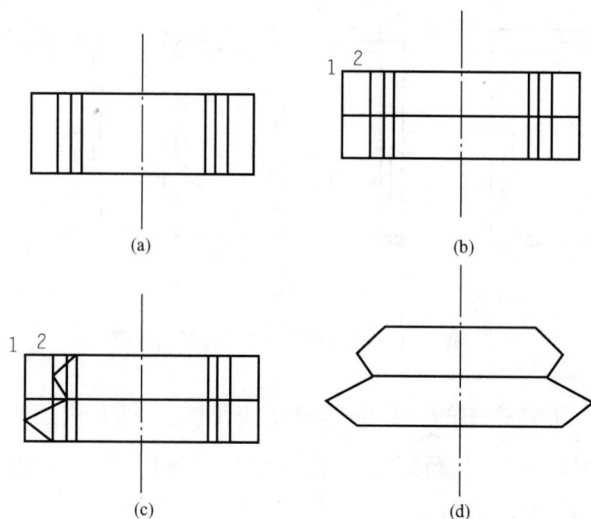

图 4 - 16   绘制变压器的高压套管

（2）将"实体符号"层置为当前层，单击"直线"命令按钮▱，将最外边的两条垂直线的中点连接起来。单击"修改"工具栏的"打断于点"命令按钮▢，将 1、2 两条垂直线在中点处打断，结果如图 4 - 16（b）所示。

（3）利用"直线"命令，按图 4 - 16（c）所示分别将端点和中点连接起来。

（4）利用"镜像"命令，选中上步骤中所绘制的直线，以中心线作为镜像线，把上图所绘制的直线对称复制到右边。再利用"修剪"命令进行修剪，结果如图 4 - 16（d）所示。

（5）单击"修改"工具栏中的"阵列"命令按钮▦，选中如图 4 - 16（d）中的图形进行矩形阵列，阵列对话框中各选项的设置如图 4 - 17，阵列结果如图 4 - 18 所示。

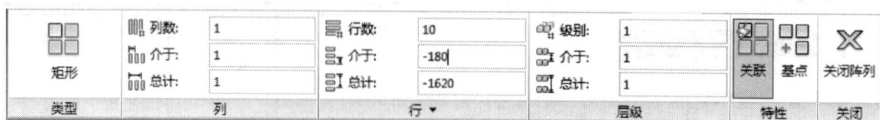

	列数:	1	行数:	10	级别:	1			
矩形	介于:	1	介于:	-180	介于:	1	关联	基点	关闭阵列
	总计:	1	总计:	-1620	总计:	1			
类型	列		行 ▾		层级		特性		关闭

图 4 - 17   "阵列"对话框的设置

（6）利用"矩形"命令，绘制出 120×120 及 220×150 的两个矩形。再利用"移动"命令，将这两个矩形分别移动到套管的顶部和底部的中心位置，结果如图 4 - 19 所示。

（7）利用"复制"命令，将高压套管复制后，再利用"缩放"命令，以高压套管最底下一条直线的中点为缩放基点，将高压套管缩小为原来的 0.5 倍，即得到了低压套管，结果如

图 4-20 所示。

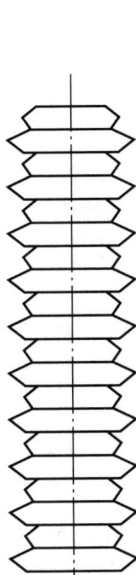

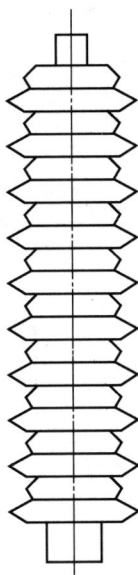

图 4-18　阵列结果　　　图 4-19　变压器高压套管　　　图 4-20　变压器低压套管

（8）利用"旋转"命令，再分别以高压套管和低压套管最底下一条直线的中点为旋转基点，将高压套管逆时针旋转 30°，低压套管顺时针旋转 30°，最后利用"移动"命令，将高低压套管分别移动到变压器油箱上合适的位置，结果如图 4-21 所示。

4. 绘制变压器的散热管

（1）单击"绘图"工具栏中的"矩形"命令按钮▢，利用对象捕捉追踪功能，当捕捉到图 4-22 中的 A 点时，垂直向下移动鼠标，在对象捕捉追踪的虚线亮起时输入 200，按 Enter ，如图 4-22 所示，再输入 @-850，-1600，以确定出左边的散热管，结果如图 4-23 所示。

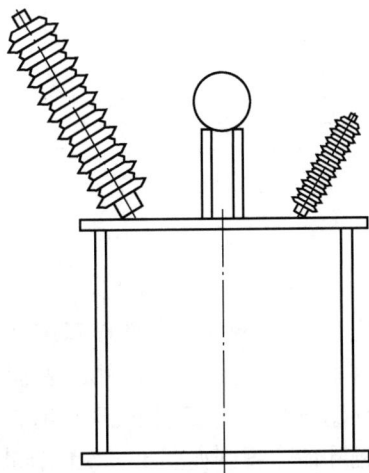

图 4-21　变压器高低压套管的位置　　　图 4-22　追踪 A 点

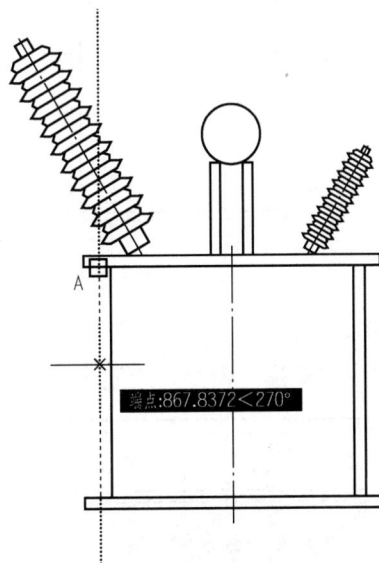

（2）利用"圆角"命令，以圆角半径为 600，将左散热管进行圆角，再利用"镜像"命令，将左散热管对称复制到右边，结果如图 4-24 所示。

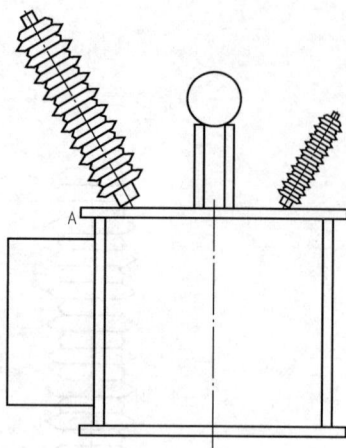

图 4-23　绘制左散热管

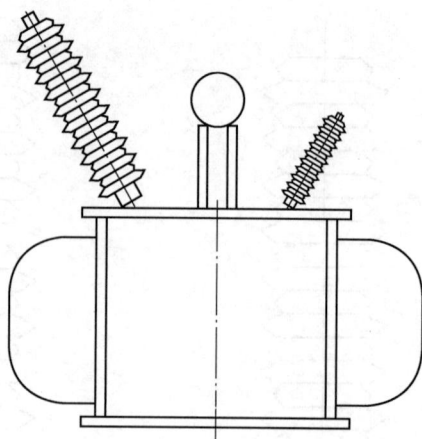

图 4-24　绘制右散热管

5. 绘制变压器的基座

（1）单击"绘图"工具栏中的"矩形"命令按钮▢，利用对象捕捉追踪功能，当捕捉到变压器最下一条直线的中点时，水平向左移动鼠标，在对象捕捉追踪的虚线亮起时输入 300，按 Enter，再输入@－500，－200，以确定出左边的基座，结果如图 4-25 所示。

（2）利用"镜像"命令，将左基座对称复制到右边，结果如图 4-26 所示。

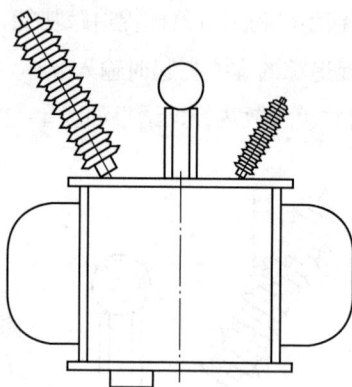

图 4-25　绘制左基座

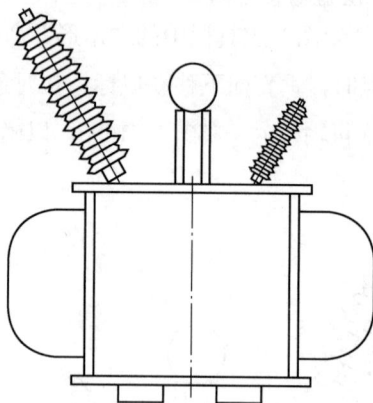

图 4-26　绘制右基座

6. 绘制储油池

（1）利用"矩形"命令，绘制出一个 6000×1000 的矩形，再利用"偏移"命令，将矩形向内偏移复制 150，接着利用"分解"命令，将里面的矩形分解，并以外面矩形为边界，利用延伸命令延伸内部的垂直线，最后利用删除命令得到如图 4-27 的结果。

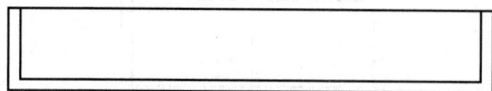

图 4-27　绘制储油池

（2）利用"图案填充"命令，将储油池进行图案填充，图案填充对话框的设置如图 4-28

所示，填充结果如图 4-29 所示。

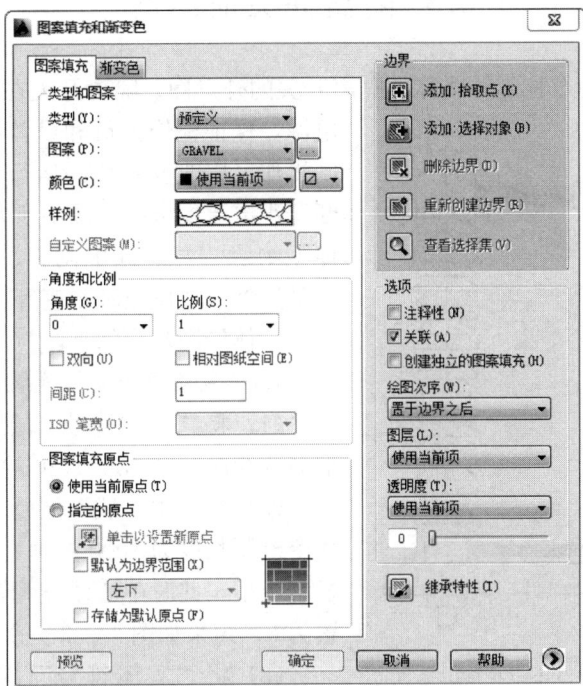

图 4-28　图案填充对话框的设置

（3）利用"移动"命令，将贮油池移动到变压器下边合适的位置，结果如图 4-30 所示。

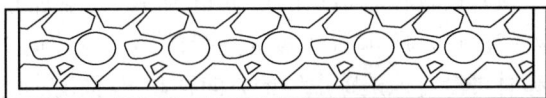

图 4-29　图案填充结果

（4）最后再利用夹点编辑命令，如图 4-31 所示，将高低压套管的底部与油箱顶盖相交。

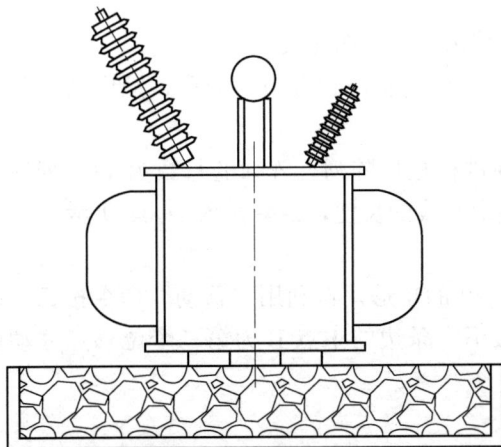

图 4-30　移动结果

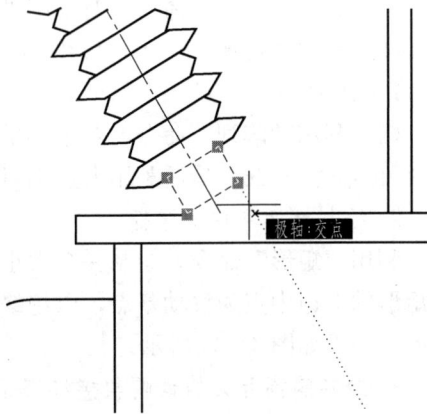

图 4-31　夹点编辑

4.3 隔离开关的绘制

如图4-32所示为双柱旋转式屋外隔离开关的外形图。隔离开关在电路中可以进行隔离电源，保证检修人员和设备的安全；可以完成倒闸操作，以改变系统的运行方式；还可以接通或断开小电流的电路。图中所表示出的结构主要有：棒型绝缘支柱、导电闸刀、主触头、接线端子、交叉连杆、底座及轴承座等。

具体绘图步骤如下：

1. 绘制隔离开关的绝缘支柱

（1）将"实体符号"层置为当前层，利用矩形命令绘制一个480×126的矩形。

（2）将"中心线"层置为当前层，利用直线命令绘制长度为1000的垂直中心线，为了能正确显示线型，此时中心线线型的全局比例因子应设置为8，结果如图4-33（a）所示。

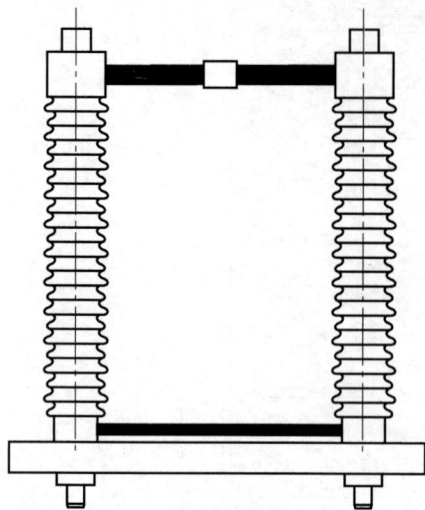

图4-32 隔离开关外形图

（3）将"实体符号"层置为当前层，利用"直线"命令将矩形的两条垂直边的中点连接起来，利用"分解"命令将该矩形分解，再利用"偏移"命令分别将两条垂直边向内偏移复制50，结果如图4-33（b）所示。

（4）设置极轴追踪的增量角为15°、附加角为22°，利用"直线"命令，单击拾取如图4-33（c）所示的A点为直线的第一点，向右上角方向移动鼠标，当15°的极轴追踪虚线亮起时再沿着该追踪虚线的方向移动鼠标相交于图中的1直线，单击鼠标左键确定直线的第二点，结果如图4-33（d）所示。

（5）运用步骤（4）同样的方法，绘制22°的直线，结果如图4-33（e）所示。

（6）利用"圆角"命令按钮，对如图4-33（f）所示的四个角进行圆角，圆角半径为15修剪模式为不修剪，结果如图4-33（f）所示。

（7）利用"修剪"命令，对上图进行修剪，修剪结果如图4-33（g）所示。

（8）利用"镜像"命令，以中心线为镜像线对称复制得到右边的图形，镜像结果如图4-33（h）所示。

（9）利用"阵列"命令，对上图的绝缘支柱进行矩形阵列，阵列的行数为11，列数为1，行偏移为-126，最后利用夹点编辑命令调整中心线的长度，结果如图4-34所示。

2. 绘制绝缘支柱的撑杆

利用"矩形"命令，绘制一个大小为180×120的矩形，再利用"移动"命令按钮，以该矩形的上边中点为移动基点，以绝缘支柱的最下一条边的中点B为第二个位移点移动该矩形，结果如图4-35所示。

3. 绘制隔离开关的铁帽和接线端子

利用"矩形"命令，绘制两个大小分别为250×200、130×100的矩形，以前述相同的方法再利用"移动"命令按钮，将该两矩形分别移动到如图4-36所示的位置，以表示出隔离开关的铁帽和接线端子。

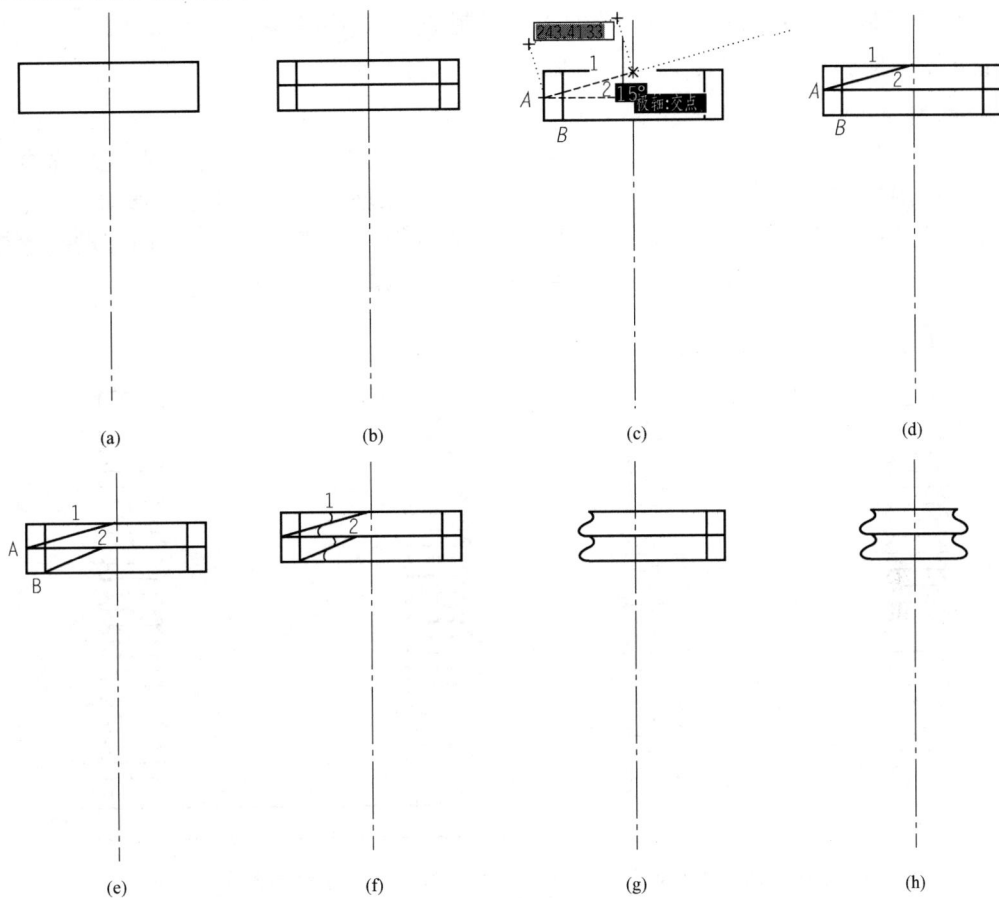

(a)   (b)   (c)   (d)

(e)   (f)   (g)   (h)

图 4 - 33   绘制隔离开关的绝缘支柱

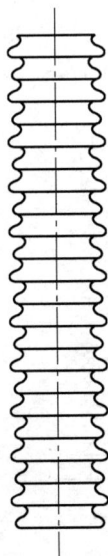

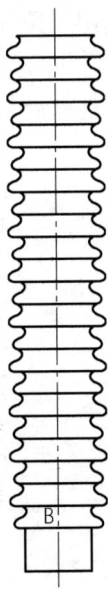

图 4 - 34   阵列结果   图 4 - 35   绘制绝缘支柱的撑杆   图 4 - 36   绘制铁帽和接线端子

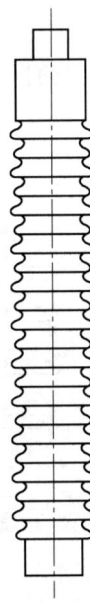

4. 绘制双柱式绝缘支柱

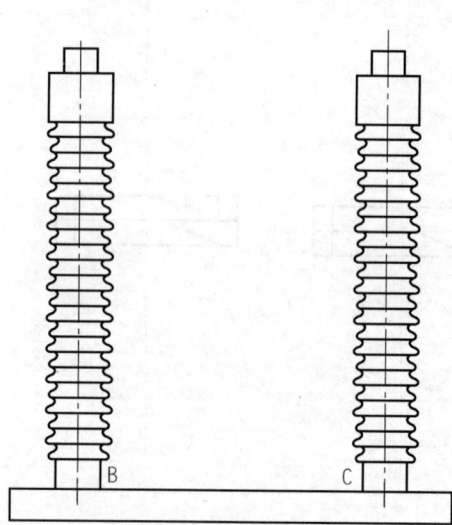

利用"复制"命令，以中心线的底端点为复制基点，利用对象捕捉追踪功能，当水平极轴的虚线亮起时输入 1300，按 Enter，结果如图 4 - 37 所示。

5. 绘制隔离开关的底座

利用"矩形"命令，绘制一个大小为 1880×130 的矩形，再利用"直线"命令，将图 4 -38 所示两个撑杆的右下角点 B、C 连接起来作一条辅助线，再利用"移动"命令，以底座上边直线的中心为移动基点，以辅助线的中点为第二位移点，将该底座移动到撑杆下面，最后再利用"删除"命令，将该辅助线删除。结果如图 4 - 38 所示。

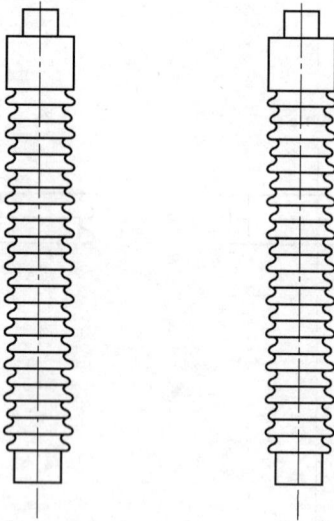

图 4 - 37　绘制双柱式绝缘支柱　　　　　　图 4 - 38　绘制隔离开关的底座

6. 绘制隔离开关的轴承座

利用矩形、倒角命令，绘制适当大小的隔离开关的轴承座，再单击"移动"命令按钮，以轴承座的最上一条边的中心为移动基点，利用对象捕捉追踪功能捕捉到左边中心线的底端点 A，在对象捕捉追踪虚线亮起时垂直向下移动鼠标交于底座的 BC 线上，如图 4 - 39 所示。最后再利用"镜像"命令按钮，将左轴承座对称复制到右边，结果如图 4 - 40 所示。

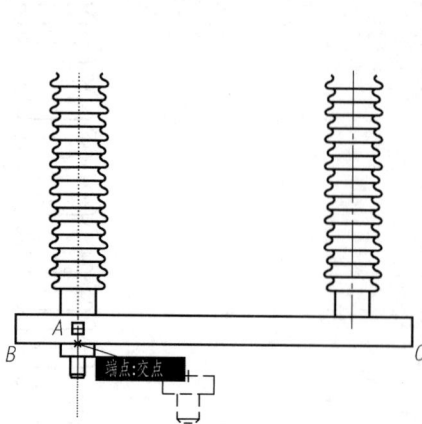

图 4 - 39　捕捉交点　　　　　　图 4 - 40　对称复制

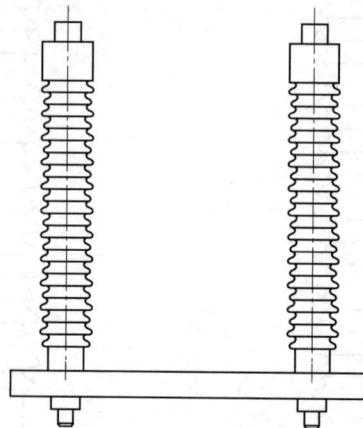

7. 绘制隔离开关的导电闸刀和主触头

（1）利用"矩形"命令，分别绘制大小为 1050×80 的矩形 1 和大小为 150×120 的矩形 2。利用"移动"命令按钮，以矩形 1 左侧垂直边中心为移动基点，矩形 3 右侧垂直边中心为第二位置点移动矩形 1。以相同的方法移动矩形 2，移动结果如图 4-41 所示。

（2）单击"移动"命令按钮，以 2 矩形上条边的中心为移动基点，利用对象捕捉追踪功能，垂直向上移动鼠标在对象捕捉追踪虚线亮起时输入 20。最后利用"修剪"功能，修剪掉多余的线段，结果如图 4-42 所示。

（3）单击"图案填充"命令按钮，选择 SOLID 图案对导电闸刀进行图案填充，结果如图 4-43 所示。

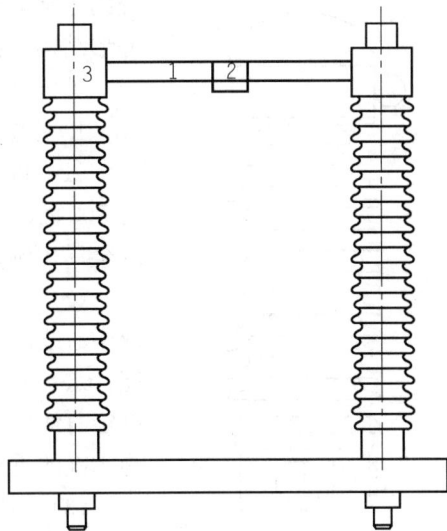

图 4-41　绘制导电闸刀和主触头

8. 绘制隔离开关的交叉连杆

同第 7 步骤类似，利用矩形的功能绘制隔离开关的交叉连杆 1120×40，并对其进行图案填充，最后再利用"夹点编辑"命令适当调整中心线的长度，即得到如图 4-32 所示的双柱旋转式屋外隔离开关的外形图。

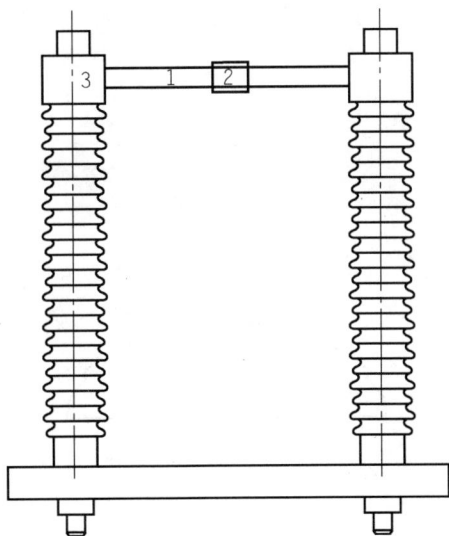

图 4-42　移动主触头

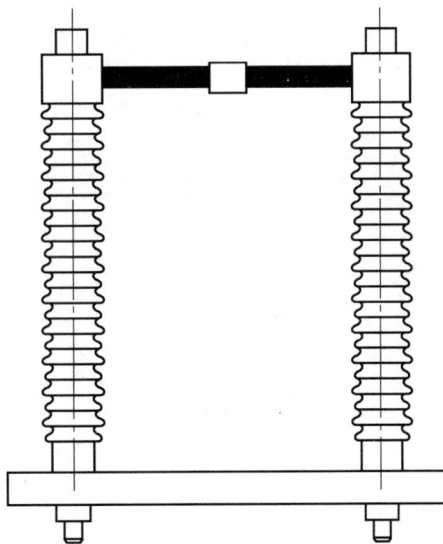

图 4-43　填充导电闸刀

4.4　电压互感器的绘制

如图 4-44 所示为电压互感器的外形图，它是一次系统和二次系统之间的联络元件，将一次侧的高压变成二次侧标准的低电压，向二次系统电路提供交流电源，以正确反映一次系统的正常运行或故障情况。图中所表示出的串级式电压互感器外形结构有：铁帽、储油柜、瓷柜、底座等。

具体绘图步骤如下：

1. 绘制电压互感器的铁帽

（1）将"中心线"层置为当前层，利用直线命令绘制长度为 500 的垂直中心线，为了能正确显示线型，此时中心线线型的全局比例因子应设置为 3，结果如图 4-45（a）所示。

（2）将"实体符号"层置为当前层，利用直线命令单击拾取中心线的上端点作为直线的第一点，利用对象捕捉追踪功能，水平向左移动鼠标，在水平极轴的虚线亮起时输入 315，确定直线的第二点。以同样的方法依次向下、向右绘制出长度为 180 的垂直线和 315 的水平线，结果如图 4-45（b）所示。

（3）利用偏移命令将上图所绘制的下水平线分别向上偏移复制 25、45、75 和 95，用同样的方法将垂直线向右分别偏移复制 9 和 40，结果如图 4-45（c）所示。

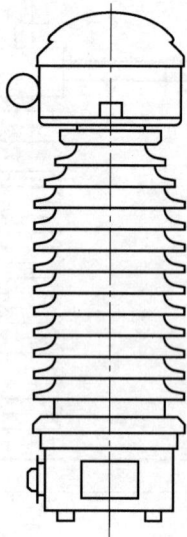

图 4-44　电压互感器的外形图

（4）利用圆弧命令，将 4-45（d）中所示的 AB 两点、BC 两点及 DE 两点用圆弧进行适当的连接，利用直线命令将 CD 两点用直线连接，结果如图 4-45（d）所示。

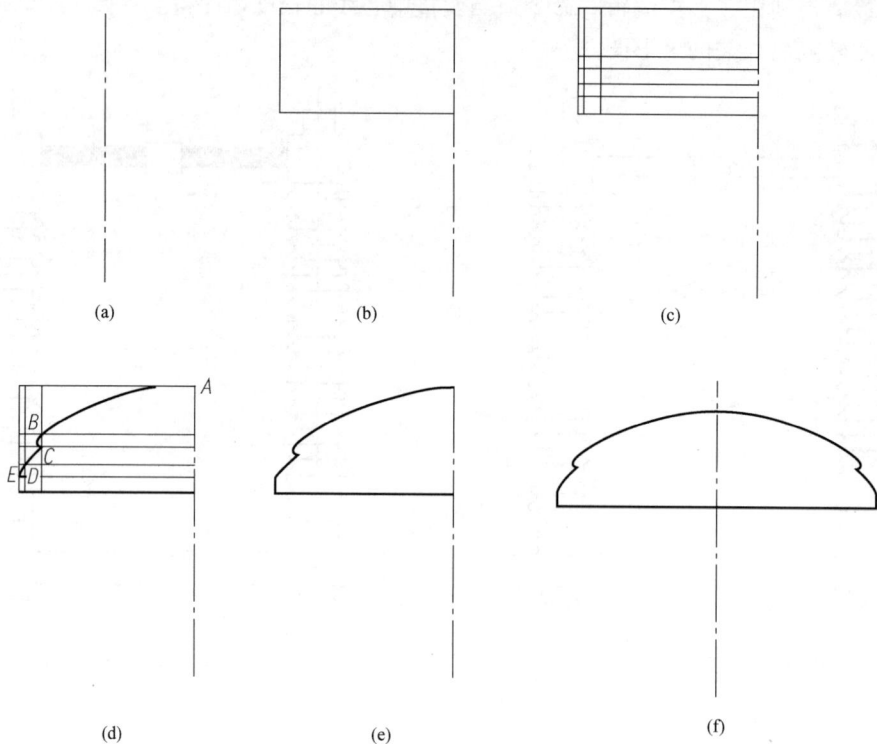

(a)　　　(b)　　　(c)

(d)　　　(e)　　　(f)

图 4-45　绘制铁帽

（5）利用修剪和删除命令，修剪和删除多余的线条，结果如图 4-45（e）所示。

（6）利用镜像命令，以中心线为镜像线，对图 4-45（e）中铁帽的左半部分进行对称复制，再利用夹点编辑命令适当调整中心线的长度，结果如图 4-45（f）所示。

2. 绘制电压互感器的储油柜

（1）利用矩形命令，绘制一个 600×240 的矩形，利用圆角命令将该矩形的两个底角进行圆角，圆角半径为 30，最后再利用移动命令，以该矩形上边的中点为位移基点，将该矩形移到铁帽的中点 A 上，结果如图 4-46（a）所示。

（2）利用直线命令和矩形命令，在储油柜上绘制如图 4-46（b）所示的直线和矩形，矩形的大小为 90×60。

3. 绘制电压互感器的瓷柜

（1）单击矩形命令，绘制一个 80×85 的矩形，利用分解命令分解该

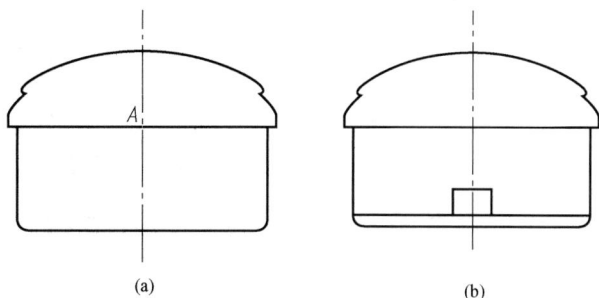

图 4-46　绘制储油柜

矩形，再利用偏移命令将该矩形的上水平线分别向下偏移复制 10、50 及 60，将右垂直线向左偏移复制 30，结果如图 4-47（a）所示。

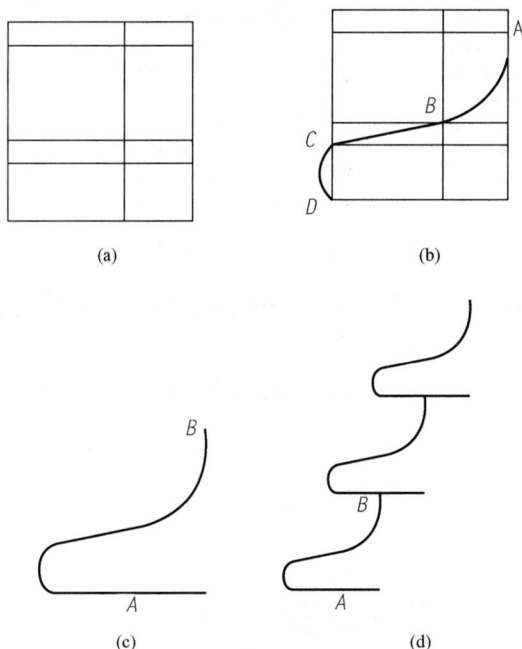

图 4-47　绘制瓷柜

（2）利用圆弧命令将 AB 及 CD 两点用圆弧进行适当的连接，利用直线命令将 BC 两点用直线连接，结果如图 4-47（b）所示。

（3）利用修剪和删除命令，对上图进行修剪和删除，结果如图 4-47（c）所示。

（4）利用复制命令，以图 4-47（c）中直线中点 A 为复制基点，捕捉端点 B 为目标点进行复制，结果如图 4-47（d）所示。

（5）利用拉长命令，将上图中最下面一条直线拉长到长度为 310，结果如图 4-48 所示。

（6）利用镜像复制命令，以上图拉长的直线的右端点为镜像线的第一点，利用对象捕捉追踪功能，垂直向下移动鼠标在垂直极轴的虚线亮起时拾取一点作为镜像线的第二点对称复制左半部分，并利用直线命令将左右部分用直线连接起来，结果如图 4-49 所示。

（7）利用阵列命令，对最下面一个瓷片进行矩形阵列，阵列的行数为 10，行偏移为单击拾取图 4-50 中所示的 1、2 两直线的中点，结果如图 4-50 所示。

（8）利用拉长命令，对最上面两条垂直线拉长到长度为 100，并用直线命令将两直线的上端点连接，结果如图 4-51 所示。

（9）利用矩形命令，绘制一个 420×50 的矩形，利用倒角命令，对该矩形的两个底角进

行倒角，第一、二倒角距离均为 15，最后利用移动命令，将该矩形移动到瓷柜的顶部，结果如图 4 - 52 所示。

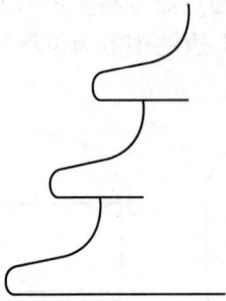

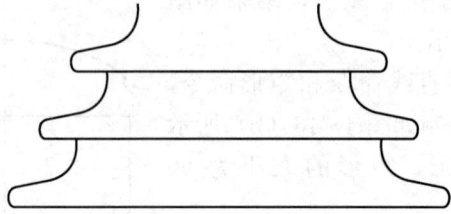

图 4 - 48　拉长　　　　　　　　　　图 4 - 49　镜像复制

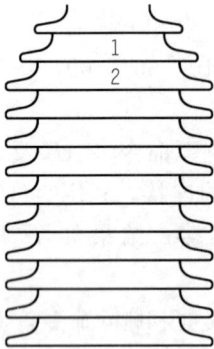

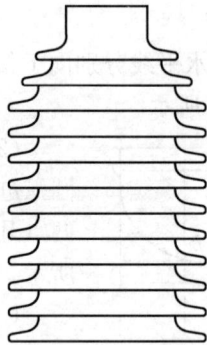

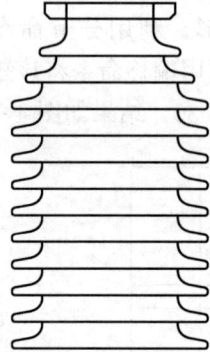

图 4 - 50　阵列结果　　图 4 - 51　拉长并连接端点　　图 4 - 52　绘制瓷柜的顶部

　　（10）利用移动命令，将上图所绘制的矩形垂直向下移动 25，再利用修剪命令，修剪掉多余的线段，结果如图 4 - 53 所示。

　　（11）利用移动命令，将瓷柜移动到储油柜的下面的中点上，再利用夹点编辑命令，将中心线适当拉长，结果如图 4 - 54 所示。

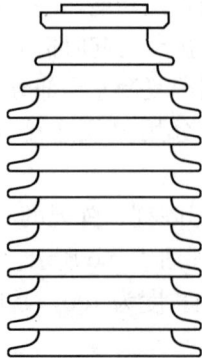

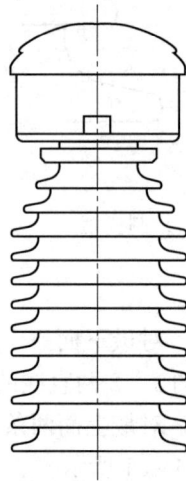

图 4 - 53　移动（1）　　　　图 4 - 54　移动（2）

4. 绘制电压互感器的底座

（1）利用矩形命令，分别绘制三个大小为 640×65、570×65 及 540×250 的矩形，利用倒角命令，将第一个矩形进行倒角，第一、二倒角距离均为 30，再利用移动命令将这三个矩形叠放起来，最后再单击矩形命令，利用捕捉自功能，以图 4-55 中的 A 点为捕捉基点，输入偏移@150，50 后按 Enter，再输入@240，150，以确定出如图中表示铭牌的第四个矩形，结果如图 4-55（a）所示。

（2）利用矩形、直线、倒角、移动和镜像等命令，按如图 4-55（b）所示，绘制适当大小的表示接线盒的图形。

（3）利用移动命令，将底座移动到图 4-54 的适当位置，结果如图 4-56 所示。

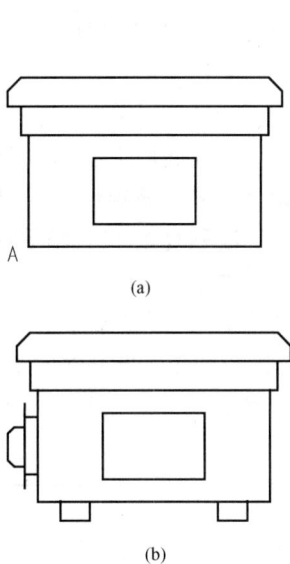

图 4-55　绘制底座图　　　　图 4-56　移动结果

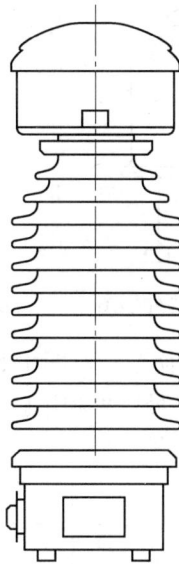

（4）利用直线命令，将底座和瓷柜连接起来。利用圆命令，在储油柜边侧画出电压互感器的线夹，再利用夹点编辑命令，适当调整中心线的长度，结果如图 4-40 所示。

4.5　电流互感器的绘制

如图 4-57 为电流互感器的外形图，它是一次系统和二次系统之间的联络元件，将一次侧的大电流变成二次侧标准的小电流，向二次系统电路提供交流电源，以正确反映一次系统的正常运行或故障情况。图中所表示出的电流互感器外形结构有：储油柜、瓷套、油箱、底座等。

具体绘图步骤如下：

1. 绘制电流互感器的底座

（1）将"中心线"层置为当前层，利用直线命令绘制长度为 250 的垂直中心线，为了能正确显示线型，此时中心线线型的全局比例因子应设置为 2，结果如图 4-58（a）所示。

（2）将"实体符号"层置为当前层，利用直线命令，单击拾取中心线的下端点，利用对

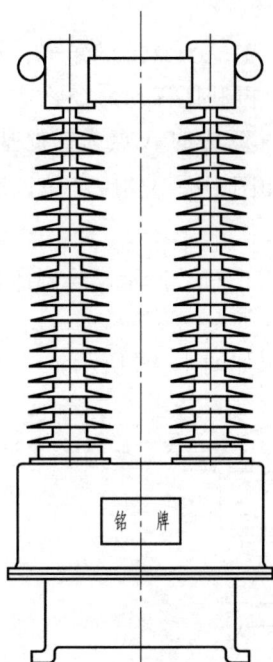

图 4-57　电流互感器的外形图

象捕捉追踪功能，水平向左绘制一条 245 的直线，重复直线命令，依次向下、向左、向上、向右、向上绘制出长度分别为 40、65、30、40 及 200 的直线且最后相交于中心线上，结果如图 4-58（b）所示。

（3）利用夹点编辑命令，将图 4-58（c）中直线 1 向左拉长适当的长度。利用圆角命令对图中的 A、B、C 及 D 角进行圆角，圆角半径分别为 15、15、10 及 10，结果如图 4-58（c）所示。

（4）利用修剪命令对图 4-58（c）进行修剪。利用夹点编辑命令，将中心线适当拉长。利用镜像命令，以中心线为镜像轴，将底座的左半部分对称复制到右边，结果如图 4-58（d）所示。

2. 绘制电流互感器的卡接部件

利用矩形命令，在底座上绘制一个大小为 750×30 的矩形。利用分解命令，分解该矩形。利用偏移命令，将该矩形的上水平直线向下偏移复制 15，结果如图 4-59 所示。

3. 绘制电流互感器的油箱

利用矩形命令，在卡接部件上绘制一个大小为 700×290 的矩形。利用圆角命令，对图中的四个直角进行圆角，圆角半径为 20 及 5，注意其修剪模式应设置为不修剪。最后再利用修剪命令进行修剪，结果如图 4-60 所示。

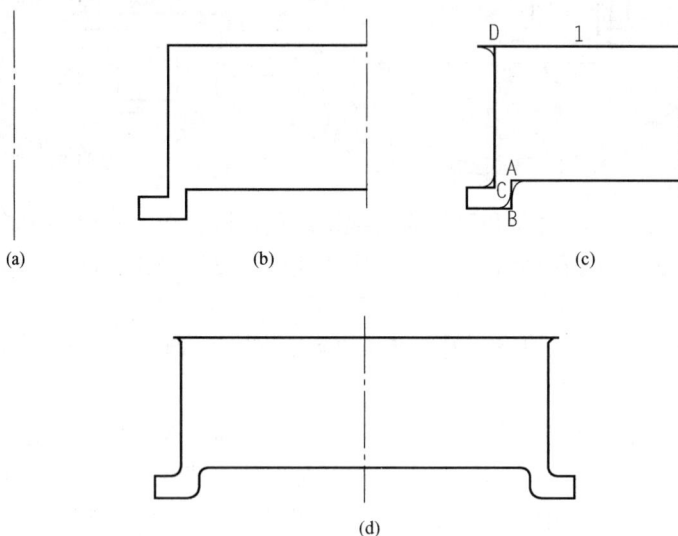

图 4-58　绘制底座

4. 绘制电流互感器的瓷套

（1）利用矩形命令，绘制两个大小分别为 230×10、178×36 的矩形。将"中心线"层置为当前层，利用直线命令添加上适当长度的中心线，结果如图 4-61（a）所示。

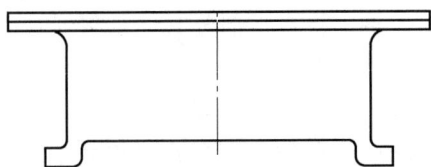

图 4 - 59　绘制卡接部件　　　　　　　　　　图 4 - 60　绘制油箱

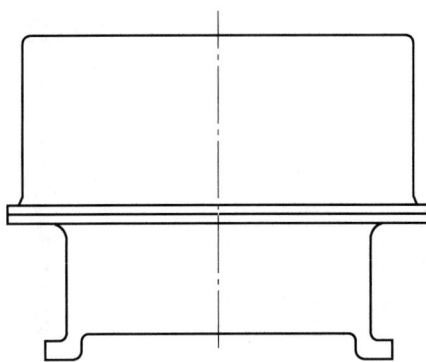

（2）将"实体符号"层置为当前层，绘制一个大小为 70×42 的矩形，利用分解命令分解该矩形。利用偏移命令，将该矩形的上水平直线分别向下偏移复制 24、28、38，右垂直线向左偏移复制 5，结果如图 4 - 61（b）所示。

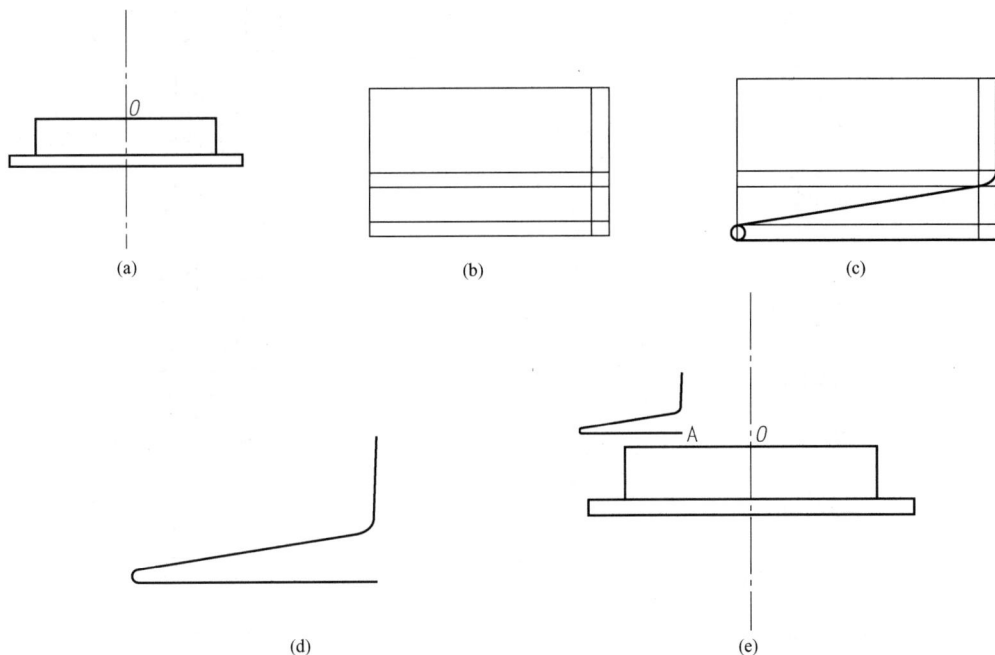

(a)　　　　　　　　　　(b)　　　　　　　　　　(c)

(d)　　　　　　　　　　(e)

图 4 - 61　绘制瓷套轮廓

（3）利用直线、圆弧和圆命令，将上图中的各点作适当的连接，结果如图 4 - 61（c）所示。

（4）利用修剪和删除命令，修剪和删除图 4 - 61（c）中多余的线条，结果如图 4 - 61（d）所示。

（5）利用移动及捕捉自命令，将图 4 - 61（d）中的图形移动到 4 - 61（a）图的左上方，其中点 A 相对于中点 O 的相对坐标为@－50，9，结果如图 4 - 61（e）所示。

（6）利用夹点编辑命令和对象捕捉追踪功能，将图 4 - 61（d）中的底边水平线拉长到与中心线相交。利用阵列命令，将图 4 - 61（d）中的图形阵列，阵列对话框如图 4 - 62 所示，

图 4-62　"阵列"对话框

顶角进行圆角，圆角半径为 20。利用圆命令，在储油柜左侧画出电流互感器的线夹，结果如图 4-64 所示。

阵列结果如图 4-63（a）所示。

（7）利用夹点编辑命令适当拉长中心线。以中心线为修剪边，将阵列结果中超出中心线的各底边修剪掉。利用直线命令将图 4-63（a）的两部分连接起来。利用镜像命令，以中心线为镜像轴，将左半部分对称复制到右边。结果如图 4-63（b）所示。

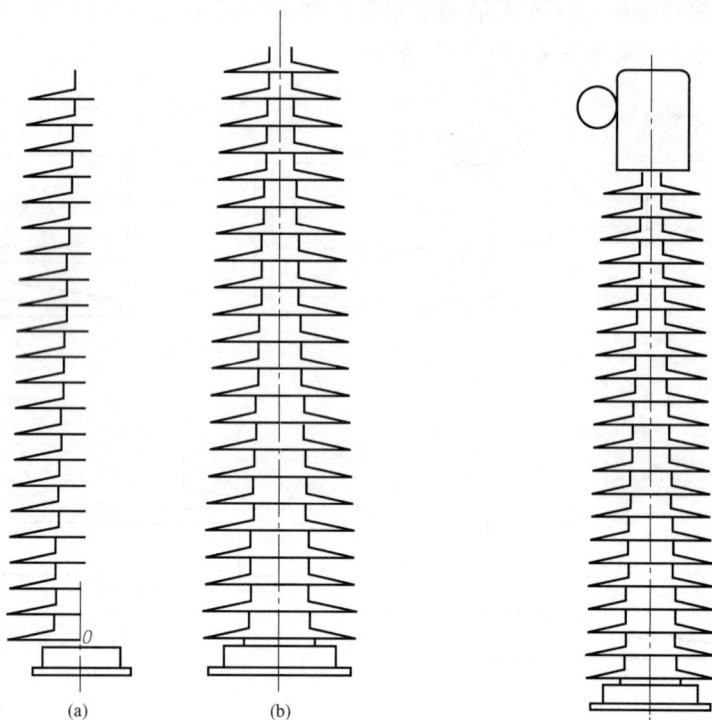

5. 绘制电流互感器的储油柜

利用矩形命令，在瓷套顶部绘制一个 140×180 的矩形。利用圆角命令，对矩形的两个

(a)　　　　(b)

图 4-63　利用"阵列"和"镜像"命令绘制瓷套

图 4-64　绘制储油柜

6. 移动电流互感器的瓷套

利用移动命令和对象捕捉追踪功能将电流互感器的瓷套移动到底座上，且使 A、O 两点相距 200。结果如图 4-65（a）、（b）所示。

7. 镜像复制

利用夹点编辑命令，适当拉长中心线的长度。

利用镜像命令，以中心线为镜像轴对称复制左半部分，结果如图 4-66 所示。

8. 绘制连接金具和铭牌

利用矩形命令，在图 4-66 中的适当位置绘制两个大小合适的矩形，以表示电流互感器

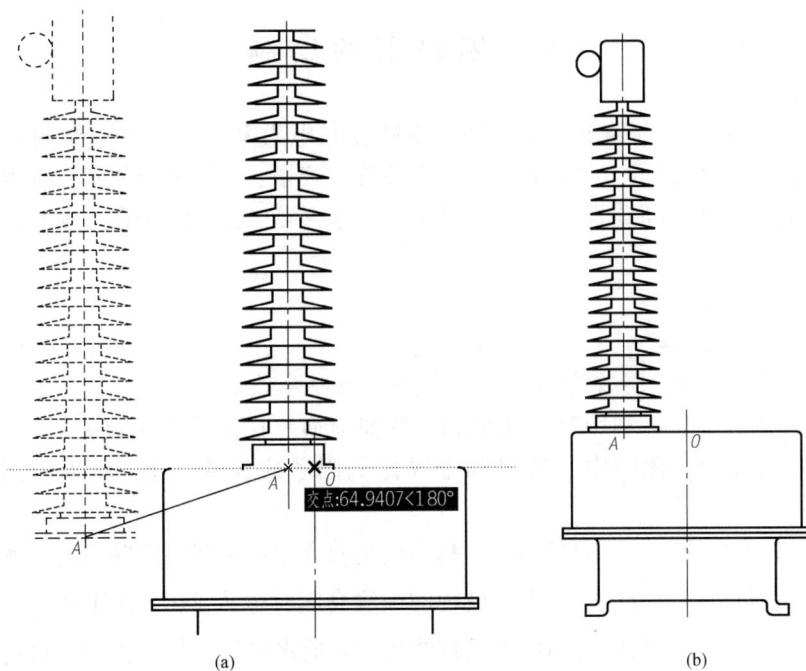

图 4 - 65   移动电流互感器的瓷套

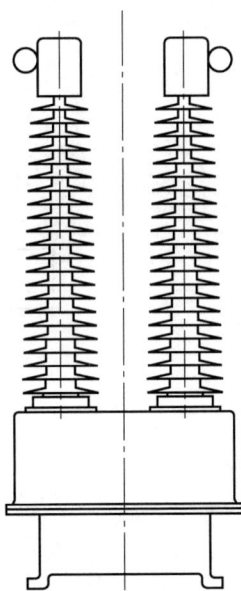

图 4 - 66   对称复制

的连接金具和铭牌。利用文字编辑命令，书写文字，结果如图 4 - 57 所示。

4.6　断路器的绘制

图 4 - 67 为六氟化硫断路器的外形图。断路器是电力系统中非常重要的控制和保护设备，用于接通或断开电路的电气设备，对电力系统的安全、经济和可靠运行起着十分重要的作用。图中所表示出的断路器的外形结构有：灭弧室、支持绝缘子、端子箱、支柱、底座等。

具体绘图步骤如下：

1. 绘制断路器的底座

（1）将"实体符号"层置为当前层，利用矩形命令绘制大小为 830×240 的矩形。将"中心线"层置为当前层，利用直线命令和对象捕捉追踪功能绘制出该矩形的垂直中心线，为了能正确显示线型，此时中心线型的全局比例因子应设置为 5，结果如图 4 - 68（a）所示。

（2）将"实体符号"层置为当前层，利用直线命令和对象捕捉追踪功能，捕捉矩形上条边的中点，水平向左移动鼠标，在水平极轴的虚线亮起时输入 210，按 Enter，以同样的方法依次向下、向右绘制出长度为 100 的垂直线和 420 的水平线，最后再向上移动鼠标相交于矩形的上条边，结果如图 4 - 68（b）所示。

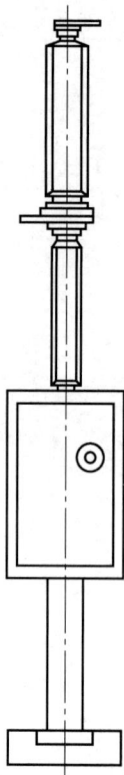

图 4 - 67　断路器外形图　　　　图 4 - 68　绘制断路器的底座

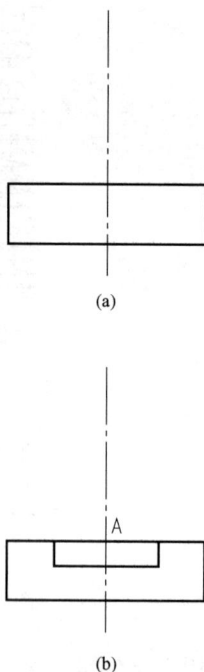

2. 绘制断路器的支柱

利用直线命令和对象捕捉追踪功能，在中心线的左边绘制一条距离中心线为 130 且长度为 1130 的垂直线。利用偏移命令，将该直线向右偏移复制 260，以表示出断路器的支柱。利用夹点编辑适当拉长中心线，结果如图 4-69 所示。

3. 绘制断路器的端子箱

利用矩形命令和对象捕捉追踪功能，捕捉左边支柱的上端点 A，水平向左移动鼠标，在水平极轴的虚线亮起时输入 305，按 Enter ，以确定出矩形的左下角点，再输入@870，1400，以确定矩形的右上角点。将该矩形向内偏移复制适当的距离。再利用画圆命令在图中所示适当位置绘制两个同心圆，表示端子箱的门把手，结果如图 4-70 所示。

4. 绘制断路器的支持绝缘子

（1）利用直线命令在端子箱上绘制两条长度为 45、相距 132 的对称垂直线。利用矩形命令在直线上端再绘制一个 215×1050 大小的矩形。结果如图 4-71 (a) 所示。

图 4-69 绘制断路器支柱

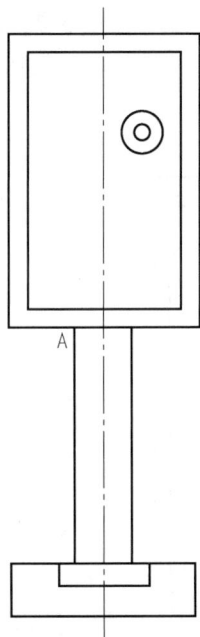

（2）利用偏移命令，将上述矩形向内偏移复制 35。利用分解命令，将里面的矩形进行分解。利用延伸命令，以外面矩形的上条边为边界，向上延伸里面矩形的两条垂直边。利用删除命令将多余线段删除。利用直线命令绘制底边的两条连接斜线。结果如图 4-71 (b) 所示。

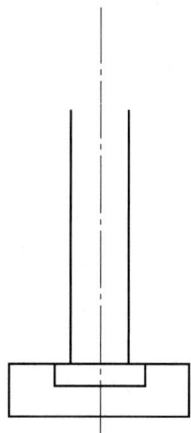

(a)　　　　(b)

图 4-70 绘制断路器的端子箱　　　　图 4-71 绘制断路器的支持绝缘子

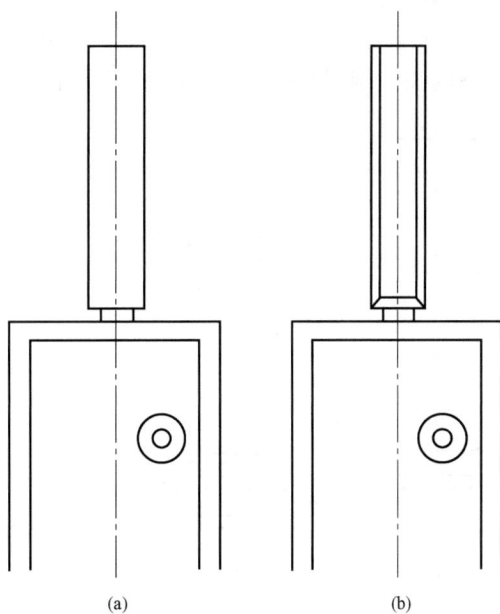

5. 绘制断路器的下连接金具和接线板

（1）利用直线命令和对象捕捉追踪功能，捕捉支持绝缘子和中心线的交点 A，水平向上移动鼠标，在垂直极轴的虚线亮起时输入 45，按 [Enter]，再向左移动鼠标在水平极轴的虚线亮起时输入 74，再按 [Enter]，以绘制出中心线左边的一条长度为 74 的水平直线。以此相同的方法，依次从下至上绘制出长度分别为 102、140、199、199、199 及 150 的六条直线，结果如图 4-72（a）所示。

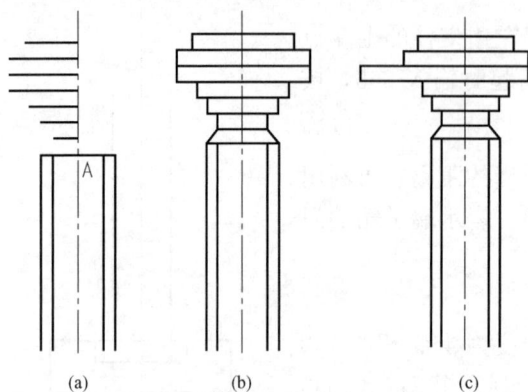

图 4-72　绘制断路器的下连接金具和接线板

（2）利用直线命令，按图所示进行连接。利用镜像命令，以中心线为镜像轴对称复制左半部分，结果如图 4-72（b）所示。

（3）利用直线和修剪命令，将图 4-72（b）修改成图 4-72（c），以表示断路器的接线板，结果如图 4-72（c）所示。

6. 绘制断路器的灭弧室

（1）利用直线命令在断路器的接线板上绘制两条长度为 45、相距 230 的对称垂直线。利用矩形命令在直线上端再绘制一个 300×1138 大小的矩形。结果如图 4-73（a）所示。

（2）利用偏移命令，将上述矩形向内偏移复制 35。采用与绘制支持绝缘子相同的方法，利用分解、延伸、删除及直线命令，将图 4-73（a）进行修改，结果如图 4-73（b）所示。

7. 绘制断路器的上连接金具和接线板

与绘制断路器的下连接金具和接线板的方法相同，先绘制中心线左边长度分别为 57、75、99、99 及 99 五条两两相距 35 的直线。利用镜像命令对称复制到右边。利用直线进行连接。最后再延长上接线板，结果如图 4-74 所示。

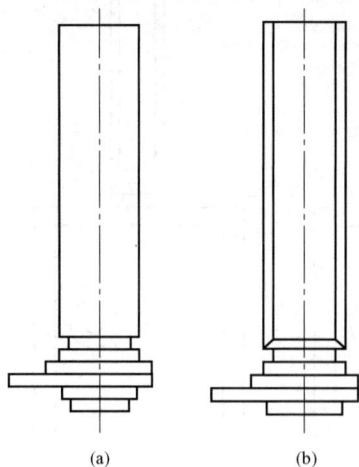

图 4-73　绘制断路器的灭弧室

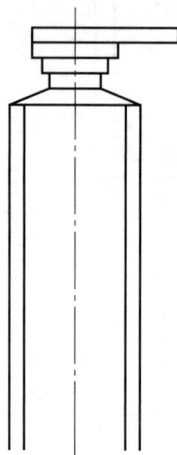

图 4-74　绘制断路器的上连接金具和接线板

8. 检查和修改图形细节，最后完成断路器外形图的绘制。

思考与练习

绘制本章例题各图形。

第5章 图块操作与"AutoCAD 设计中心"

5.1 图块操作

在实际绘图中，经常有大量需要重复绘制的图形。为了提高绘图工作效率，可将这些图形定义成图块，当需要时将对应的图块插入即可。用户还可定义由多个图块构成的图形库，绘图时利用设计中心可以方便地将图形库中的图形插入到当前所绘图形中。

5.1.1 块及属性定义

标高标注是电力工程图中常见的标注内容，如图5-1所示。绘图时常将标高图形符号定义成带属性的图块，标注时直接插入该图块并输入标高值即可。下面以定义标高图形符号图块为例说明操作方法。

图5-1 标高标注示例

1. 绘制图形

参照国家标准对标高图形符号的画法规定，画出如图5-2所示标高图形符号。

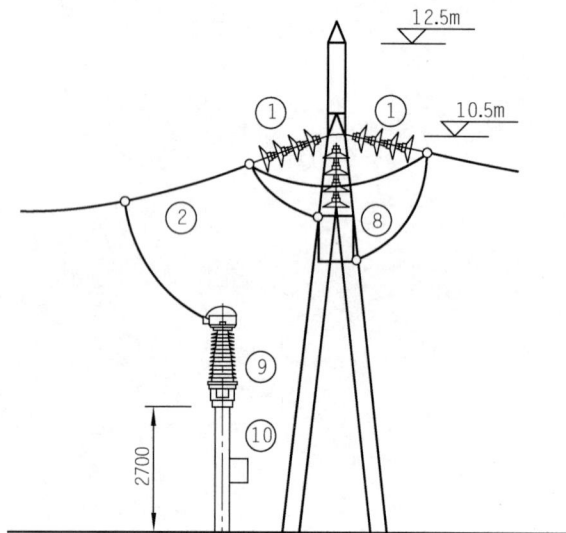

2. 定义属性

在标注标高时，应在标高符号的横线上方标注对应的标高数值。利用 AutoCAD2014 的属性定义功能，在创建块之前，可将标高数值定义成块的属性。可采用以下方法之一激活属性定义命令：

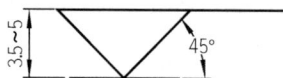

图5-2 标高图形符号

➢ 命令：attdef 或 att

➢ 下拉菜单：[绘图（D）] / [块（K）] / [定义属性（D）]

执行命令后系统弹出"属性定义"对话框，如图5-3所示。其中各选项说明如下：

（1）"模式"选项组包含以下复选框：

"不可见"复选框。若选中此选项，属性值在块插入完成后不被显示和打印出来。

"固定"复选框。若选中此选项，在插入块时给属性赋予固定值。

"验证"复选框。若选中此选项，在插入块时，将提示验证属性值是否正确。

"预置"复选框。若选中此选项，插入包含预置属性值的块时，将属性设置为默认值。

"锁定位置"复选框。若选中此选项，锁定块参照中属性的位置。

"多行"复选框。指定属性值可以包含多行文字。

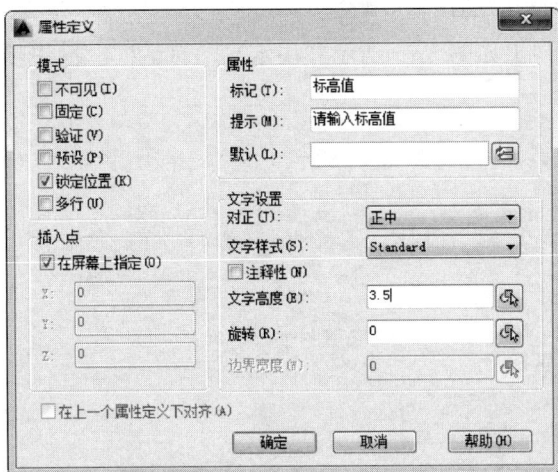

图 5-3 "属性定义"对话框

（2）"属性"选项组包含以下文本框：

"标记（T）"文本框。用于标识图形中每次出现的属性。在定义带属性的块时，属性标记作为属性标识和图形对象一起构成块的被选对象。当同一个块中包含多个属性时，每个属性都必须有唯一的标记，不可重名。属性标记在块被插入后被属性值取代。

"提示（M）"文本框。用于指定在插入包含该属性定义的块时显示的提示信息。如果不输入提示，系统将自动以属性标记用作提示。

"默认（L）"文本框。用于指定默认属性值。

（3）用于设置属性文字的对正、样式、注释性、文字高度、旋转角度等。

（4）"插入点"选项组。用于为属性指定位置，一般选择"在屏幕上指定"方式，同时在退出该对话框后用鼠标在图形上指定属性文字的插入点，如图 5-4（a）中所示。在指定插入点时应注意与属性文字的对正方式相适应。

（5）"在上一个属性定义下对齐"复选框。将属性标记直接置于已定义的上一个属性的下面。此项只适用于多个属性定义的第二个及以后的属性，如果之前没有创建属性定义，则此选项不可用。

标高的属性定义各选项设置如图 5-3 所示，单击"确定"按钮退出对话框，AutoCAD 提示：

指定起点：

在此提示下指定属性文字的插入点，完成标记为"标高值"的属性定义。AutoCAD 将属性标记按指定的对齐方式、文字样式显示在指定位置上，如图 5-4（b）所示。

3. 定义块

定义了相关的属性后，可利用"创建"块命令定义块。可采用以下方法之一激活"创建"块命令。

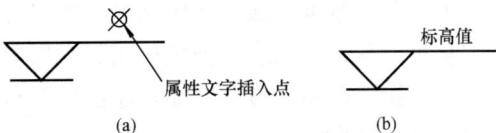

（a）   （b）

图 5-4 属性文字的定位

➤ 命令：block

➤ 下拉菜单：[绘图（D）] / [块（K）] / [创建（M）]

➢ 绘图工具栏或面板中的按钮：

执行命令后，系统弹出如图 5-5 所示"块定义"对话框。操作步骤如下：

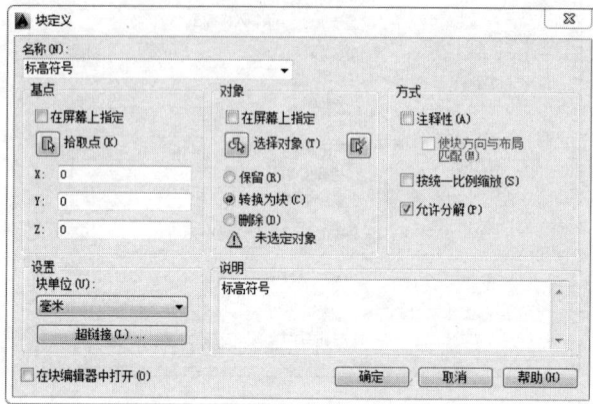

图 5-5   "块定义"对话框

（1）在"名称"选项组下的文本框中输入块的名称。用户定义的每一个块都要有一个块名，以便管理和调用。可将此块命名为"标高符号"。

（2）指定块的基点。单击"基点"选项组的"拾取点"按钮，此时对话框暂时关闭，在绘图区中的块图形中指定插入块时用于定位的点，如图 5-6 所示。指定基点后系统返回"块定义"对话框。

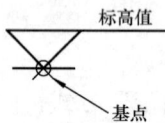

图 5-6   块的基点

（3）选择对象。单击"对象"选项组的"选择对象"按钮，此时对话框暂时关闭，在绘图区中选择构成块的图形对象和属性定义，此处应选择图 5-4（b）中的图形和"标高值"属性定义，选择对象后按 Enter 键返回对话框。该选项组还有 3 个选项：

"保留"单选按钮。选择此项后，在完成块定义操作后图形中仍保留构成块的对象。

"转换为块"单选按钮。选择此项后，在完成块定义操作后构成块的对象转换成一个块。

"删除"单选按钮。选择此项后，在完成块定义操作后，构成块的对象被删除。

以上 3 个选项可根据实际需要灵活选择。

（4）对话框中的其他选项：

"按统一比例缩放"复选框。选中此项，则在插入块时将强制在 X、Y、Z 三个方向上采用相同的比例缩放。一般不选中此项。

"允许分解"复选框。指定插入的块是否允许被分解，一般应选中此项。

"说明"文本框。输入块定义的说明，此说明可在设计中心中显示。

"块单位"下拉列表。把块插入到图形中的单位，默认为"毫米"。

"超链接"按钮。打开"插入超链接"对话框，可将某个超链接与块定义相关联。

（5）完成以上各项设置后，单击"确定"按钮，弹出如图 5-7"编辑属性"对话框（若在"定义块"对话框中不选择"转换为块"，则不会弹出此对话框），在文本框中输入一个参数值，如"1.000"，单击"确定"按钮完成块的定义，此时用于定义块的图形对象及属性定义变成为具有属性值的一个块，如图 5-8 所示。

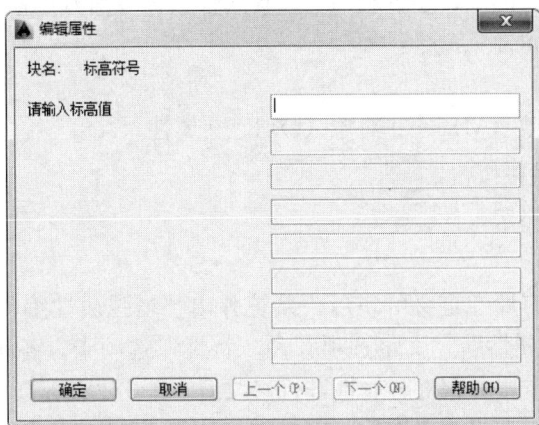

图 5-7　"编辑属性"对话框

5.1.2　插入块

在定义了块之后，当需要时即可利用"插入块"命令插入已定义的块。可通过以下方法之一激活"插入块"命令：

图 5-8　有属性值的块

➢ 命令：insert
➢ 下拉菜单：［插入（I）］／［块（B）］
➢ 绘图工具栏或面板中的按钮：

执行命令后，AutoCAD 弹出"插入"对话框，如图 5-9 所示。在"名称"下拉列表框中选择所需要的图块，这里选择已定义的"标高符号"图块，在"插入点"选项组中选中"在屏幕上指定"复选框，表示将在屏幕上通过指定的方式确定块的插入位置；在"比例"选项组中，"在屏幕上指定"复选框不选，可在下方的文本框中输入相应的比例；在"旋转"选项组中，"在屏幕上指定"复选框不选，在"角度"文本框中根据需要输入块插入时的旋转角度。单击"确定"按钮，AutoCAD 关闭对话框，同时提示：

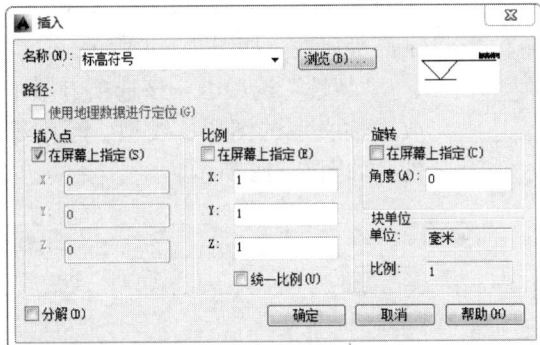

图 5-9　"插入"对话框

指定插入点或［基点（B）/比例（S）/X/Y/Z/旋转（R）］：

在图形中需要插入图块的位置指定点，可捕捉轮廓线或指引线上的点，AutoCAD 继续提示：

输入属性值

请输入标高数值：按要求输入标高数值

按 Enter 键，即完成一个图块的插入。

5.1.3 块属性修改

已插入的带有属性值的块，还可利用"编辑属性"命令对其属性值进行修改。可采用以下方法之一激活"编辑属性"命令：

➤ 命令：eattedit

➤ 下拉菜单：[修改（M）] / [对象（O）] / [属性（A）] / [单个（S）]

➤ "修改Ⅱ"工具栏按钮：

执行命令后，系统提示：

选择块

选取需要修改的带有属性定义的块后，系统弹出"增强属性编辑器"对话框，如图5-10所示。对话框中有"属性"、"文字选项"和"特性"选项卡，各选项卡中均列出该块中的所有属性，在各选项卡中分别对各属性进行修改后，单击"确定"按钮，关闭对话框，结束编辑属性命令。也可以在修改属性后，单击"应用"按钮，完成一个块的修改，但不关闭对话框，也不结束命令，此时单击对话框中的"选择块"按钮，选择另一个块进行修改。

直接双击带有属性定义的块，同样会弹出"增强属性编辑器"对话框。

对话框中各选项卡的含义如下：

"属性"选项卡：该选项卡用于显示当前属性的标记、提示和值。在"值"编辑框中可对属性值进行修改，如图5-10所示。

"文字选项"选项卡：该选项卡用于修改属性文字的样式、对正方式、字高等属性，如图5-11所示。

"特性"选项卡：该选项卡用于修改属性文字的图层、线型、颜色等属性，如图5-12所示。

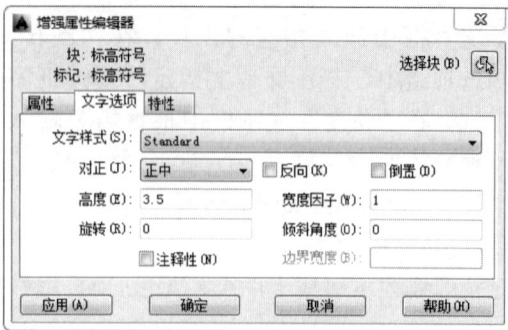

图5-10　"增强属性编辑器"对话框的"属性"选项卡

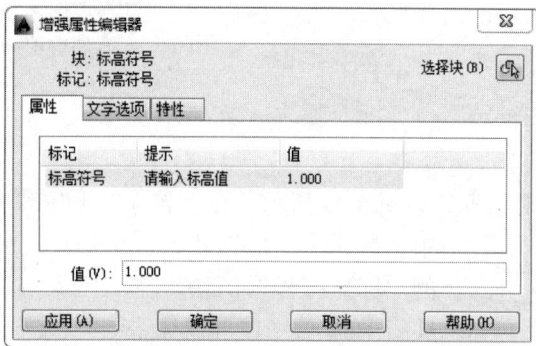

图5-11　"增强属性编辑器"对话框的
"文字选项"选项卡

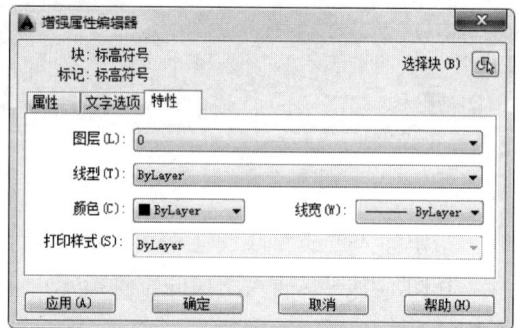

图5-12　"增强属性编辑器"对话框的
"特性"选项卡

5.1.4　块的存储和调用

1. 块的存储

在实际绘图工作中，经常要频繁使用同类图形，如常用的电气设备图形符号等。为提高绘图工作效率，人们常根据不同的用途，按不同类别建立一些图形库，将常用图形存储在相应的图形库中，需要时直接调用。可采用多种方法建立图形库，其中最简单常用的方法是通过块来实现。采用 "block" 命令定义的块，通常称为 "内部块"，只能由块所在的图形使用，不能直接被其他图形调用（可通过 AutoCAD 设计中心调用）。使用 "wblock" 命令，可以创建独立的图形文件，通常称为 "外部块"，用于作为块插入到其他图形中，独立的图形文件更易于创建和管理，将其存储于相应的文件夹中，更方便于需要时调用。

使用 "wblock" 命令，打开 "写块" 对话框，如图 5-13 所示。对话框中各选项的含义如下：

在对话框的 "源" 选项组中，有三个单选项：

"源" 选项组中的 "块" 单选项：选择此项，在右侧下拉列表框中选择已定义的块，可将选择的块存储到外部文件中。

"源" 选项组中的 "整个图形" 单选项：选择此项，可将整个图形作为块存储到外部文件中。

"源" 选项组中的 "对象" 单选项：选择此项，可选择图形中的对象来作为块存储到外部文件中。选择此项后，"基点" 和 "对象" 选项组才可用。

"基点" 选项组：用于指定块的基点，单击 "拾取点" 按钮，在绘图区的图形中指定。

图 5-13　"写块" 对话框

"对象" 选项组：用于指定要用于创建外部块的对象。单击 "选择对象" 按钮，在绘图区中选择对象。该选项组中的其他选项与 "块定义" 对话框的含义相同。

"目标" 选项组中的 "文件名和路径" 下的文本框用于设定块的名称和存储路径。单击右侧的 按钮，可选择存储的路径。

"插入单位" 的下拉列表框用于设置块插入时的单位。

2. 块的调用

有经验的设计人员通常会建立自己的图形库，按照不同的用途分类，采用存储块的方法将常用图形存储于相应的目录，需要时采用插入块的方法即可方便地调用。以调用前面所定义的 "标高符号" 块为例，操作方法如下：

在绘图中需要用到标高符号时，采用插入命令 "insert"，激活命令后，AutoCAD 弹出如图 5-14 所示 "插入" 对话框，首次在此图形文件中使用 "标高符号" 图块时，在 "名称" 下拉列表中找不到 "标高符号" 图块，单击该栏右侧的 "浏览" 按钮，打开如图 5-15 所示 "选择图形文件" 对话框，找到图形库中存储该图块的目录，从中选择 "标高符号" 图块，单击 "打开" 按钮，返回 "插入" 对话框，设置好比例和角度等相关选项后按 "确定"

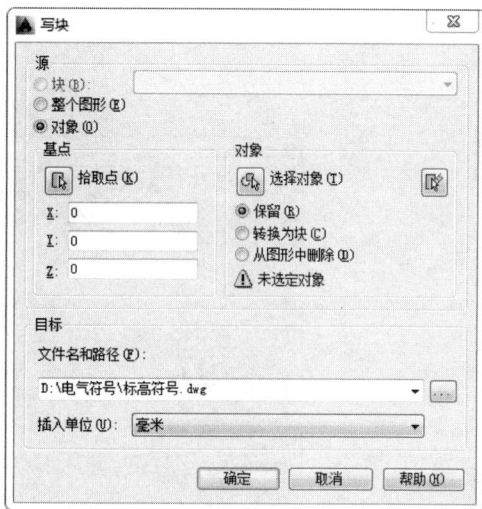

按钮即可将图块插入到图形中。

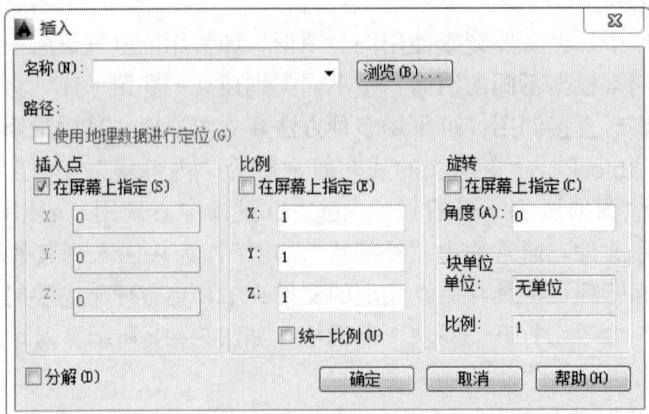

图 5-14　"插入"对话框

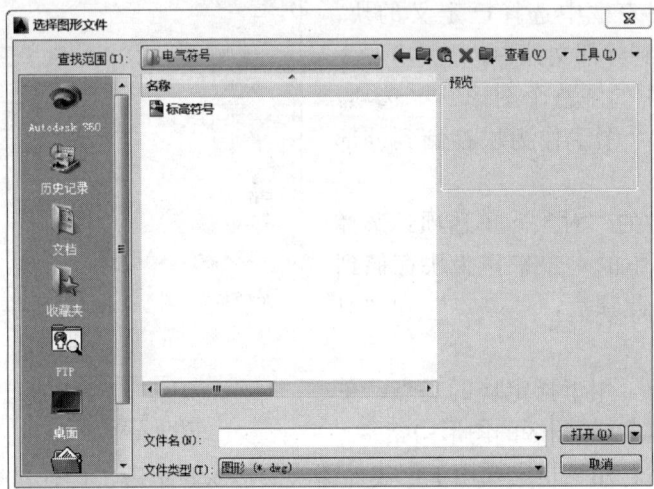

图 5-15　"选择文件"对话框

5.2　AutoCAD 设计中心

　　AutoCAD 设计中心是 AutoCAD 中一个功能强大的工具，它类似于 Windows 资源管理器的界面，可管理图块、外部参照、光栅图像以及来自其他源文件或应用程序的内容，将位于本地计算机、局域网或因特网上的图块、图层、外部参照和用户定义的图形内容复制并粘贴到当前绘图区中。如果在绘图区同时打开多个文档，在多个文档之间可以通过简单的拖放操作来实现图形的复制和粘贴。粘贴内容包括图形以及图层定义、线型、字体等内容。

5.2.1　设计中心的启动和界面

　　可通过以下方法之一调用 AutoCAD 的设计中心：

命令行：adcenter

下拉菜单：［工具（T）］／［选项板］／［设计中心（D）］

标准工具栏：

快捷键： Ctrl ＋2。

执行命令后，AutoCAD 打开如图 5-16 所示"设计中心"界面。首次启动设计中心时，它默认打开的选项卡为"文件夹"，内容显示区显示了所浏览资源的有关细目或内容，资源管理器的左边显示了系统的树形结构。

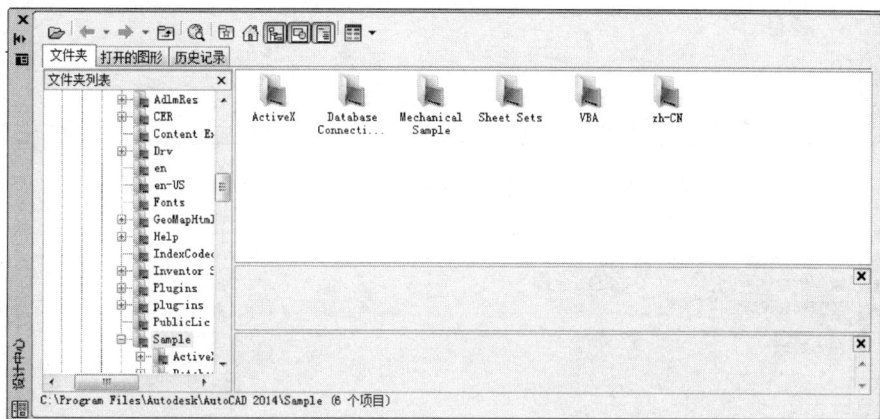

图 5-16　"设计中心"界面

设计中心界面的各个部分可以用鼠标拖动边框来改变大小，用鼠标拖动设计中心的标题栏可以改变设计中心位置，还可通过设计中心左下方的"自动隐藏"按钮来自动隐藏设计中心。

5.2.2　图形信息的显示

AutoCAD2014 设计中心通过"选项卡"和"工具栏"两种方式显示图形信息。

1. 选项卡

如图 5-16 所示，AutoCAD2014 设计中心有 3 个选项卡：【文件夹】、【打开的图形】和【历史记录】。

（1）"文件夹"选项卡：显示设计中心的资源，该选项卡与 Windows 资源管理器类似。"文件夹"选项卡显示导航图标的层次结构，包括网络和计算机、Wed 地址、计算机驱动器、文件夹、图形和相关的支持文件、外部参照、布局、填充样式和命名对象，图形包括图形中的块、图层、线型、文字样式、标注样式和表格样式。

（2）"打开的图形"选项卡：显示在当前环境中打开的所有图形，其中包括最小化了的图形，如图 5-17 所示。此时选择某个图形文件，就可以在右边显示该图形的有关设置，如标注样式、表格样式、布局、块、图层等。

（3）"历史记录"选项卡：显示用户最近通过设计中心访问过的文件，包括这些文件的具体路径，如图 5-18 所示。双击列表中的某个文件，可以在"文件夹"选项卡中的树状视图中定位此图形文件并将其内容加载到内容显示区中。

2. 工具栏

设计中心界面顶部有一工具栏，包括多个工具按钮，如图 5-19 所示。

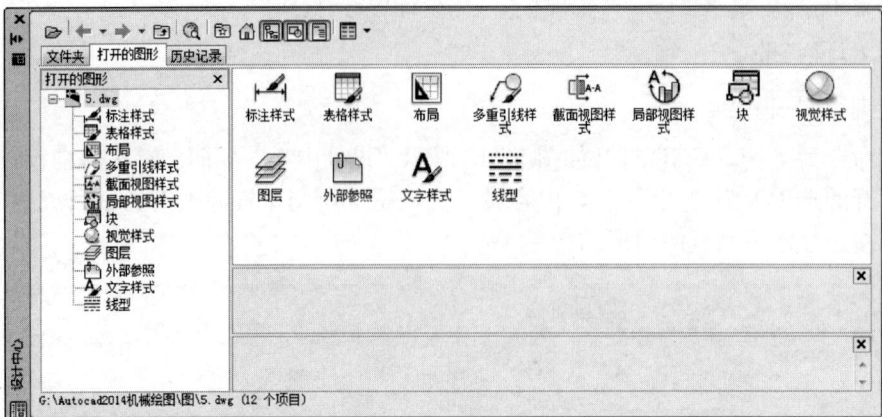

图 5-17   "设计中心"的"打开的图形"选项卡

图 5-18   "设计中心"的"历史记录"选项卡

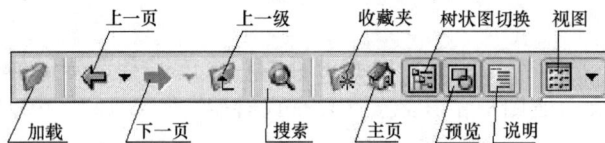

图 5-19   设计中心的工具栏

（1）"加载"按钮：用于打开"加载"对话框，用户可利用该对话框从 Windows 桌面、收藏夹或因特网上加载文件。

（2）"搜索"按钮：用于打开"搜索"对话框，用户可利用该对话框查找对象。

（3）"收藏夹"按钮：在"文件夹列表"中显示 Favorites/Autodesk 文件夹内容，用户可以通过收藏夹来标记存放在本地磁盘、网络驱动器或网页上的内容。

（4）"主页"按钮：快速定位到设计中心文件夹中，该文件夹位于\AutoCAD2014\Sample 下。

（5）"树状图切换"按钮：单击该按钮，可在设计中心界面的"树状图"和"桌面图"之间切换。

（6）"预览"和"说明"按钮：这两个按钮分别用于控制设计中心界面上预览区域和说明区的显示或隐藏。

5.2.3　查找内容

单击设计中心工具栏的"搜索"按钮，弹出如图 5-20 所示的对话框，利用该对话框，可以搜索所需的资源。在设计中心可以查找的内容有：图形、填充图案、填充图案文件、图层、块、图形和块、外部参照、文字样式、线型、标注样式和布局等。

例如要搜索一名称为"螺栓"的图形文件，已知该图形文件存储于 D 盘，操作步骤如下：

（1）打开设计中心。

（2）单击"搜索"按钮，打开"搜索"对话框。

（3）在"搜索"下拉列表框中选择"图形"，在"于"下拉列表框中选择"D:"。

（4）打开"图形"选项卡，在"搜索文字"下拉列表框中输入"螺栓"，在"位于字段"下拉列表框中选择"文件名"。

（5）单击"立即搜索"按钮，进行搜索。搜索结果如图 5-20 所示。

图 5-20　设计中心的"搜索"对话框

5.2.4　向图形中添加内容

使用 AutoCAD 设计中心，可以将指定文件中的图形资源复制到当前图形中。可复制的图形资源包括块、外部参照、光栅图像、图层、线型、文字样式、标注样式及自定义内容等。

1. 添加图层、线型、文字样式及标注样式

如果要将已有文件的资源复制到当前文件中，应首先在文件夹列表区找到资源所在文件的位置，例如要将 D 盘"autocad 图"文件夹中的"螺栓"图形文件中的"标题栏"表格样式复制到当前图形中，首先在文件夹列表区找到该文件，并选中该文件列表下的"表格样

式"，在内容显示区显示了该文件中的所有表格样式。如图 5 - 21 所示。可采用以下方法之一来复制需要的样式：

（1）在显示区选中需要的"标题栏"图标，按住鼠标左键不放，将其拖到当前绘图区后松开鼠标。

（2）右键单击"标题栏"图标，在弹出的快捷菜单中选择"复制"，在绘图区单击鼠标右键，在弹出的快捷菜单中选择"粘贴"。

（3）右键单击"标题栏"图标，在弹出的快捷菜单中选择"添加表格样式"。

（4）用鼠标双击"标题栏"图标，同样可将该表格样式复制到当前图形。

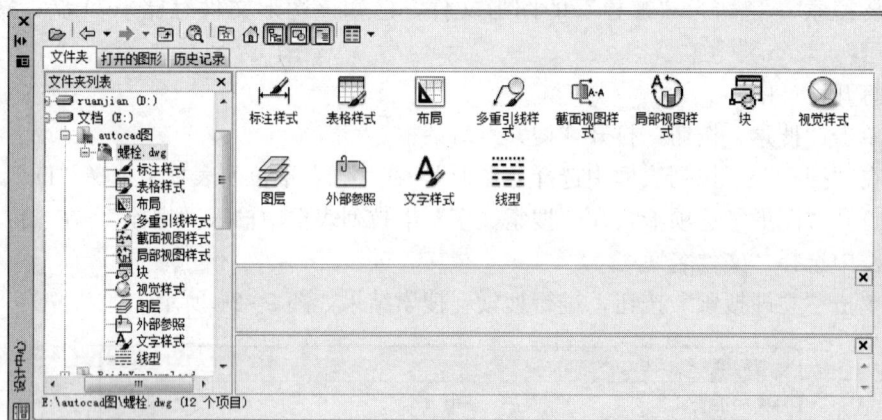

图 5 - 21　显示图形文件的资源

如果知道表格样式名称为"标题栏"，但不知道该样式所在文件的位置，这时可利用设计中心的"搜索"功能，搜索到该图形文件，在搜索结果列表中，选中该表格样式，单击鼠标右键，从快捷菜单中选择"添加表格样式"或选择"复制"后再"粘帖"到绘图区，如图 5 - 22 所示。

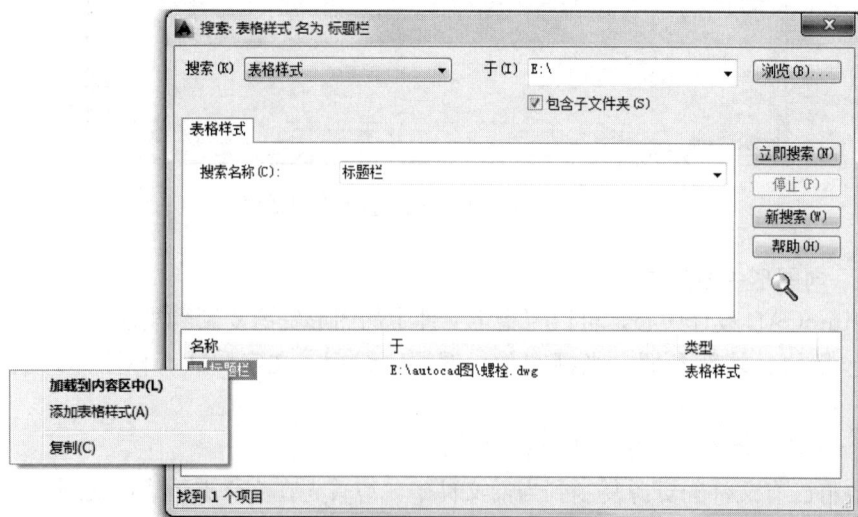

图 5 - 22　通过"搜索"图形资源添加到图形中

2．添加块

在 AutoCAD 设计中心，可以使用两种方法添加块。

（1）拖放法：与上述添加表格样式等资源的方法一样，先在文件夹列表区或搜索对话框中找到所要插入的块，用鼠标将其拖放到绘图区的相应位置，块将以默认的比例和旋转角度插入到当前图形中。

（2）双击法：双击内容区或搜索区中的块，或者右击内容区或搜索区中的块，都将弹出"插入"对话框，如图 5‐23 所示，此对话框与执行命令"insert"一样。

3．添加光栅图像

通过 AutoCAD 设计中心，可方便地把图像插入到当前图形文件中。先在文件夹列表区或搜索对话框中找到所要插入的图像文件，双击该图像文件图标，弹出"图像"对话框，如图 5‐24 所示，在对话框中设置好比例、旋转角度等即可将图像插入到图形文件中。

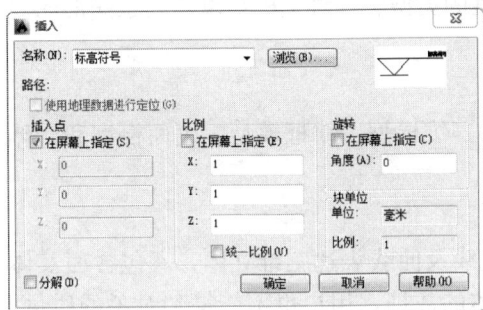

图 5‐23　"插入"对话框　　　　　　　　　图 5‐24　"图像"对话框

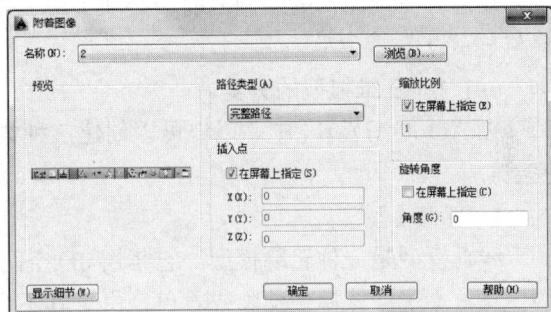

思考与练习

1．内部块和外部块有什么区别？

2．使用图块插入图形有哪些优点？

3．使用 AutoCAD2014 的"设计中心"，可以实现哪些功能？

4．利用直线等命令绘制一标题栏，填写文字并定义属性，创建"标题栏"图块。

第6章　三维图形的绘制

AutoCAD2014 除了具有二维绘图功能外，还具有强大的三维绘图功能。利用 Auto-CAD2014 的三维绘图功能，可以绘制各种三维的线、平面和曲面，可以进行三维实体造型，绘制出形象逼真的三维立体图形。

6.1　三维绘图基本知识

在进行三维图形的绘制之前，必须了解三维模型的类型、三维坐标系以及三维图形的观察与显示设置。

6.1.1　三维模型的分类

在 AutoCAD2014 中，用户可以创建三种类型的三维模型：线框模型、表面模型和实体模型。

1. 线框模型

线框模型是一种轮廓模型，它是用 3D 空间的直线及曲线表达三维立体，不包含面及体的信息，不能使该模型消隐或着色。由于其不含有体的数据，用户也不能得到对象的质量、重心、体积、惯性矩等物理特性，不能进行布尔运算。线框模型结构简单，易于绘制。如图6-1（a）所示为一三维线框模型。

2. 表面模型

表面模型是用物体的表面表示物体。表面模型具有面及三维立体边界信息。表面不透明，能遮挡光线，因而表面模型可以被渲染及消隐。对于计算机辅助加工，用户还可以根据零件的表面模型形成完整的加工信息，但是不能进行布尔运算。如图6-1（b）所示为一三维表面模型。

3. 实体模型

实体模型具有线、表面、体的全部信息。对于此类模型，可以区分对象的内部及外部，可以对其进行打孔、切槽和添加材料等布尔运算，对实体装配进行干涉检查，分析模型的质量特性，如质心、体积和惯性矩。对于计算机辅助加工，用户还可以用实体模型的数据生成数控加工代码，进行数控刀具轨迹仿真加工等。如图6-1（c）所示为一三维实体模型。

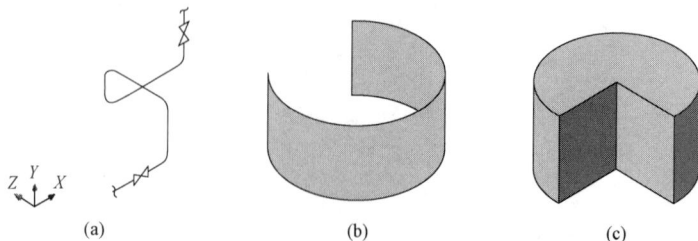

图6-1　三种类型的三维模型

（a）线框模型；（b）表面模型；（c）实体模型

三维建模是最容易实现的三维建模类型，本书主要介绍三维实体建模。

6.1.2 三维坐标系

1. 坐标系

AutoCAD2014 提供有两个坐标系：一个称为世界坐标系（WCS），一个称为用户坐标系（UCS）。默认状态时，AutoCAD2014 的坐标系是世界坐标系。世界坐标系是唯一的，固定不变的，在二维绘图时，通常采用世界坐标系。用户坐标系是用户可以自定义的可移动坐标系。在创建三维模型时，通常采用用户坐标系，通过重定义 UCS，可以大大简化绘图工作。

AutoCAD2014 在三维情况下，定义有三维笛卡尔坐标、柱坐标和球坐标三种。

（1）三维笛卡尔坐标（直角坐标）。用三个坐标值来定义点的位置。三维笛卡尔坐标系是三维绘图中最常用的坐标系，具体格式如下：

绝对坐标格式：x，y，z

相对坐标格式：@x，y，z

（2）柱坐标。柱坐标与二维空间的极坐标相似，只是增加了该点距 XOY 平面的垂直距离。柱坐标由以下三项来定位该点的位置：空间某一点在 XOY 平面上的投影与当前坐标系原点的距离、该点和原点的连线在 XOY 平面上的投影与 X 轴正方向的夹角、垂直于 XOY 平面的 Z 轴高度。即距离、角度、Z 坐标，如图 6-2（a）所示。具体格式如下：

绝对坐标格式：距离＜角度，Z 坐标

相对坐标格式：@距离＜角度，Z 坐标

（3）球坐标。球坐标也类似于二维空间的极坐标，由以下三项来定位该点的位置：空间某一点与当前坐标系原点的距离、该点和原点的连线在 XOY 平面上的投影与 X 轴正方向的夹角、该点和坐标原点的连线与 XOY 平面的夹角。即距离、角度、角度，如图 6-2（b）所示。具体格式如下：

绝对坐标格式：距离＜角度＜角度

相对坐标格式：@距离＜角度＜角度

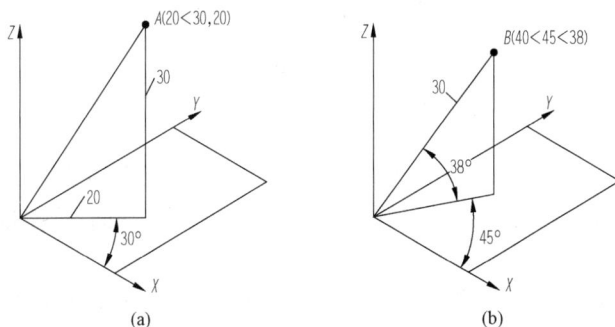

图 6-2　柱面坐标和球面坐标
（a）柱面坐标；（b）球面坐标

2. 建立用户坐标系

在三维绘图中，用户可以通过 UCS 命令，在任意位置、任意方向建立合适的用户坐标系，使绘图更加简便。

在"UCS"工具栏中单击按钮⌊，或者在命令行中输入"UCS"，可启动 UCS 命令。

启动 UCS 命令后，AutoCAD 提示：

指定 UCS 的原点或［面（F）/命名（NA）/对象（OB）/上一个（P）/视图（V）/世界（W）/X/Y/Z/Z 轴（ZA）］＜世界＞：

系统默认的选项是"指定 UCS 的原点"，此时指定用来定位新坐标系原点的点后，系统继续提示：

指定 X 轴上的点或＜接受＞：

此时按 Enter 键接受，或指定一个点来确定 X 轴的方向。如果指定第二点，UCS 将绕先前指定的原点旋转，以使 UCS 的 X 正半轴通过该点。系统继续提示：

指定 XY 平面上的点或＜接受＞：

此时按 Enter 键接受，或者指定一个点来确定 XY 平面的方向。如果指定第三点，UCS 将绕 X 轴旋转，以使 UCS 的 XY 平面的 Y 轴正半轴包含该点。

利用 UCS 命令的"指定 UCS 的原点"选项，可简单地通过指定一个新原点来平移原坐标系，或者通过指定两个或三个点来移动并改变坐标系的方向，这是初学者最常用的方法。如图 6-3（a）为原坐标系，如图 6-3（b）为指定一个点平移坐标系，如图 6-3（c）为指定点 1 确定坐标系的原点、指定点 2 确定 X 轴方向、指定点 3 确定 Y 轴方向。利用 UCS 命令的其他选项简要说明如下：

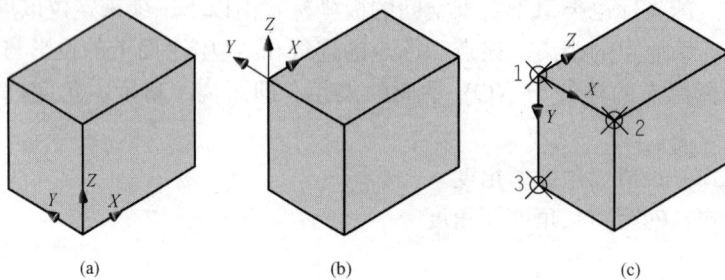

(a)   (b)   (c)

图 6-3 平移或旋转坐标系

（a）原坐标系；（b）平移后的坐标系；（c）移动并旋转后的坐标系

［面（F）］：在三维实体上选择一个面，将 UCS 与三维实体的选定面对齐。选择面时，应在该面的边界内或面的边上单击，被选中的面将亮显，UCS 的 X 轴将与该面上的最近的边对齐。

［命名（NA）］：该选项用于按名称保存当前的 UCS、恢复或删除已保存的 UCS。

［对象（OB）］：根据选定三维对象定义新的坐标系。

［上一个（P）］：恢复上一个 UCS。系统自动保存用户创建的最后 10 个坐标系，重复"上一个"选项将逐步返回上一个坐标系。

［视图（V）］：以垂直于观察方向的平面（屏幕）为 XY 平面，建立新的坐标系，UCS 原点保持不变。

［世界（W）］：将当前坐标系设置为世界坐标系。

［X/Y/Z］：将当前坐标系绕指定轴旋转一定的角度。

［Z 轴］：通过指定新坐标系的原点及 Z 轴正方向上的一点来建立坐标系。

也可以通过下拉菜单：［工具］/［新建UCS（W）］来启动 UCS 命令，在下拉菜单中可选择相应的选项，如图 6-4 所示。

6.1.3 三维模型的观察与显示

1. 设置观察方向

AutoCAD 默认的视图是 XY 平面，方向是 Z 轴的正方向。默认的视图方向没有立体感，不便于观察三维图形。如图 6-5（a）所示为系统默认的俯视图。在三维绘图过程中，经常要变换观察图形的方向。AutoCAD 提供了多种创建 3D 视图的方法，可方便于沿不同的方向观察模型。如图 6-5（b）为西南等轴测视图。

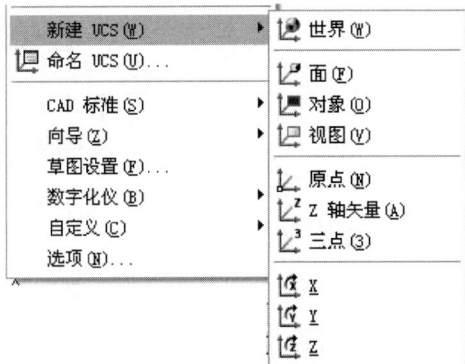

图 6-4 "工具"下拉菜单的"新建 UCS（W）"

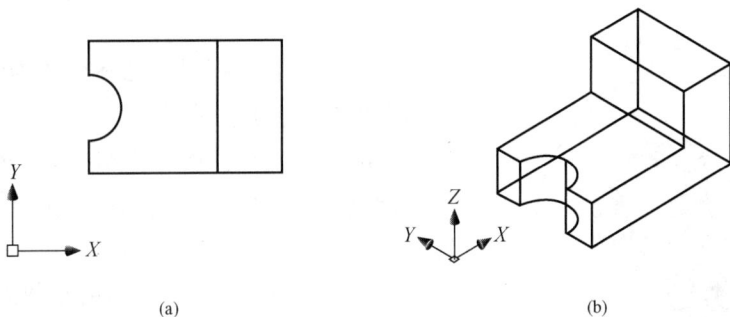

(a)

(b)

图 6-5 观察三维图形的方向

(a) 俯视图；(b) 西南等轴测视图

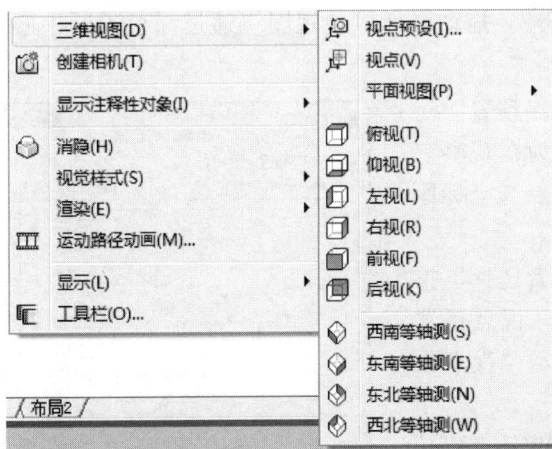

图 6-6 "视图"下拉菜单的"三维视图"

（1）用"视图"工具栏选择标准视图。AutoCAD2014 提供了俯视图、仰视图、左视图、右视图、主视图、后视图、西南等轴测图、东南等轴测图、东北等轴测图、西北等轴测图等标准视图。

用户可以通过下拉菜单［视图（V）］/［三维视图（D）］的相应选项选择需要的视图，如图 6-6 所示，或单击视图工具栏中的相应按钮，也可选择需要的视图，如图 6-7 所示。

图 6-7　"视图"工具栏

俯视图　仰视图　左视图　右视图　主视图　后视图　西南等轴测视图　东南等轴测视图　东北等轴测视图　西北等轴测视图

（2）使用"三维动态观察器"。AutoCAD2014 提供了具有交互功能的三维动态观察器，用三维动态观察器，可以实时控制和改变当前视口中创建的三维视图，以得到用户期望的效果。在命令行输入命令 3DORBIT，或者单击动态观察工具栏的按钮 ，打开三维动态观察器后，在当前视口出现一个绿色的大圆，在圆上有四个绿色的小圆，如图 6-8 所示。拖动鼠标即可对视图进行旋转观察。鼠标在大圆的不同位置时，光标的表现形式及视图的旋转效果也不同。

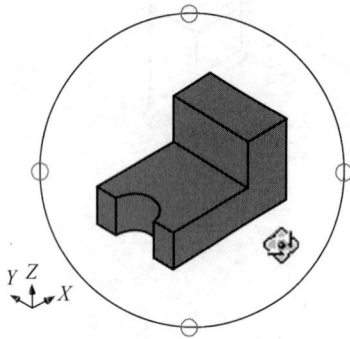

图 6-8　三维动态观察器

①鼠标在大圆内部时，光标形式为 ，拖动鼠标可控制视图在任意方向旋转。

②鼠标在大圆外部时，光标形式为 ，拖动鼠标可使视图绕通过绿色大圆的中心并与屏幕垂直的轴旋转。

③鼠标在绿色大圆左右两边的小圆内时，光标的形式为 ，拖动鼠标可使视图绕通过绿色大圆中心的铅垂轴线旋转。

④鼠标在绿色大圆上下两边的小圆内时，光标的形式为 ，拖动鼠标可使视图绕通过绿色大圆中心的水平轴线旋转。

（3）利用对话框设置视点。利用"视点预置"对话框也可设置观察方向。"视点"可理解为在观察三维模型时，用户在三维空间中的位置。视点与坐标原点的连线即为观察方向。

可在命令行输入 DDVPOINT 命令或者选择下拉菜单［视图（V）］/［三维视图（D）］/［视点预置（I）］，执行命令后系统弹出如图 6-9 所示"视点预置"对话框。

在"视点预置"对话框中，"绝对于 WCS（W）"和"相对于 UCS（U）"单选项，指设置观察角度时，相对于世界坐标系（WCS）或用户坐标系（UCS）设置查看方向。左侧的图形用于确定视点和原点的连

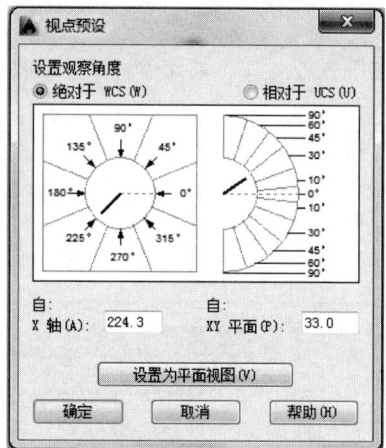

图 6-9　"视点预置"对话框

线在 XY 平面的投影与 X 轴正方向的夹角；右侧的图形用于确定视点和原点的连线与其在 XY 平面的投影的夹角。也可以在"自：X 轴"和"自：XY 平面"两个文本框中输入相应的角度。"设置为平面视图"按钮用于将三维视图设置为默认的平面视图。

　　2. 设置视觉样式

　　观察三维模型的效果除了与观察的方向有关，还和视觉样式的设置有关。Auto-CAD2014 提供有二维线框、三维隐藏、三维线框、概念和真实五种默认的视觉样式。可通过选择下拉菜单［工具（T）］/［选项板］/［视觉样式（V）］，或者在命令行输入命令"visualstyles"来进行视觉样式的设定。执行命令后，系统弹出如图 6-10 所示"视觉样式管理器"对话框。对话框包含有可供选用的视觉样式的样例图像面板及对应的参数设置选项卡。

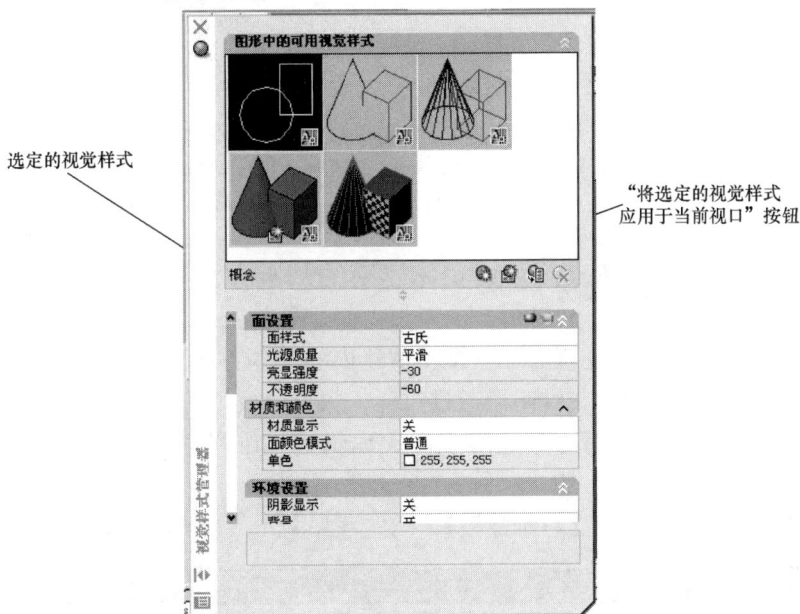

图 6-10　"视觉样式管理器"对话框

　　选定的视觉样式显示黄色边框，其名称显示在样例图像面板的底部。单击"将选定的视觉样式应用于当前视口"按钮，或用鼠标双击选定的样例图像，即可将选定的视觉样式应用于当前视口。

　　也可在如图 6-11 所示的"视觉样式"工具栏中，单击相应的按钮，即可将相应的视觉样式应用于当前视口。对于同一三维模型，应用不同的视觉样式的视觉效果如图 6-12 所示。

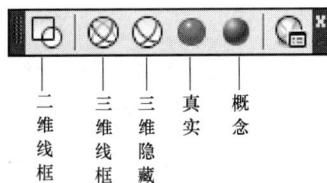

图 6-11　"视觉样式"工具栏

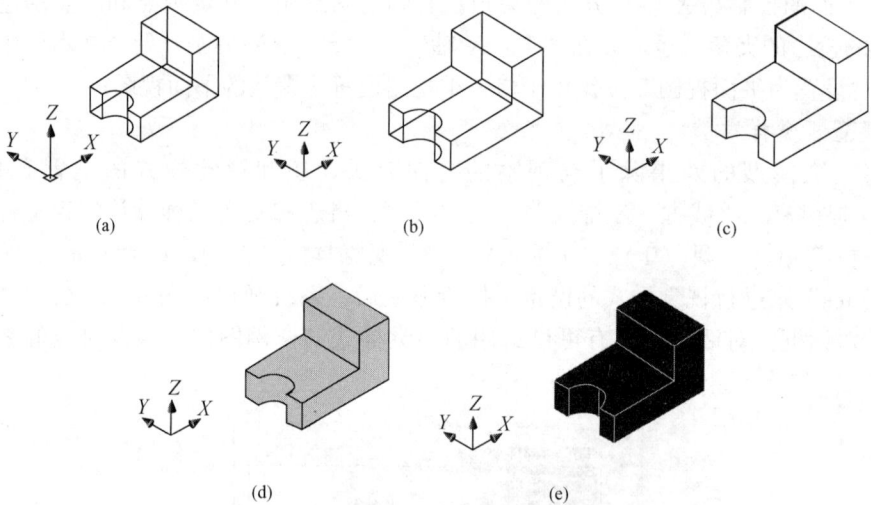

图 6-12　应用不同的视觉样式的视觉效果

（a）二维线框；（b）三维线框；（c）三维隐藏；（d）概念；（e）真实

6.2　三维实体建模的基本方法

AutoCAD2014 提供有功能强大的三维实体建模的基本方法，可直接创建长方体、圆柱体等规则的基本形体，或利用二维图形通过拉伸、扫掠、放样等操作生成复杂的三维实体，还可对已创建的三维实体进行布尔运算、面边编辑和三维操作等，从而完成复杂实体的造型。

首先，将工作空间切换到【三维建模】，功能区如图 6-13 所示。

图 6-13　三维建模工作空间

6.2.1　创建基本三维实体

基本形体是构造复杂形体的基本组成部分，AutoCAD2014 可创建的基本形体有多段体（polysolid）、长方体（box）、楔体（wedge）、圆锥体（cone）、球体（sphere）、圆柱体（cylinder）和圆环体（torus），如图 6-14 所示。这些基本实体的特征主要由实体位置和实体尺寸两种参数决定，实体位置可由角点、中心点来确定，实体尺寸则由半径、直径及长宽高等来确定。与二维绘图相似，可通过"绘图（D）"下拉菜单的"建模（M）"子菜单、"建模"工具栏中按钮（见图 6-15）或"三维制作"面板的按钮来激活相应的命令。激活命令后，按提示指定相应的定位点及尺寸数值，即可创建基本三维实体，具体操作步骤不再详述。

6.2.2　利用二维对象生成三维实体

AutoCAD2014 可以通过拉伸、旋转二维平面对象来构造三维实体，还可通过"扫掠"

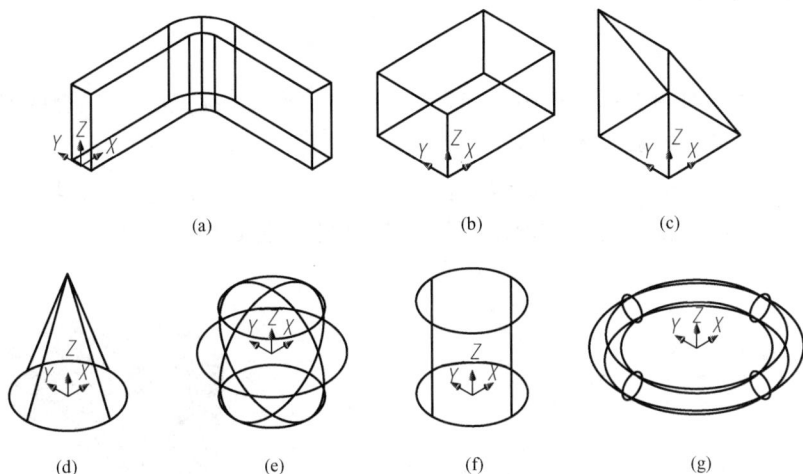

图 6-14　基本三维实体

(a) 多段体；(b) 长方体；(c) 楔体；(d) 圆锥体；(e) 球体；(f) 圆柱体；(g) 圆环

图 6-15　"建模"工具栏

和"放样"来构造三维实体。

1. 创建拉伸实体

使用"拉伸"命令，可将某一闭合的二维对象拉伸一定高度，或沿指定路线拉伸，来创建拉伸实体。可拉伸的闭合对象有多段线、多边形、矩形、圆、椭圆、闭合的样条曲线等，对于由多段直线或圆弧构成的轮廓对象，在进行拉伸之前，应先利用"pedit"命令的"合并"选项，将其转换成单一的多段线，或使用"region"命令将其转换成一面域。

可通过以下方法激活"拉伸"命令：

➢ 命令行输入：extrude

➢ 下拉菜单：［绘图（D）］/［建模（M）］/［拉伸（X）］

➢ "建模"工具栏或"三维制作"面板中的按钮：

如图 6-16 所示为 LV 型联板的零件图，根据图示尺寸，可以通过拉伸等操作作出其三维造型图，作图步骤如下：

（1）根据主视图作出联板的外形轮廓图，如图 6-17（a）所示；

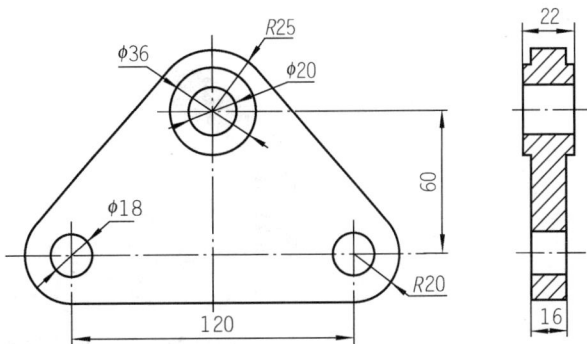

图 6-16　LV 型联板零件图

（2）画完轮廓图后，应利用"编辑多段线"或"面域"命令将图形转换成多段线或一个面域。"面域"命令的操作方法如下：

命令：_region

选择对象：指定对角点：选择图 6-17（a）中所有轮廓线，按 Enter 键确定

已创建 1 个面域。面域操作完成。

进行面域操作时，应注意各轮廓线各自形成闭合区域，并避免自交或伸出轮廓。

为便于看图，可将视图改为"西南等轴测"视图，并选择"概念"视觉样式，如图 6-17（b）所示。

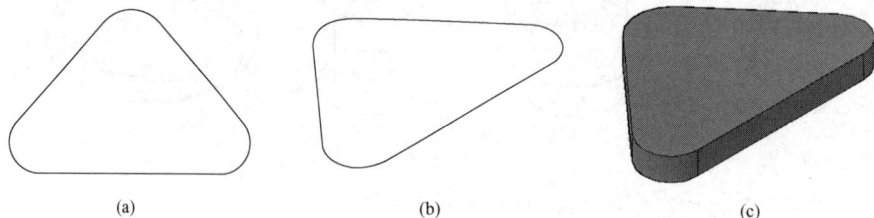

(a)　　　　　　　　　　(b)　　　　　　　　　　(c)

图 6-17　通过"拉伸"创建实体

（3）激活"拉伸"命令后系统提示：

命令：_extrude

当前线框密度：ISOLINES＝4

选择要拉伸的对象：指定图 6-17（a）中已经进行面域的轮廓，系统提示：

指定拉伸的高度或［方向（D）/路径（P）/倾斜角（T）］：指定拉伸高度 16

输入高度值后，将二维对象沿其法向方向按指定的高度拉伸，结果如图 6-17（c）所示。

其他选项的含义：

［方向（D）］：通过指定两个点来确定拉伸的方向和高度。

［路径（P）］：通过指定拉伸路径来拉伸二维对象，如图 6-18（a）所示。注意路径不能与对象处于同一平面，也不能具有高曲率的部分。

［倾斜角（T）］：指定拉伸时侧面的倾斜角，如图 6-18（b）所示。注意应避免指定太大的倾斜角或太大的拉伸高度，否则会导致对象或对象的一部分在到达拉伸高度之前就已经汇聚到一点，而不能达到设定的拉伸高度。

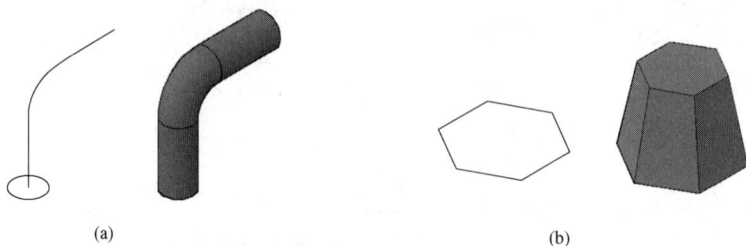

(a)　　　　　　　　　　　　　　　　(b)

图 6-18　创建拉伸实体

(a) 沿路径拉伸对象；(b) 拉伸时按一定角度倾斜

2. 创建旋转实体

使用"旋转"命令，可将某一闭合的二维对象绕某一指定的轴线旋转一定的角度来创建实体。与"拉伸"命令类似，对于由多段直线或圆弧构成的轮廓对象，应先将其"合并"为单一的多段线或面域。对于回转体机件，利用旋转命令来创建实体尤为简便。利用本书 4.4 中所绘制的瓷柜平面图，通过旋转等操作，即可作出其三维造型图，作图步骤如下：

（1）利用图 6 - 19（a）所示的二维图形，作出中心线，再修剪、删除多余的线条，使图形成为一封闭的轮廓，如图 6 - 19（b）所示，并将其合并为多段线，或使用 REGION 命令将轮廓图形转换为一面域。

（2）通过以下方法之一激活"旋转"命令：

➤ 命令行输入：revolve

➤ 下拉菜单：[绘图（D）] / [建模（M）] / [旋转（R）]

➤ "建模"工具栏或"三维制作"面板中的按钮：▱

激活命令后系统提示：

命令：_ revolve

当前线框密度：ISOLINES＝4

选择要旋转的对象：

指定用于旋转的二维对象，这里选择图 6 - 19（b）已面域的图形，系统继续提示：

指定轴起点或根据以下选项之一定义轴 [对象（O）/X/Y/Z] ＜对象＞：

指定点 1 和点 2 来确定旋转轴，指定旋转轴后系统提示：

指定旋转角度或 [起点角度（ST）] ＜360＞：

指定旋转角度，输入 360 或直接按 Enter 键采用默认值。结果如图 6 - 19（c）所示。

（3）将视觉样式更改为"概念视觉样式"，选中已创建的三维实体，选择下拉菜单 [视图（V）] / [动态观察（B）] / [自由动态观察（F）]，按住鼠标左键并移动，即可从各任意方向动态观察已创建的三维实体，如图 6 - 20 所示。

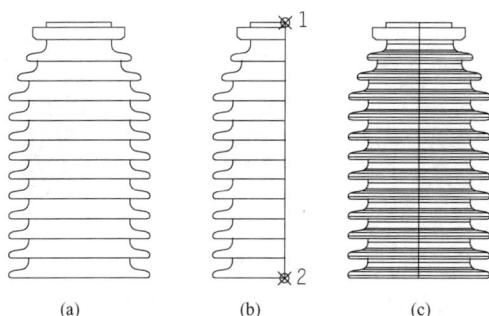

图 6 - 19　创建旋转实体

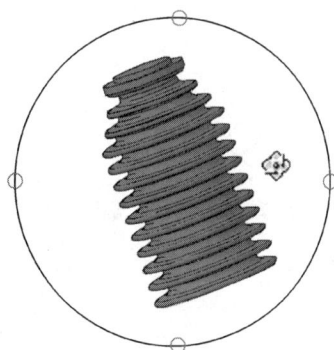

图 6 - 20　动态观察瓷柜的三维实体

定义旋转轴的其他选项的含义：

[对象（O）]：通过指定现有对象来定义旋转轴，现有的对象可以是直线、线性多段线线段、实体或曲面的线性边。

[X]：使用当前 UCS 的正向 X 轴作为旋转轴。

［Y］：使用当前 UCS 的正向 Y 轴作为旋转轴。

［Z］：使用当前 UCS 的正向 Z 轴作为旋转轴。

3. 扫掠

使用扫掠命令"sweep"，可以通过沿二维或三维路径扫掠指定轮廓来创建实体。如图 6-21（a）所示为一三维螺旋线和一个圆，图 6-21（b）为通过扫掠操作创建的三维实体。可通过以下方法之一激活"sweep"命令：

➢ 命令行输入：sweep

➢ 下拉菜单：［绘图（D）］/［建模（M）］/［扫掠（P）］

➢ "建模"工具栏或"三维制作"面板中的按钮：

激活命令后系统提示：

命令： _ sweep

当前线框密度：ISOLINES＝4

选择要扫掠的对象：选择图 6-21（a）中的小圆

选择扫掠路径或［对齐（A）/基点（B）/比例（S）/扭曲（T）］：选择螺旋线作为扫掠路径

完成扫掠操作结果如图 6-21（b）所示。其他选项的含义：

［对齐（A）］：指定是否自动将轮廓对齐到扫掠路径切向的法向方向。默认情况下，轮廓是对齐的。

［基点（B）］：用于指定要扫掠对象的基点。

［比例（S）］：指定进行扫掠操作的比例因子。当输入比例因子时，扫掠对象从扫掠路径的起点开始逐渐缩放，到达扫掠路径终点时为设定的比例因子。图 6-21（c）为按默认比例因子（默认比例因子为 1）操作的结果，图 6-21（d）为输入比例因子 0.5 进行操作的结果。

［扭曲（T）］：设置被扫掠的对象的扭曲角度。扭曲角度指定沿扫掠路径全部长度的旋转量。图 6-21（e）为输入扭曲角度为 60 进行操作的结果。

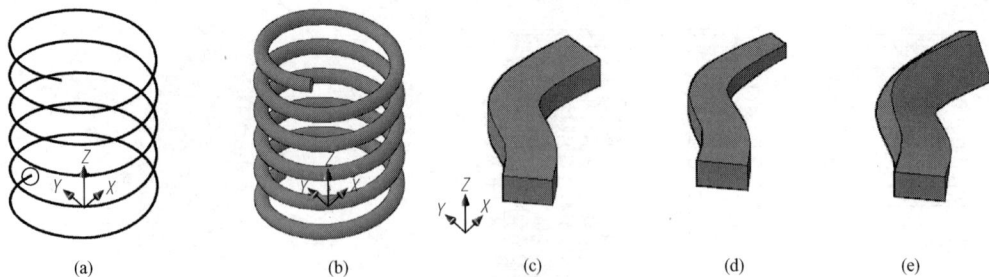

| (a) | (b) | (c) | (d) | (e) |

图 6-21　扫掠操作

4. 放样

使用放样命令"loft"，可以通过指定一系列横截面来创建新的实体。横截面用于定义结果实体截面轮廓（形状）。使用"loft"命令时必须指定至少两个横截面。可通过以下方法之一激活"loft"命令：

➢ 命令行输入：loft

> 下拉菜单：［绘图（D）］/［建模（M）］/［放样（L）］
> "建模"工具栏或"三维制作"面板中的按钮：

激活命令后，系统提示：

命令：_ loft

按放样次序选择横截面：找到1个

选择图 6-22（a）中第一个截面（矩形）

按放样次序选择横截面：找到1个，总计2个 选择图 6-22（a）中第二个截面（圆）

输入选项［导向（G）/路径（P）/仅横截面（C）］＜仅横截面＞： 按 Enter 键默认选项

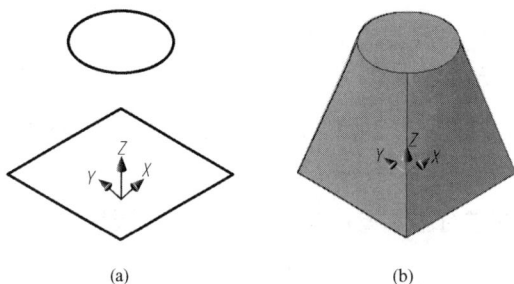

图 6-22　放样操作

操作结果如图 6-22（b）所示。其他选项的含义：

［导向（G）］：用于指定控制放样实体的导向曲线。

［路径（P）］：用于指定按单一路径放样实体，路径曲线必须与横截面的所有平面相交。

6.2.3　创建复合三维实体

对两个或两个以上的实体进行并集、差集、交集等布尔运算，可创建新的复合实体。

1. 并集操作

并集操作使用"union"命令，通过并集操作可以合成两个或多个实体，建立一个新的复合实体，即将多个实体对象合成为一个实体对象。可通过以下方法之一激活并集命令：

> 命令行输入：union
> 下拉菜单：［修改（M）］/［实体编辑（N）］/［并集（U）］
> "实体编辑"工具栏或"三维制作"面板按钮：

激活命令后，命令行提示如下：

命令：_ union

选择对象：

选择图 6-23（a）中的长方体和圆柱体，完成操作后，结果如图 6-23（b）所示。

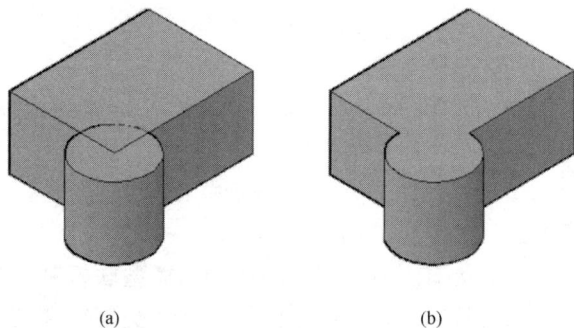

图 6-23　并集操作

2. 差集操作

差集操作使用"subtract"命令，通过差集操作可以从第一个选择集中的对象减去第二个选择集中的对象，创建一个新的实体。可通过以下方法之一激活差集命令：

> 命令行输入：subtract
> 下拉菜单：［修改（M）］/［实体编辑（N）］/［差集（S）］
> "实体编辑"工具栏或"三维

制作"面板按钮：⊙⊙

激活命令后，命令行提示如下：

命令：_subtract 选择要从中减去的实体或面域...

选择对象：

如选择图 6-24（a）中的长方体后按 Enter 键确定，系统继续提示：

选择要减去的实体或面域...

选择对象：

选择图 6-24（a）中的圆柱体，按 Enter 键确定，完成操作，结果如图 6-24（b）所示。

在进行差集操作时，如果先选择圆柱体，再选择长方体，则结果如图 6-24（c）所示。

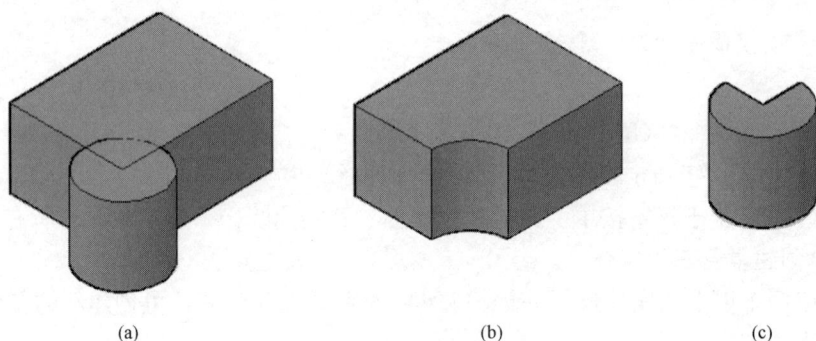

(a)　　　　　　　　　　　(b)　　　　　　　　　　　(c)

图 6-24　差集操作

（a）差集操作前；（b）差集操作后；（c）差集操作后

3. 交集操作

交集操作使用"intersect"命令，通过交集操作可以利用多个实体的公共部分创建一个新的实体，并将非公共部分删去。可通过以下方法之一激活交集命令：

➢ 命令行输入：intersect

➢ 下拉菜单：[修改（M）] / [实体编辑（N）] / [交集（I）]

➢ "实体编辑"工具栏或"三维制作"面板按钮：⊙⊙

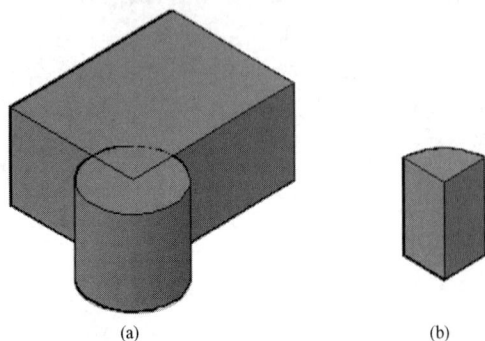

(a)　　　　　　(b)

图 6-25　交集操作

激活命令后，命令行提示如下：

命令：_intersect

选择对象：

选择图 6-25（a）中的长方体和圆柱体，完成操作后，结果如图 6-25（b）所示。

4. 利用并集和差集完成 LV 型联板的三维造型

在前面通过拉伸制作的 LV 型联板基本形状的基础上，利用"圆柱体""交集"和"差集"等命令，制作出圆孔及凸台，作图步骤如下：

（1）利用建模的"圆柱体"命令，创建一个直径 36、高度为 3 的圆柱体，再利用"复制"或"移动"命令将其移动到联板对应位置上，移动时注意捕捉到相应的"圆心"作为基点进行定位，如图 6 - 26（a）所示。也可以在创建圆柱体时直接捕捉到联板上相应圆弧的圆心进行定位，结果如图 6 - 26（b）所示。

（2）利用"并集"命令，将 LV 型联板的板状及上一步骤制作的两个圆柱体合并为一个整体。

（3）利用"圆柱体"命令分别制作一个直径为 20 高度 22、两个直径为 18 高度为 16 的圆柱体，如图 6 - 26（c）所示，并将其移动到相应位置。

（4）利用"差集"命令，制作出联板上的三个圆孔，结果如图 6 - 26（d）所示。

（5）利用"动态观察器"可从任意方向进行观察，如图 6 - 27 所示。

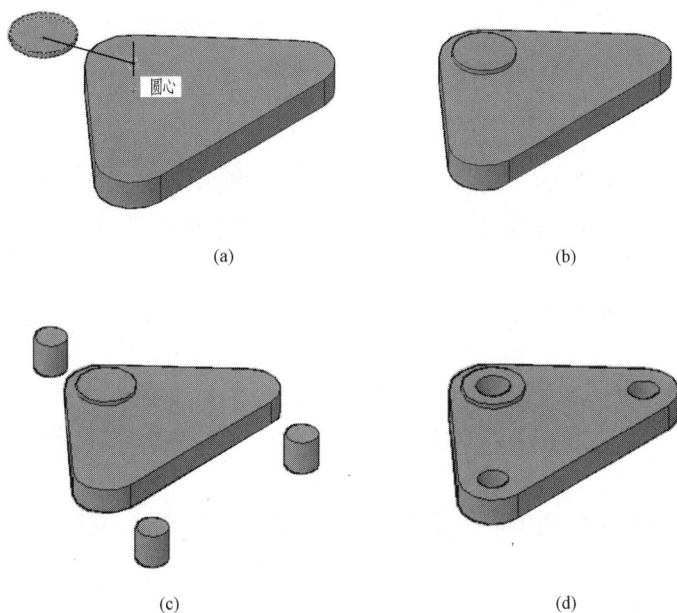

（a）　　　　　　　　　　（b）

（c）　　　　　　　　　　（d）

图 6 - 26　完成 LV 型联板的三维造型

6.2.4　实体的编辑修改

1. 三维实体的圆角

圆角是零件中常见的结构，对三维实体进行圆角操作，可采用二维绘图中的"圆角"命令。以图 6 - 27 中的凸台为例，可通过圆角操作进行圆角过渡。操作步骤如下：

激活圆角命令后，系统提示：

命令：_ fillet

当前设置：模式＝修剪，半径＝5.0000

选择第一个对象或［放弃（U）/多段线（P）/半径（R）/修剪（T）/多个（M）］：选择图 6 - 28（a）中的边

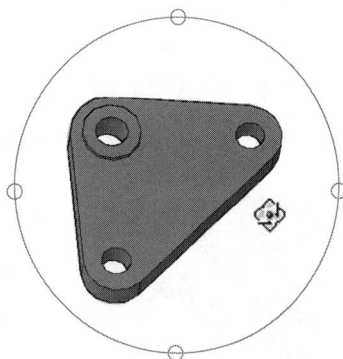

图 6 - 27　动态观察 LV 型联板的三维造型

输入圆角半径＜5.0000＞：输入圆角半径：1.5

选择边或 [链（C）/半径（R）]：按 Enter 键确定

已选定 1 个边用于圆角。完成操作

圆角效果如图 6-28（b）所示。

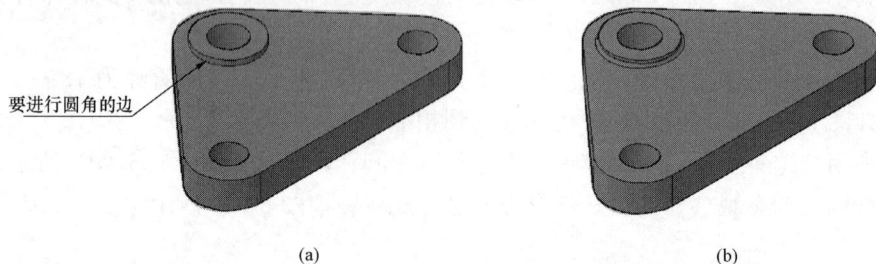

要进行圆角的边

(a)　　　　　　　　　　　　(b)

图 6-28　创建圆角

2. 三维实体的倒角

倒角是机械零件中常见的结构，对三维实体进行圆角操作，可采用二维作图中的"倒角"命令。以图 6-27 中的圆孔为例，可通过倒角操作对内孔的边进行倒角。操作步骤如下：

激活倒角命令后，系统提示：

命令：_ chamfer

（"修剪"模式）当前倒角距离 1=0.0000，距离 2=0.0000

选择第一条直线或[放弃(U)/多段线(P)/距离(D)/角度(A)/修剪(T)/方式(E)/多个(M)]：

基面选择…　选择包含倒角边的基面上的任一条线，可选择内孔与端面相交的圆，以确定倒角的基面

输入曲面选择选项 [下一个（N）/当前（OK）]＜当前（OK）＞：按 Enter 键确定

指定基面的倒角距离＜0.0000＞：输入第一个倒角距离：1.5

指定其他曲面的倒角距离＜0.0000＞：输入第二个倒角距离：1.5

选择边或 [环（L）]：选择边或 [环（L）]：选择要倒角的边，这里选择内孔与端面相交的圆，如图 6-29（a），按 Enter 键确定，完成操作，如图 6-29（b）所示。采用同样的方法对另两个孔进行倒角，倒角操作后的效果如图 6-29（c）所示。

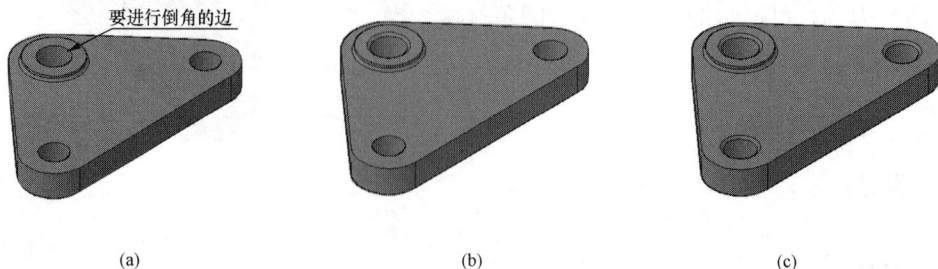

要进行倒角的边

(a)　　　　　　　　　　(b)　　　　　　　　　　(c)

图 6-29　创建倒角

3. 剖切三维实体

在三维绘图中，为了表达实体的内部结构，常采用剖切命令 "slice" 对实体进行剖切操作。可在命令行中输入 "slice"，或在 "三维制作" 面板中单击按钮 激活剖切命令。以图 6-30 为例，剖切操作步骤如下：

激活剖切命令后，系统提示：

命令：slice

选择要剖切的对象：选择图 6-30（a）中的实体

指定切面的起点或[平面对象(O)/曲面(S)/Z 轴(Z)/视图(V)/XY(XY)/YZ(YZ)/ZX(ZX)/三点（3）]＜三点＞：按 Enter 键选择三点方式确定剖切平面

指定平面上的第一个点：选择圆孔中心点确定第 1 点

指定平面上的第二个点：选择边的中点确定第 2 点

指定平面上的第三个点：选择边的中点确定第 3 点

在所需的侧面上指定点或［保留两个侧面（B）]＜保留两个侧面＞：按 Enter 键保留两侧

完成操作后效果如图 6-30（b）所示，利用 "移动" 命令将前半部分移开，效果如图 6-30（c）所示。

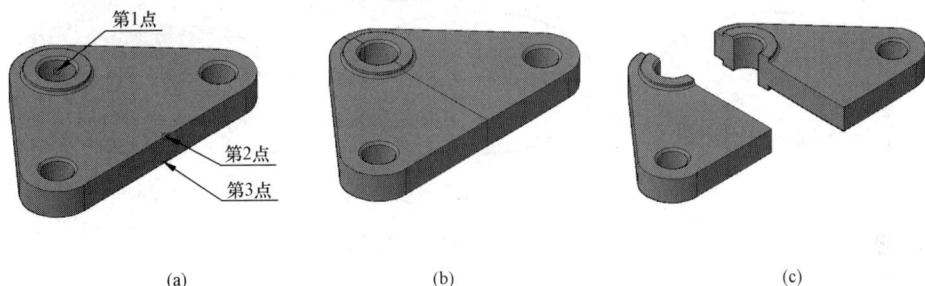

图 6-30　剖切实体

4. 修改三维实体的面和边

通过修改三维实体的某个面或某条边，也可以改变三维实体的造型。修改三维实体的面和边包括：拉伸面、移动面、偏移面、删除面、旋转面、倾斜面、复制面、着色面、复制边和着色边等操作。三维实体面和边的编辑可通过如图 6-31 所示的 "实体编辑" 工具栏中的相应按钮来激活相应的命令，激活命令后按提示进行操作，具体操作步骤不再详述。

图 6-31　"实体编辑" 工具栏

6.2.5　实体的三维操作

1. 三维阵列

使用"三维阵列"可在三维空间创建对象的矩形阵列和环形阵列。可在命令行中输入"3darray"或通过下拉菜单［修改（M）］/［三维操作（3）］/［三维阵列（3）］来激活"三维阵列"命令，与二维阵列相似，可选择矩形阵列或环形阵列，输入选项后按提示输入相应参数即可。以图 6-32 为例，三维阵列操作步骤如下：

命令：_ 3darray

选择对象：指定对角点：选择图 6-32（a）中用于阵列的对象

输入阵列类型［矩形（R）/环形（P）］＜矩形＞：输入环形阵列选项 P

输入阵列中的项目数目：输入阵列项目数 50

指定要填充的角度（＋＝逆时针，－＝顺时针）＜360＞：按 Enter 键确定填充角度 360

旋转阵列对象？［是（Y）/否（N）］＜Y＞：按 Enter 键默认旋转对象

指定阵列的中心点：选择圆环的中心点

指定旋转轴上的第二点：沿 Z 正方向移动鼠标任意确定一点如图 6-32（b）所示。

完成操作后的效果如图 6-32（c）所示。

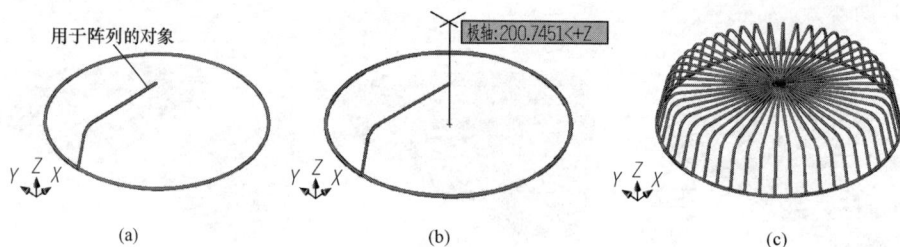

图 6-32　三维阵列操作

2. 三维镜像

使用"三维镜像"命令，可以按指定镜像平面镜像已有的对象。在命令行输入"mirror3d"或通过下拉菜单［修改（M）］/［三维操作（3）］/［三维镜像（D）］来激活"三维镜像"命令，以图 6-33 所示为例，操作步骤如下：

命令：mirror3d

选择对象：指定对角点：选择图 6-33（a）中耳板，按 Enter 键确定

指定镜像平面（三点）的第一个点或

［对象（O）/最近的（L）/Z轴（Z）/视图（V）/XY 平面（XY）/YZ 平面（YZ）/ZX 平面（ZX）/三点（3）］＜三点＞：按 Enter 键确定三点方式确定镜像平面

在镜像平面上指定第一点：捕捉长方体边的中点 A

在镜像平面上指定第二点：捕捉长方体另一边的中点 B

在镜像平面上指定第三点：捕捉长方体另一边的中点 C

是否删除源对象？［是（Y）/否（N）］＜否＞：按 Enter 键确定，完成操作

完成操作后的效果如图 6-33（b）所示。

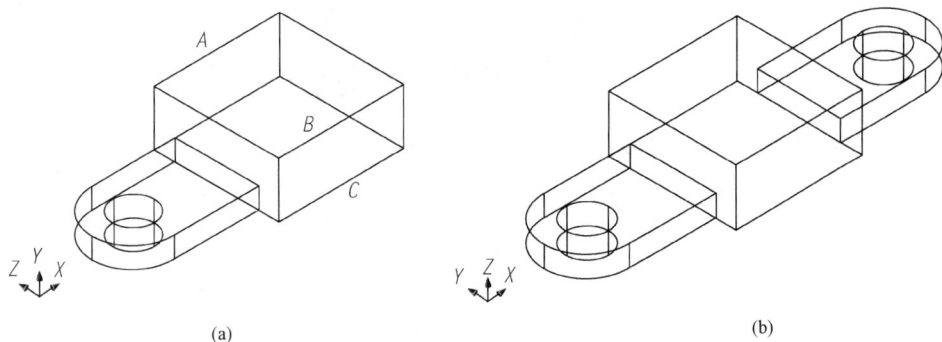

(a)　　　　　　　　　　　　　　　(b)

图 6 - 33　三维镜像操作

3. 三维旋转

使用"三维旋转"命令可以将已有对象绕指定旋转轴旋转一定的角度。可通过以下方法之一激活"三维旋转"命令：

- ➢　命令行输入：3drotate
- ➢　下拉菜单 ［修改（M）］ / ［三维操作（3）］ / ［三维旋转（R）］
- ➢　"建模"工具栏或"三维制作"面板的按钮 ⊕

以图 6 - 34 所示为例，"三维旋转"的操作步骤如下：

命令：_ 3drotate
UCS 当前的正角方向：ANGDIR＝逆时针　ANGBASE＝0
选择对象：指定对角点：选择图 6 - 34（a）中右侧实体
指定基点：捕捉角点 A 确定旋转基点，则旋转夹点工具显示在 A 点，如图 6 - 34（b）
拾取旋转轴：单击轴句柄，确定旋转轴，如图 6 - 34（c）所示
指定角的起点或键入角度：输入旋转角度 30
完成操作后的效果如图 6 - 34（d）所示。
利用并集命令将图 6 - 34（d）中两个对象合并为一个对象，效果如图 6 - 34（e）所示。

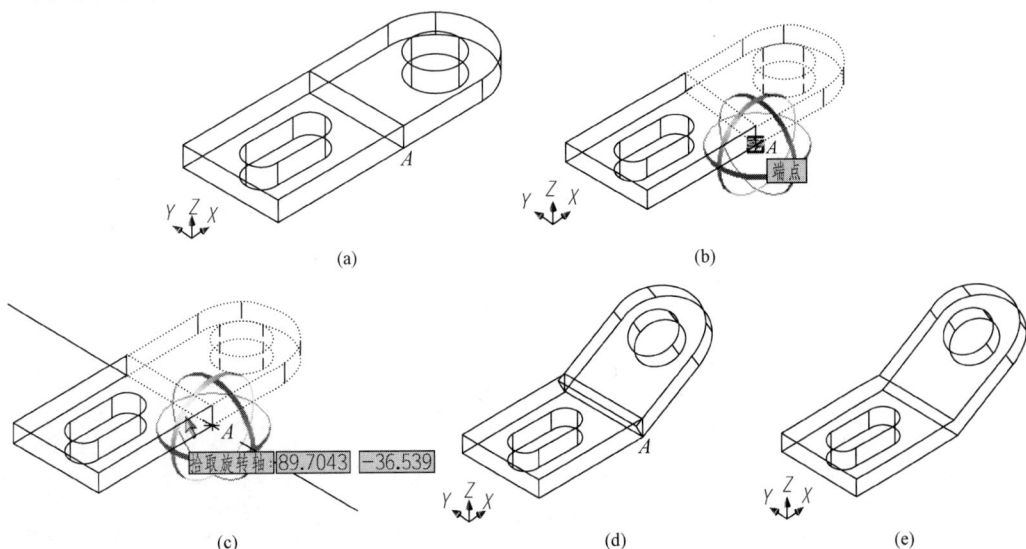

(a)　　　　　　　　　　　　　　　(b)

(c)　　　　　　　　　(d)　　　　　　　　(e)

图 6 - 34　三维旋转操作

思考与练习

1. 在 AutoCAD2014 中如何设置三维模型的观察方向？
2. AutoCAD2014 有哪几种视觉样式？
3. 创建如下各图所示的三维模型。

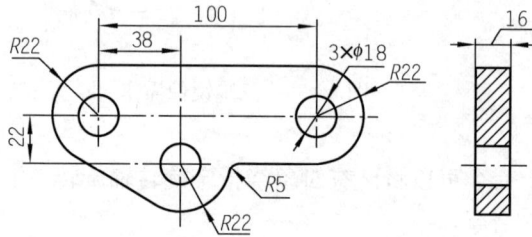

(a)

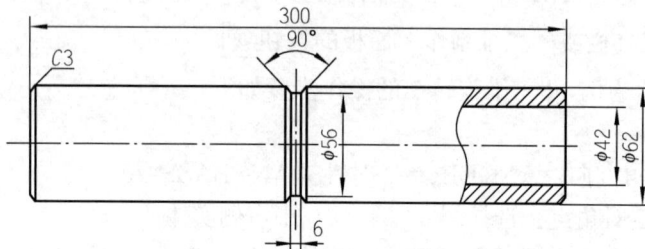

(b)

第7章 电力工程制图规则

7.1 电力工程图的特点

电力工程分为发电工程、变电工程和输电工程三大类：

（1）发电工程。根据不同电源性质，发电工程主要分为火电、水电、核电 3 类。发电工程中的电力工程指的是发电厂电气设备的布置、接线、控制及其他附属项目。

（2）变电工程。升压变电站将发电厂发出的电能进行升压，以减少远距离输电的电能损失；降压变电站将电网中的高电压降为各级用户能使用的低电压。

（3）输电工程。用于连接发电厂、变电站和各级电力用户的输电线路，包括内线工程和外线工程。内线工程指室内动力、照明电气线路及其他线路。外线工程指室外电源供电线路，包括架空电力线路、电力电缆线路等。

电力工程图是电气工程图中的一种，它用来描述电力工程的构成和功能，电气装置的工作原理，提供安装接线和维护使用信息，它同样具有如下电气工程图的特点：

（1）简图是电气工程图的主要形式。简图是采用标准的图形符号和带注释的框图或者简化外形表示系统或设备中各组成部分之间相互关系的一种图。电气工程中绝大部分采用简图的形式。

（2）元件和连接线是电气工程图描述的主要内容。一种电气设备主要由电气元件和连接线组成。因此，无论电路图、系统图，还是接线图和平面图都是以电气元件和连接线作为描述的主要内容。也正因为对电气元件和连接线有多种不同的描述方式，从而构成了电气图的多样性。

（3）图形、文字和项目代号是电气工程图的基本要素。一个电气系统、设备或装置通常由许多部件、组件、功能单元等组成。这些部件、组件、功能单元被称为项目。项目一般用简单的符号表示，这些符号就是图形符号。通常每个图形符号都要有相应的文字注释。而在一个图上，为了区分同类设备，还必须加上设备编号，它与文字注释一起构成项目代号。

（4）功能布局法和位置布局法是电气工程图的两种基本布局方法。功能布局法是指电气图中元件符号的位置，只考虑便于表述它们所表示的元件之间的功能关系而不考虑实际位置的一种布局方法。如电气工程图中的系统图、电路图都是采用这种方法。位置布局法是指电气图中的元件符号的布置对应于该元件实际位置的布局方法。如电气工程图中的接线图、平面图通常都采用这种方法。

（5）电气工程图具有多样性。不同的描述方法，如能量流、逻辑流、信息流、功能流等，形成了不同的电气工程图。系统图、电路图、框图、接线图就是描述能量流和信息流的电气工程图；逻辑图是描述逻辑流的电气工程图；功能表图、程序框图描述的是功能流。

7.2 电力工程制图规范

电力工程图是电力工程中常用的工程图。电力工程设计部门的工程师通过绘制的图样来表达其设计思想，而施工单位则依据图样组织工程施工。电力工程图是工程界用于交流技术思想的语言，因而电力工程图的绘制必须遵守一定的格式和一些基本规定、要求。

本节参照《电力工程制图标准 第1部分：一般规则部分》（DL/T 5028.1—2015）中常用的有关规定，介绍电力工程制图的规范。

7.2.1 图纸格式

1. 图幅

图幅是指图纸幅面的大小。绘制图形时，应根据图形的复杂程度和图线的密集程度选择合适的图纸幅面。为了图纸规范统一，便于使用和保管，绘制技术图样时应优先选用表 7-1 中规定的五种基本幅面 A0～A4。必要时，可以使用加长幅面。加长幅面的尺寸见表 7-2。在 CAD 作图时，通常用矩形图框线来表示图面的大小。

表 7-1   图纸的基本幅面尺寸（mm）

幅面代号	A0	A1	A2	A3	A4
宽×长（$B \times L$）	841×1189	594×841	420×594	297×420	210×297

表 7-2   图纸的加长幅面尺寸（mm）

幅面代号	A3×3	A3×4	A4×3	A4×4	A4×5
宽×长（$B \times L$）	420×891	420×1189	297×630	297×841	297×1051

2. 图框

（1）图框尺寸：图框分为外框和内框。外框用于表示图纸幅面的大小，其尺寸即为图纸幅面尺寸。内框用于限定绘图区域。内框格式分为留装订边（见图 7-1）和不留装订边（见图 7-2）两种图。内框尺寸为外框尺寸减去表 7-3 中相应的 a、c、e 的尺寸。加长幅面的内框尺寸，按选用的基本幅面大一号的图框尺寸确定。

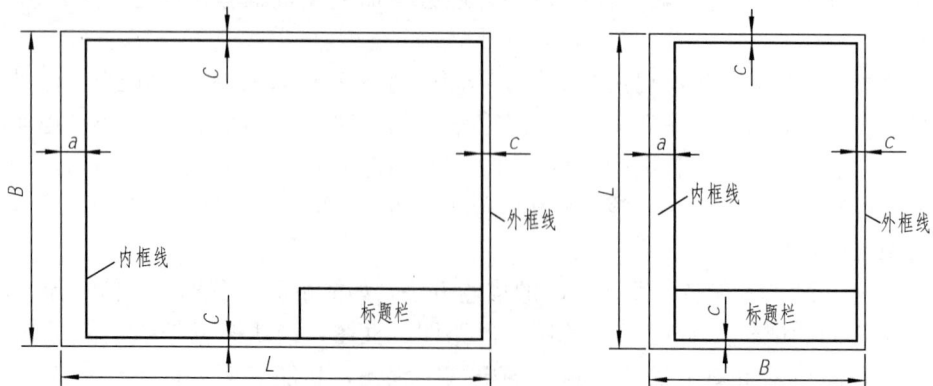

图 7-1 留装订边的图框

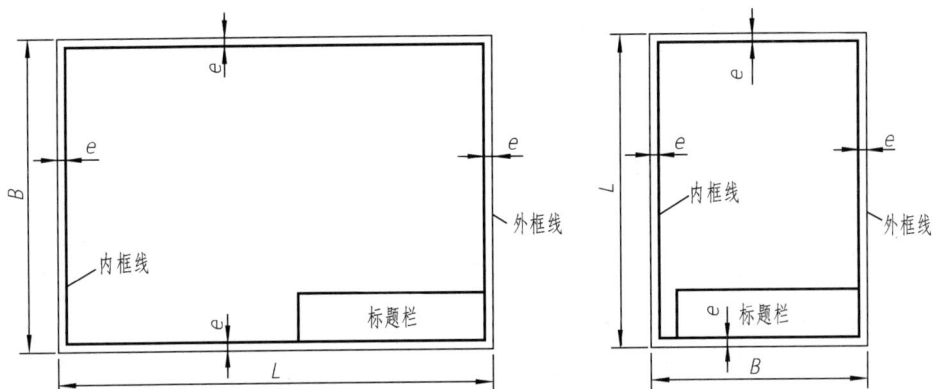

图 7-2　不留装订边的图框

表 7-3　　　　　　　　　　　　　　图纸的图框尺寸（mm）

幅面代号	A0	A1	A2	A3	A4
a	20		10		
c	10			5	
e	25				

（2）图框线宽：各种图幅的外框线采用细实线绘制，而内框线采用粗实线绘制。

3. 标题栏

标题栏反映了图样的基本信息，如设计单位、图纸名称、设计人员等。

（1）标题栏的位置：标题栏一般放在图面的右下角，标题栏的观看方向应与图的观看方向相一致。

（2）标题栏的格式：目前我国尚没有统一规定标题栏的格式，各设计部门标题栏格式不尽相同，但通用标题栏一般包含有以下内容：设计单位名称、工程名称、项目名称、图名、图别、图号等，图 7-3、图 7-4 为设计通用标题栏，学校的课程（毕业）设计可参考图 7-5 所示简化的标题栏。

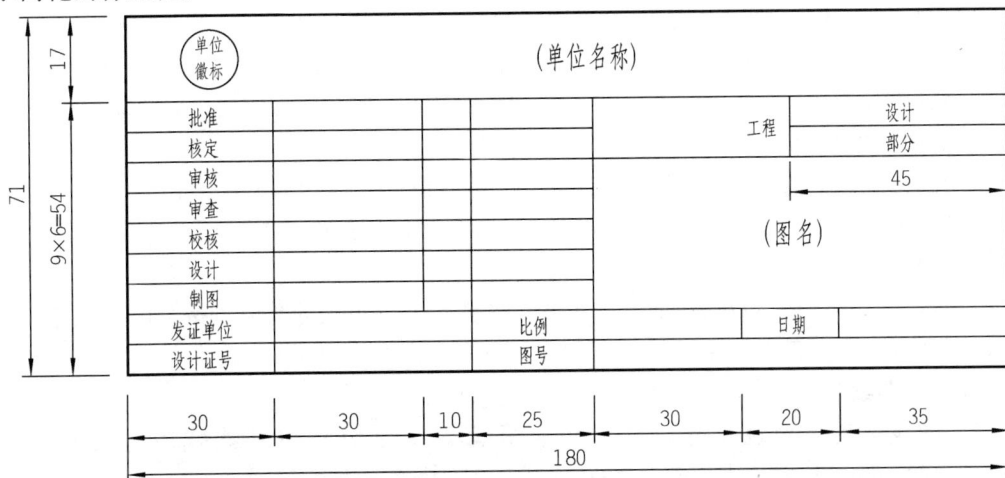

图 7-3　设计通用标题栏（A0～A1）　（单位：mm）

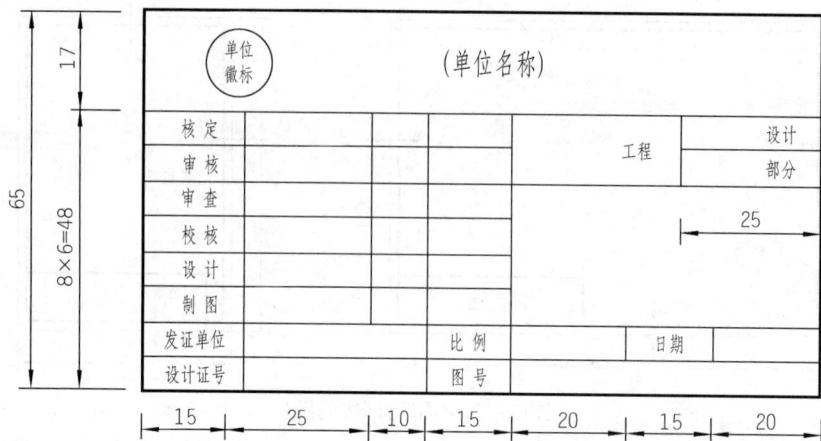

图 7-4　设计通用标题栏（A2～A4）　　（单位：mm）

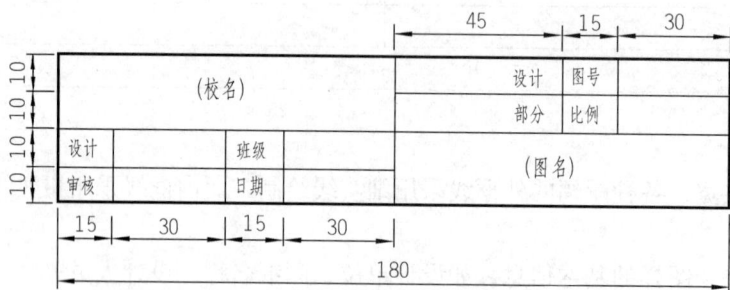

图 7-5　课程（毕业）设计用简化标题栏　　（单位：mm）

（3）标题栏的图线：标题栏外框线一般为 0.5mm 的粗实线，内分格线一般为 0.25mm 的细实线。

7.2.2　文字

1. 字体

在绘制电力工程图时，往往需要在图样中加入文体进行说明或注释。国家标准规定了电力工程图样和简图中的字体，所选汉字应为长仿宋体。在 AutoCAD2014 环境中，汉字字体可采用 AutoCAD2014 中文版提供的符合国标的形编译字体 gbcbig. shx（参见本书 3.1）。

2. 文字尺寸高度

常用的文字尺寸高度宜在下列尺寸中选择：2.5mm、3.5mm、5mm、7mm、10mm、14mm 和 20mm，单位为 mm。图样中的文字，根据不同用途的需要，可以选择不同的高度。

3. 表格中的文字和数字

（1）数字书写：带小数的数值，按小数点对齐；不带小数的数值，按个位数对齐。

（2）文体书写：正文按左对齐。

7.2.3　图线

（1）图线宽度。根据国标规定，基本图线宽度 b 应从下列线宽中选取 0.35mm、0.5mm、0.7mm、1mm、1.4mm、2.0mm。常用的粗线宽度为 0.35mm、0.5mm 和 0.7mm。在同一图样中，表达同一结构的图线的宽度应保持一致；虚线、点画线及双点画线的线段长度和间隔长度也应一致。

（2）图线型式。根据国标规定，在电力工程制图中常用的图线型式有实线、虚线、点画线、双点画线、点线等，如表 7-4 所示。根据不同的结构含义，采用不同的线型。

表 7-4　　　　　　　　　　　　图线名称、型式、宽度和用途

名称	型式	宽度	用途
粗实线	———————	b	可见轮廓线，支吊架拉杆。管线，钢筋，母线，线路，路径
中实线	———————	$b/2$	可见轮廓线，管线，剖切线
细实线	———————	$b/3$	引出线，尺寸线，尺寸界线，断面线，管线弯折线
粗虚线	- - - - - - -	b	不可见轮廓线，管线
中虚线	- - - - - - -	$b/2$	管线
细虚线	- - - - - - -	$b/3$	管线，不可见轮廓线
粗点画线	— · — · — · —	b	管线
中点画线	— · — · — · —	$b/2$	管线
细点画线	— · — · — · —	$b/3$	轴线，对称中心线，设备图框线，轨迹线
粗双点画线	— · · — · · —	b	预应力钢筋，管线
中双点画线	— · · — · · —	$b/2$	扩建预留范围轮廓线
细双点画线	— · · — · · —	$b/3$	假想轮廓线，中断线极限位置轮廓线，坯料轮廓线
双折线	～∧～∧～	$b/3$	断开界线，构件折断处范围较大的边界线
波浪线	～～～～	$b/3$	断开界线

（3）图线间距。相互平行的图线，其最小间距不应小于 0.7mm。

7.2.4　比例

电力工程图中图形与其实物相应要素的线性尺寸之比称为比例。电力工程图中的设备布置图、安装图等一般按一定的比例绘制。绘制图样时，应根据图样的复杂程度及打印出图的图纸大小选择合适的比例。推荐采用的比例如表 7-5 所示。

表 7-5　　　　　　　　　　　　　推荐采用的比例

类别	推荐比例		
放大比例	50 : 1	—	—
	5 : 1		
原尺寸	1 : 1		
缩小比例	1 : 2	1 : 5	1 : 10
	1 : 20	1 : 50	1 : 100
	1 : 200	1 : 500	1 : 1000
	1 : 2000	1 : 5000	1 : 10000

7.3 样板文件的制作

在 AutoCAD 中，绘图前首先必须设置好作图的环境，如图纸的幅面、绘图单位、图层、图框、标题栏、文字样式、标注样式等。如果每次绘图都要重复做这些工作将是非常繁琐的。AutoCAD 提供了样板文件的功能，用户只要将有关的设置（还可以包括一些常用的图块定义等）保存在一系列扩展名为 .dwt 的样板文件中，用户可以调出其中某一文件，在基于该文件设置的基础上开始绘图，从而避免重复操作，这不仅能大大地提高绘图的效率，同时也保证了图纸的规范性。AutoCAD2014 提供了部分设置好绘图环境的样板图形，供用户选择使用，这些样板文件存储于 AutoCAD 安装目录的 Template 目录中。用户也可以根据需要创建一组个性化的图形样板，以方便选择使用。

下面以制作符合电力工程绘图要求的 A3 样板文件为例，介绍创建个性化样板文件的方法。

1. 设置绘图环境

（1）新建文件。参照本书 1.3.1 的方法，新建一文件，注意新建文件时应选择"acadiso.dwt"样板文件，"acadiso.dwt"是一个公制样板文件，其图形界限为 420×297 的 A3 图纸幅面，其有关设置比较接近我国的绘图标准。如需要修改图形界限，可通过下拉菜单［格式（O）］/［图形界限（I）］进行设置。

（2）设置绘图单位。选择［格式（O）］/［单位（U）］下拉菜单，打开"图形单位"对话框，设置长度类型为"小数"，精度为"0"，角度类型为"十进制度数"，精度为"0"，插入内容的单位为"毫米"。

2. 设置图层

单击［格式（O）］/［图层（L）］下拉菜单，打开"图层特性管理器"对话框，参照本书 1.4 中介绍的图层设置的方法，设置以下几个图层，如表 7-6 所示。

表 7-6   图 层 设 置

图层	线型	颜色	线宽
实体符号	Continuous	白色	0.35mm
连接线	Continuous	白色	0.35mm
中心线	Center	红色	0.25mm
虚线	ACAD_ISO02W100	黄色	0.25mm
定位线	ACAD_ISO04W100	洋红色	0.25mm
文字	Continuous	青色	0.25mm
尺寸线	Continuous	绿色	0.25mm
外图框线	Continuous	白色	0.25mm
内图框线	Continuous	白色	0.50mm

3. 设置文字样式

电气工程制图国家标准对电气图样中的汉字规定采用长仿宋体，在 AutoCAD 中相应的字体文件为 gbcbig.shx，数字和字母可采用正体或斜体，在 AutoCAD 中相应的字体文件为

gbenor. shx 和 gbceitc. shx。具体操作方法可参照本书 3.1.1 定义文字样式。

4. 设置尺寸标注样式

根据各种不同标注的需要，样板图中可以设置不同的标注样式。单击 ▨，打开"标注样式管理器"对话框，单击"新建"按钮，在打开的"创建新标注样式"对话框中的"新样式名"文本框输入"尺寸 - 35"，单击"继续"按钮，打开"新建标注样式"对话框。各选项设置可参照本书 3.3.1 设置尺寸标注样式。

5. 建立 A3 图框及标题栏的表格

（1）绘制 A3 图框。参照表 7 - 1 及表 7 - 3 图幅及图框尺寸，分别用细实线和粗实线绘制两个矩形图框线。

（2）定义标题栏表格格式，绘制标题栏表格。参照本书 3.2.2 创建表格的方法创建标题栏表格。

建立 A3 图框及标题栏的结果如图 7 - 6 所示。

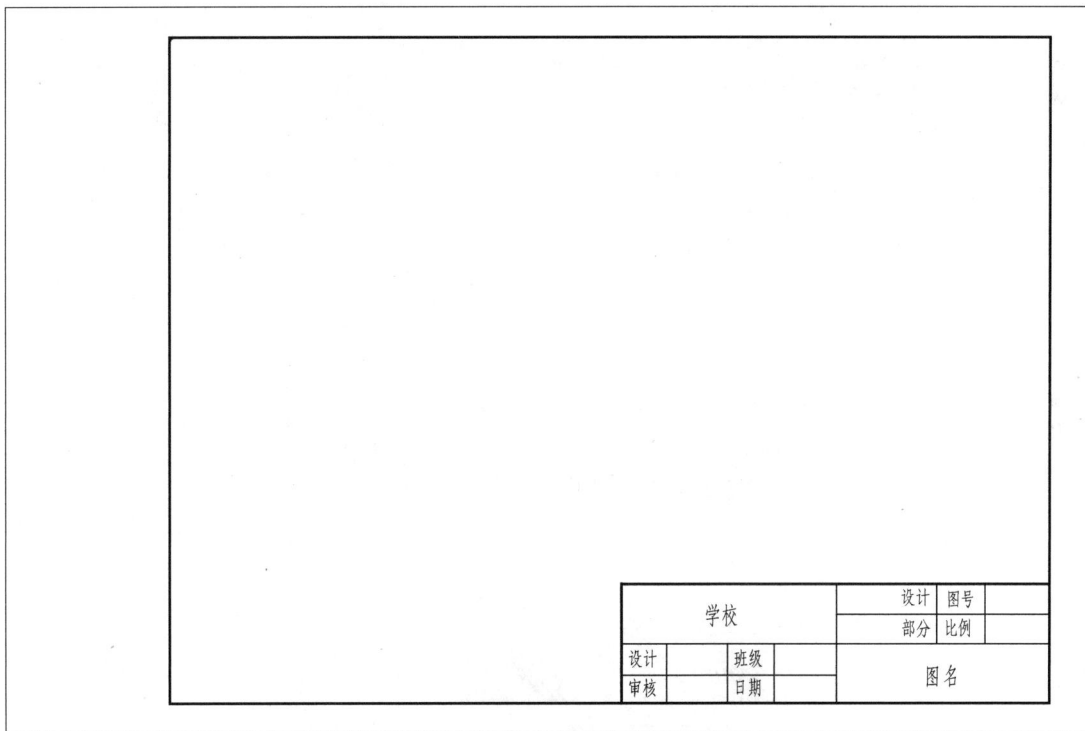

图 7 - 6　建立 A3 图框及标题栏

6. 定义常用图形符号图块

通过设计中心，可以将现有的常用图形符号块添加进来，也可以用户自己定义。

7. 样板文件的保存

样板文件设置完成后，选择菜单栏中［文件（F）］/［另存为（A）］命令，打开"图形另存为"对话框，单击"保存于"列表框右侧的 ▾ 按钮，选择文件保存的目录（当文件类型选择为 dwt 时，默认为 AutoCAD 安装目录下的 Template），在"文件类型"下拉列表中选择"AutoCAD 图形样板（∗.dwt）"，在"文件名"下拉列表框中输入样板名称"A3 样板"，单击"保存"按钮，如图 7-7 所示，则弹出如图 7-8 所示的"样板选项"对话框，可以输入对该样板的说明，也可以省略不输入。单击"确定"保存该文件，完成 A3 样板文件的制作。

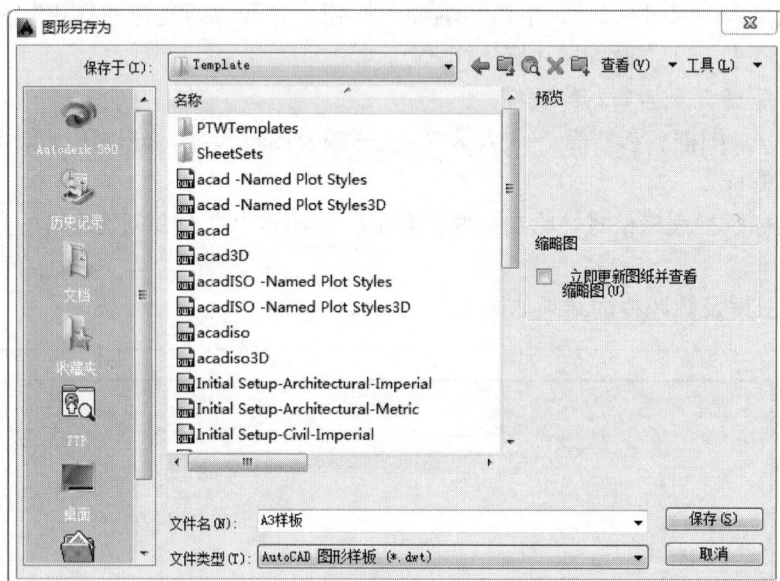

图 7-7　"图形另存为"对话框

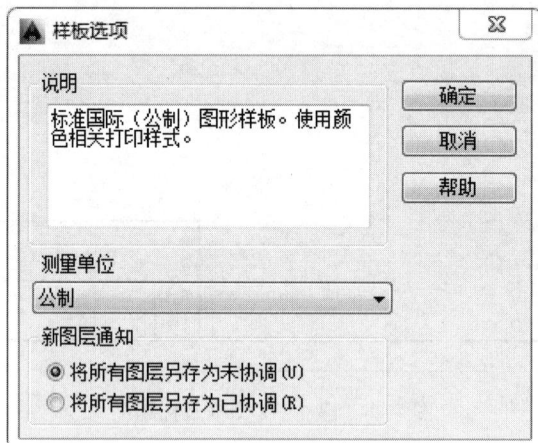

图 7-8　"样板选项"对话框

采用同样的方法可以制作 A2、A4 等其他样式的样板文件。

8. 样板文件的调用

样板文件建好后，即可以调用样板文件开始绘制新图。在执行"新建"命令后，弹出"选择样板"对话框时，选择已定义的样板文件即可。

思考与练习

1. 电力工程图有什么特点？
2. 创建符合电力工程制图标准的 A2 及 A4 样板图。

第8章 送电工程图例

8.1 J361、J451 拉线双联板加工图

拉线双联板是送电工程中常用的金具之一，如图 8-1 所示是 J361、J451 拉线双联板的加工图，该图表示了拉线双联板组件各焊接件的形状尺寸及焊接方法。本节以 J361、J451 拉线双联板的加工图为例，介绍具体绘图步骤。

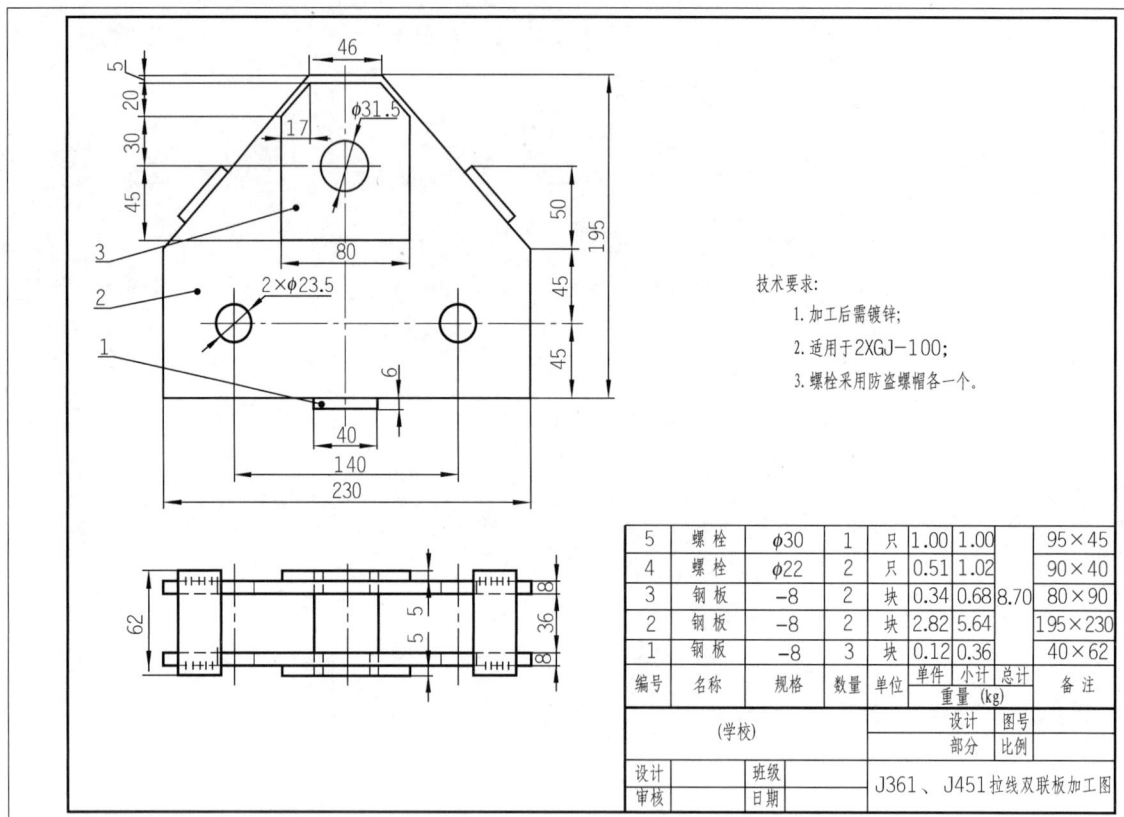

图 8-1 J361、J451 拉线双联板加工图

1. 新建文件

运行 AutoCAD2014，选择自定义的符合机械图样绘制要求的 A3 样板文件为模板，建立一个新的图形新文件，将新图形文件命名为"J361、J451 拉线双联板的加工图"并保存在指定目录下。

2. 绘制作图基准线

将"中心线"层设置为当前层，利用"直线"命令，根据幅面布置要求绘制作图基准线及中心线，如图 8-2 所示。

3. 绘制主视图

（1）画钢板 1 主视图。将"粗实线"层设置为当前层，利用"直线"等命令按尺寸画出钢板 1 轮廓，结果如图 8-3 所示。

（2）绘制钢板 2 主视图。利用"偏移"命令，将钢板最上面的水平轮廓线向下偏移 5，再利用"直线"命令按尺寸画出钢板 2 轮廓，结果如图 8-4 所示。

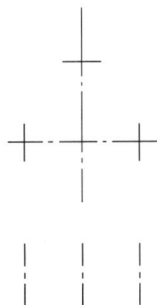

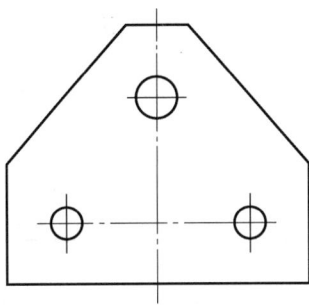

图 8-2　绘制中心线　　　　图 8-3　绘制钢板 1 主视图　　　　图 8-4　绘制钢板 2 主视图

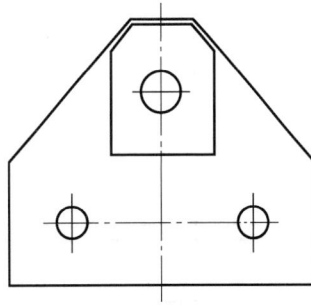

（3）绘制钢板 3。利用"偏移"命令，将钢板 1 左边倾斜轮廓线向外偏移 6。利用"直线"命令绘制一长度为 50 的竖直直线，并向右绘制一水平直线，使之与偏移所得直线相交于 A 点，以确定钢板 3 位置，结果如图 8-5（a）所示。

利用"直线"命令，由 A 点画钢板 1 左边倾斜轮廓线的垂直线段。利用"偏移"命令，将此线段偏移，结果如图 8-5（b）所示。

利用"修剪"和"删除"命令，修剪多余图线，结果如图 8-5（c）所示。

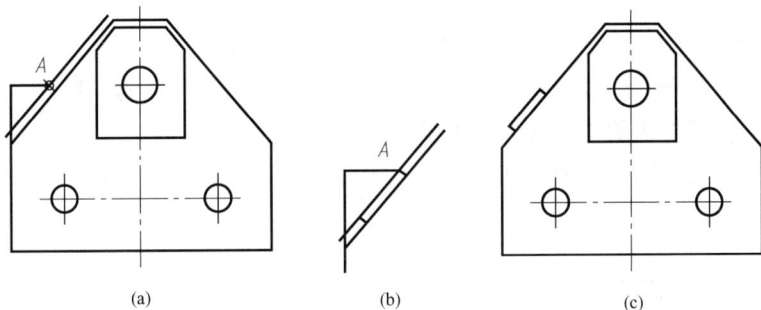

(a)　　　　　　　　　　(b)　　　　　　　　　　(c)

图 8-5　绘制左侧钢板 3

利用"镜像"命令，绘制出右边钢板 3 的轮廓，结果如图 8-6 所示。

利用"直线"命令，绘制出底部钢板 3，结果如图 8-7 所示。完成主视图的绘制。

4. 绘制俯视图

（1）绘制钢板 1 俯视图。利用"直线"命令，按照投影原理，绘制出两块钢板 1 的俯视图，如图 8-8 所示。应注意钢板圆孔的俯视图为虚线。

（2）绘制钢板 2 俯视图。利用"直线"命令，按照投影原理，绘制出两块钢板 2 的俯视图，如图 8-9 所示。应注意钢板圆孔的俯视图为虚线。

（3）绘制钢板 3 俯视图。将"粗实线"层置为当前图层，利用"直线"命令，按照投影原理，绘制出焊接在底部的钢板 3 的俯视图，如图 8-10（a）所示。

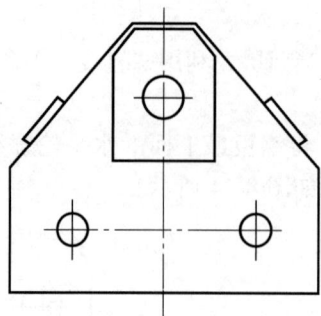

图 8-6　绘制右侧钢板 3　　　　　　　图 8-7　绘制底部钢板 3

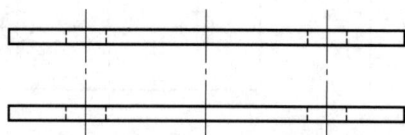

图 8-8　绘制钢板 1 俯视图　　　　　　图 8-9　绘制钢板 2 俯视图

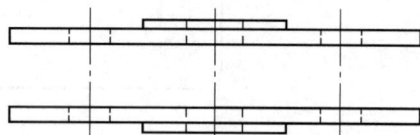

根据投影关系，钢板 3 有部分不可见，利用"打断"和"特性匹配"命令，将不可见部分更改为虚线，如图 8-10（b）所示。

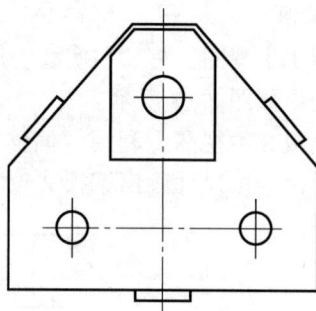

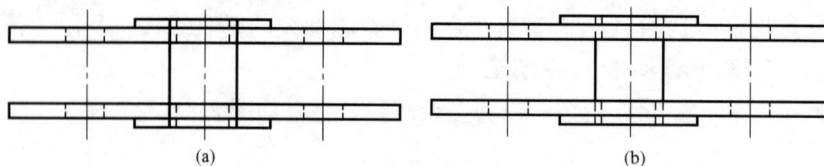

图 8-10　绘制底部钢板 3 俯视图

利用"直线"命令，绘制出左侧的钢板 3，如图 8-11（a）所示。利用"打断"和"特性匹配"命令，将钢板 1 的不可见部分更改为虚线，如图 8-11（b）所示。切换到"细实线"图层，利用"直线"、"阵列"和"复制"等命令，画出钢板 1 与钢板 3 之间的焊缝，如图 8-11（c）所示。

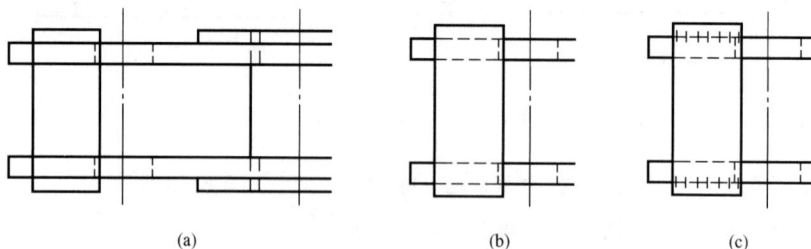

图 8-11　绘制左边钢板 3 俯视图

利用"镜像"命令，将绘制完成的左边的钢板 3，镜像到右边，如图 8-12（a）所示。利用"打断"与"特性匹配"等命令，将钢板 1 俯视图右边被遮挡的轮廓线改为虚线，如图 8-12（b）所示。

5. 调整图形

为了将图形布局在标准的 A3 图框内，利用"缩放"命令将图形按 0.5 的比例因子缩放。利用"移动"命令，将图形移动到图框内的合适位置，并注意图纸布局匀称。适当调整中心线及虚线的线型比例，使之符合国家标准要求，如图 8-13 所示。

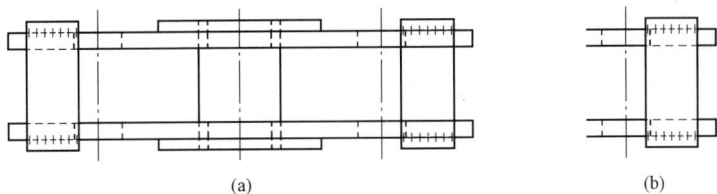

(a)　　　　　　　　　　　　　　　　　　　　(b)

图 8-12　绘制右侧钢板 3 俯视图

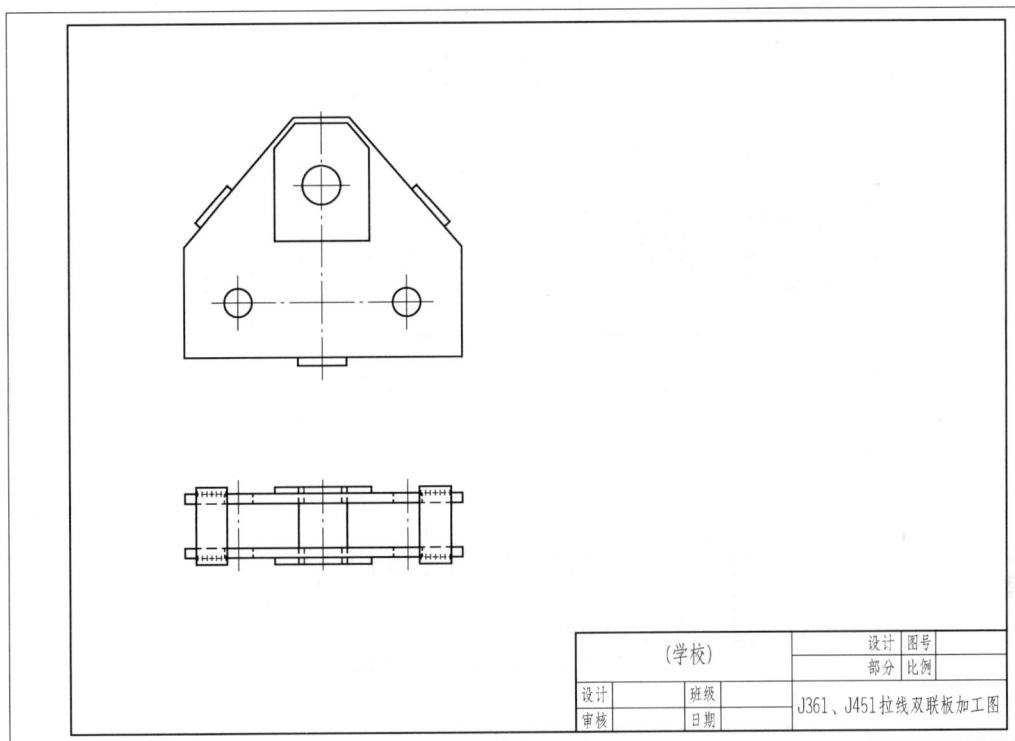

图 8-13　缩放图形

> **提示**
>
> 为了绘图方便，在用 AutoCAD 绘图时通常采用 1∶1 的比例绘图，即按实物的实际尺寸进行绘图，因此所绘制的图形通常大于按 1∶1 绘制的标准图框。可以采用两种方法使图形在图框中合理布局。一种方法是将图形缩小一定的比例，使之能放在标准图框内；另一种方法是将标准图框放大一定的比例，使之能包容所绘制的图形。若采用方法一，在标注尺寸时，应注意修改尺寸标注样式中的"主单位"选项中的"测量单位比例"中的"比例因子"；若采用方法二，则应注意修改尺寸标注样式中的"调整"选项中的"标注特征比例"中的"使用全局比例"。

6. 标注尺寸及零件序号

（1）将当前图层设置为"细实线"层。修改尺寸样式，将"主单位"选项中的"测量单位比例"中的"比例因子"更改为 2。

（2）按一定顺序依次标注图中各尺寸。

（3）用"多重引线"命令标注图中零件的序号。

标注结果如图 8-14 所示。

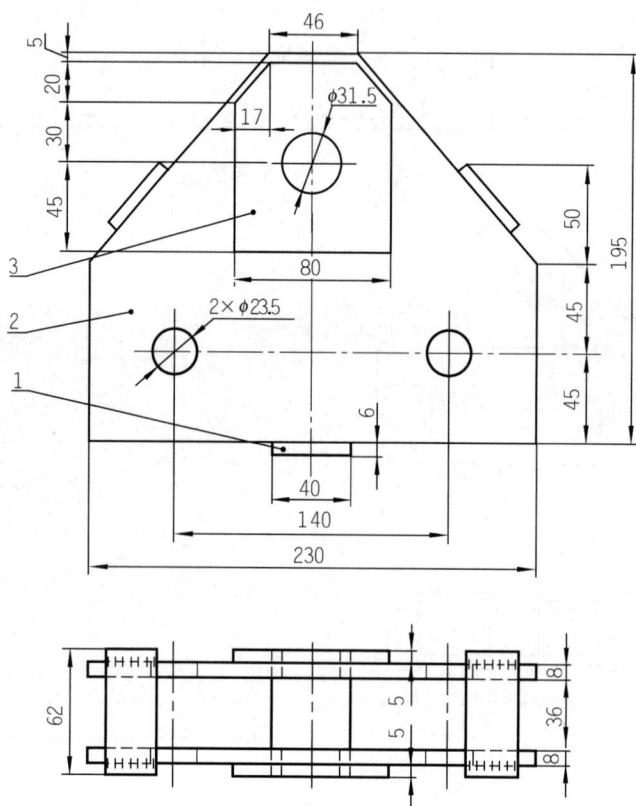

图 8-14　标注尺寸

7. 填写标题栏、明细栏，书写技术要求

填写标题栏各单元格文字，创建明细表并填写各单元格文字。利用"多行文字"命令注写技术要求的文字。最后将图形全屏显示，完成作图并保存。最后结果如图 8-1 所示。

8.2　抱　　箍　　图

抱箍是送电工程中常用的金具之一，如图 8-15 所示的抱箍图，属于机械装配图，绘图时应遵循机械制图国家标准的相关规定，并按绘制机械装配图的要求绘制。本节以抱箍图为例，介绍具体绘图步骤。

1. 新建文件

运行 AutoCAD2014，选择自定义的符合机械图样绘制要求的 A3 样板文件为模板，建

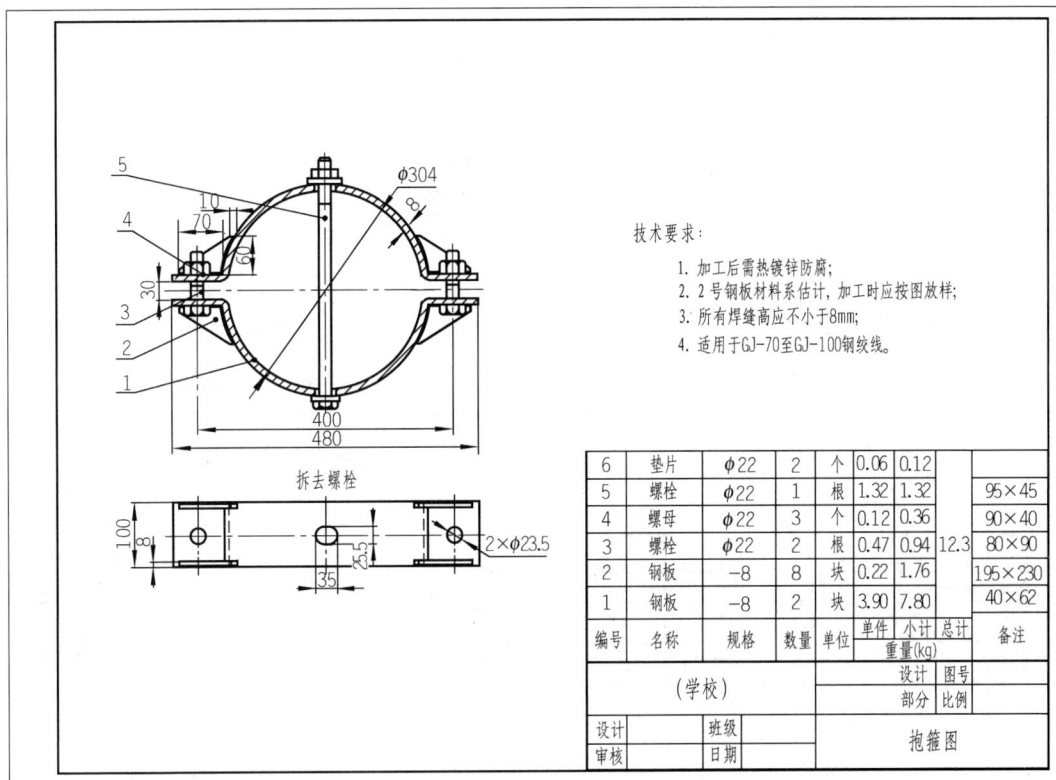

图 8-15 抱箍图

立一个新的图形新文件，将新图形文件命名为"抱箍图"并保存在指定目录下。

2. 绘制主视图

（1）绘制作图基准线。将"中心线"层设置为当前层，利用"直线"命令绘制中心线，水平中心线①长 500，竖直中心线②长 340 且与中心线①正交，竖直中心线③、④长 100，且与中心线②平行并关于中心线①对称，如图 8-16 所示。

（2）画钢板 1 主视图。将"粗实线"层设置为当前层，利用"圆弧"等命令按尺寸画出钢板 1 的圆形轮廓，结果如图 8-17 所示。

利用"直线""偏移"和"修剪"等命令画出钢板 1 的左右耳板，结果如图 8-18 所示。

（3）绘制耳板的螺栓联接。利用"插入块"命令，将事先绘制定义好的图块（螺栓及螺母）插入图中正确位置。如果没有定义好的螺栓图块，则可在图形任意位置绘制公

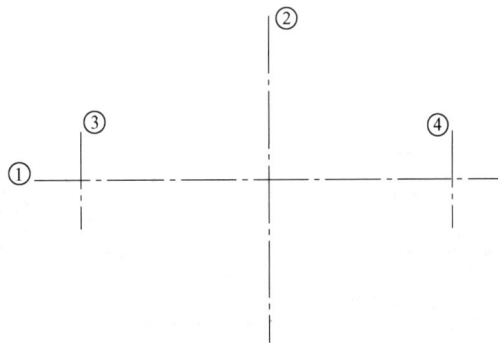

图 8-16 绘制中心线

称直径为 φ22 的螺栓及螺母、垫片，通过"移动"命令将其放置在正确位置。利用"修剪"命令修剪多余直线。绘制的螺栓、螺母、垫片要符合国标要求。图 8-19（a）为左耳板的螺栓联接，图 8-19（b）为右耳板的螺栓联接。结果如图 8-19（c）所示。

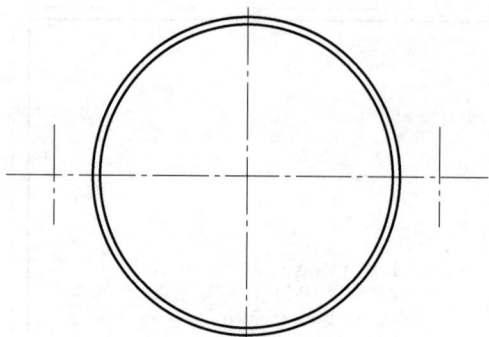

图 8-17　绘制钢板 1 圆形轮廓

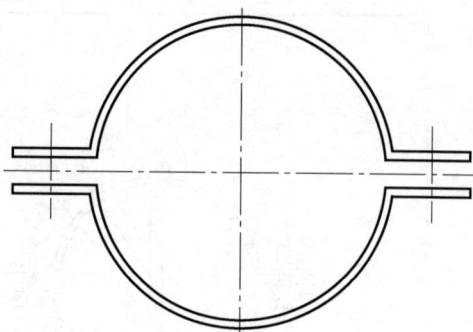

图 8-18　绘制钢板 1 耳板

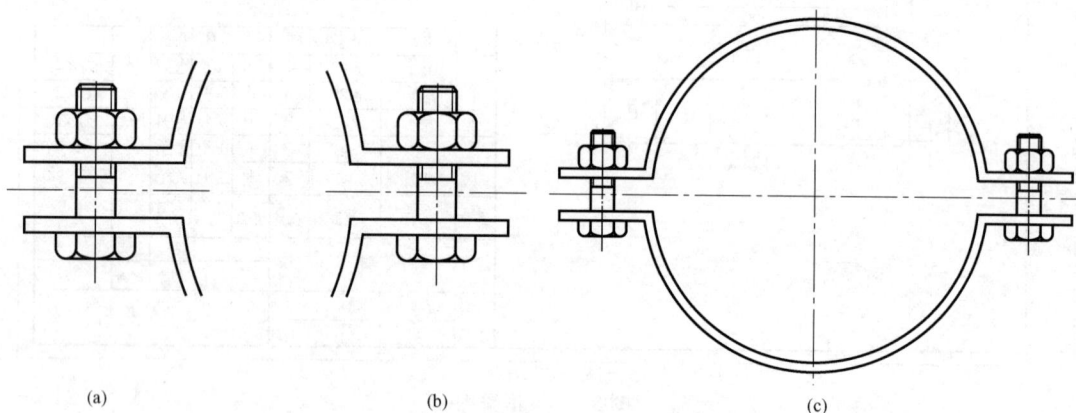

(a)　　　　　　　　　(b)　　　　　　　　　(c)

图 8-19　绘制耳板的螺栓连接

（4）绘制中间长螺栓。利用"插入块"命令，或者"复制"将事先绘制定义好的图（垫片、螺栓、螺母）插入图中正确位置。

利用"直线"命令，补画出钢板 1 的螺栓孔。利用"修剪"命令修剪多余直线。图 8-20（a）为螺栓联接上部分结构，图 8-20（b）为螺栓联接下部分结构，结果如图 8-20（c）所示。

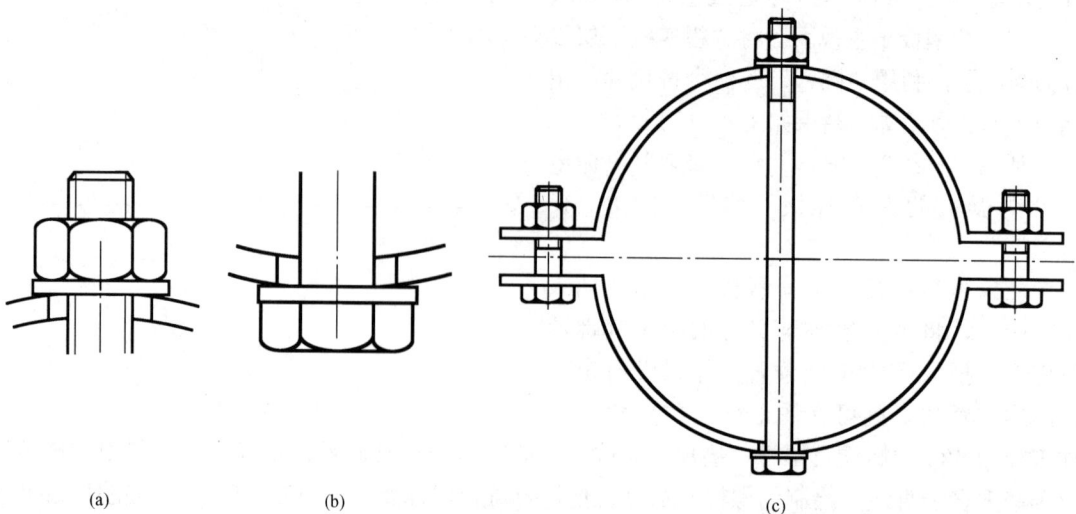

(a)　　　　　　　　　(b)　　　　　　　　　(c)

图 8-20　绘制耳板的螺栓连接

　　（5）绘制肋板。利用"直线"、"偏移"和"修剪"等命令，绘制出左上肋板的轮廓，并修剪掉被螺栓挡住的轮廓线，如图 8-21 所示。

　　（6）绘制焊缝。利用"偏移"命令，将直径 $\phi320$ 的圆向外偏移 1.5。利用"构造线"命令，绘制出通过 $\phi320$ 圆心及 $\phi320$ 圆与肋板轮廓交点的构造线，如图 8-22 所示。

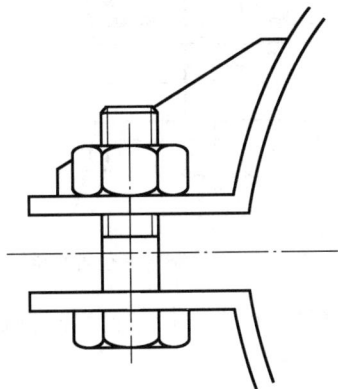

图 8-21　绘制左上肋板　　　　　　　图 8-22　为焊缝定位

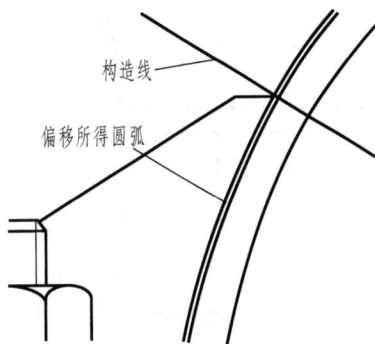

　　利用"多线"命令，绘制焊缝，具体步骤如下：

　　激活"多线"命令，系统提示：

　　命令：_pline

　　指定起点：用鼠标点选构造线与偏移所得圆弧的交点。系统继续提示：

　　当前线宽为 0.0000

　　指定下一个点或［圆弧（A）/半宽（H）/长度（L）/放弃（U）/宽度（W）］：输入"w"，回车确认。系统提示：

　　指定起点宽度＜0.0000＞：输入"3"，回车确认起点宽度。

　　指定端点宽度＜0.0000＞：输入"3"，回车确认端点宽度。系统提示：

　　指定下一个点或［圆弧（A）/半宽（H）/长度（L）/放弃（U）/宽度（W）］：输入"a"回车，系统提示：

　　指定圆弧的端点或

　　［角度（A）/圆心（CE）/方向（D）/半宽（H）/直线（L）/半径（R）/第二个点（S）/放弃（U）/宽度（W）］：输入"ce"回车，选择"圆心"方式，系统提示：

　　指定圆弧的圆心：鼠标点选 $\phi320$ 圆的圆心，系统提示：

　　指定圆弧的端点或［角度（A）/长度（L）］：鼠标点选焊缝终点，系统提示：

　　指定圆弧的端点或

　　［角度（A）/圆心（CE）/闭合（CL）/方向（D）/半宽（H）/直线（L）/半径（R）/第二个点（S）/放弃（U）/宽度（W）］：回车确认，完成焊缝绘制。

　　利用"修剪"命令，对焊缝进行修剪，并删除各辅助线。

　　结果如图 8-23 所示。

　　再次利用"多线"命令，绘制出水平位置的焊缝，如图 8-24 所示。

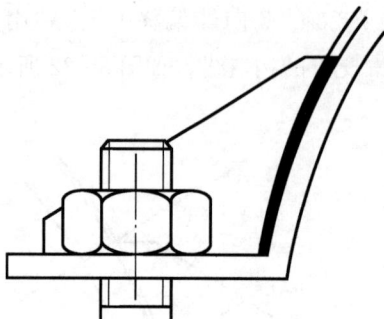

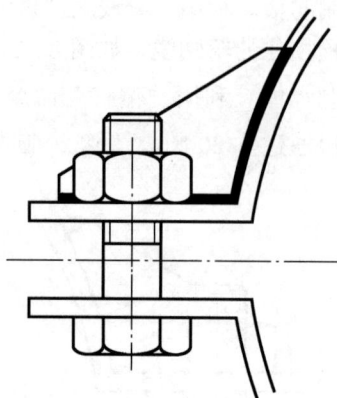

图 8-23　绘制焊缝　　　　　　　　　图 8-24　绘制水平位置焊缝

　　利用"镜像"命令，将绘制好的肋板及焊缝进行镜像处理，并对部分轮廓线进行调整，绘制出另外 3 处肋板及焊缝图形，结果如图 8-25 所示。

　　(7) 绘制圆角及剖面线。利用"圆角"命令，对图形边角进行圆角处理，圆角半径为 $R2 \sim R10$。

　　切换到"细实线"图层，利用"图案填充"命令，设置"图案"为"ANSI31"，"角度"为 0，"比例"为 1，其余采用默认设置，选择主视图钢板 1 为填充区域，按回车键完成填充，结果如图 8-26 所示。

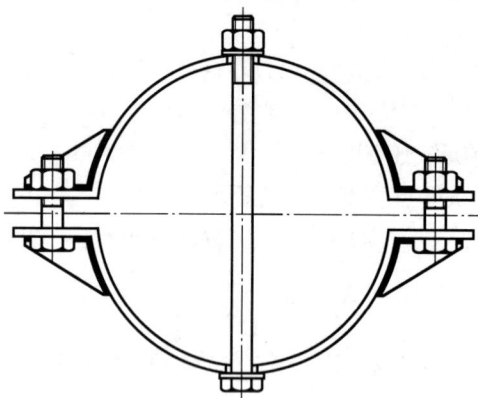

图 8-25　对肋板进行镜像处理　　　　　　　图 8-26　绘制剖面线

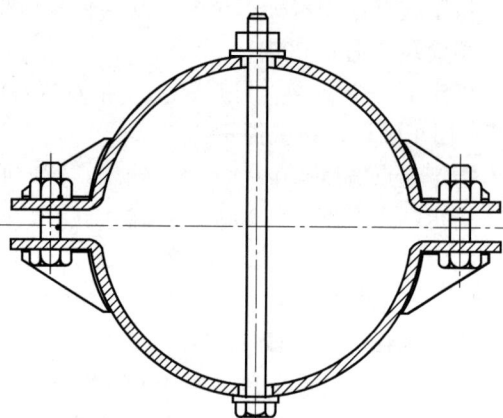

3. 绘制俯视图

(1) 绘制俯视图中心线。将"中心线"置为当前图层，利用"直线"命令，按照投影原理，绘制出中心线，如图 8-27 所示。

(2) 绘制钢板 1 俯视图。切换到"粗实线"图层，利用"直线"命令，按照投影原理，绘制出钢板 1 外轮廓，如图 8-28 所示。

图 8-27　绘制俯视图中心线

利用"直线"、"圆"和"修剪"等命令，绘制出耳板结构及螺栓孔，如图 8-29 所示。

图 8-28 绘制钢板 1 外轮廓

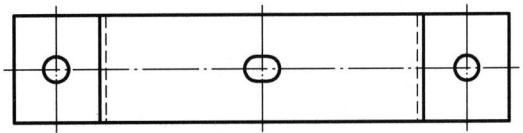

图 8-29 绘制螺栓孔

（3）绘制肋板俯视图。利用"直线"等命令，绘制出肋板的俯视图，利用"修剪"命令，修剪掉被遮挡的轮廓线，如图 8-30 所示。

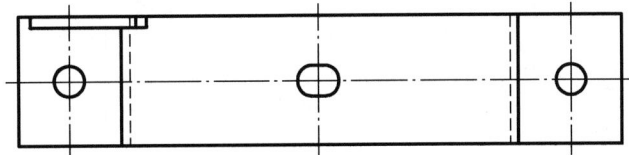

图 8-30 绘制肋板俯视图

利用"镜像"命令，完成其他肋板俯视图的绘制，利用"修剪"命令对图线进行修剪，如图 8-31 所示。

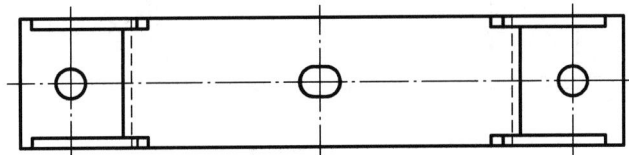

图 8-31 绘制肋板俯视图

利用"多线"命令，绘制出肋板上的焊缝，如图 8-32 所示。

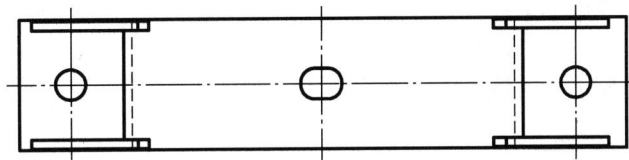

图 8-32 绘制焊缝

4．调整图形

为了将图形布局在标准的 A3 图框内，利用"缩放"命令将 A3 标准图框按 5 的比例因子缩放。利用"移动"命令，将图形移动到图框内的合适位置，并注意图纸布局匀称。适当调整中心线及虚线的线型比例，使之符合国家标准要求。

5．标注尺寸

（1）将当前图层设置为"细实线"层。修改尺寸样式，将"调整"选项中的"标注特征比例"中的"使用全局比例"更改为 5。

（2）按一定顺序依次标注图中各尺寸。

（3）用"多重引线"命令标注图中零件的序号。

（4）在俯视图上方标写"拆去螺栓"。

结果如图 8-33 所示。

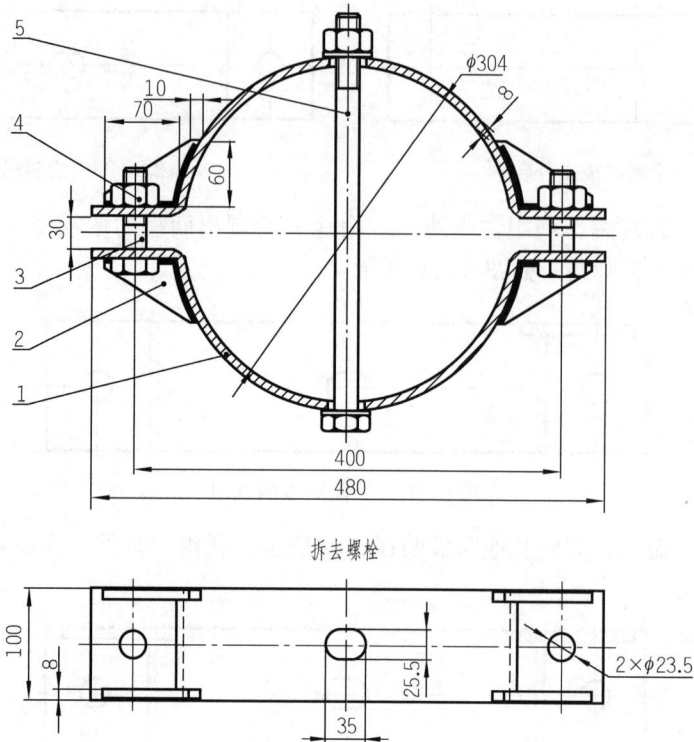

图 8 - 33　标注尺寸

6. 填写标题栏、明细栏，书写技术要求

填写标题栏各单元格文字，创建并填写明细栏表格。利用"多行文字"命令注写技术要求的文字。

最后将图形全屏显示，完成作图并保存。

8.3　避雷线构架金具组装图

如图 8 - 34 所示为避雷线构架金具组装图。避雷线构架金具由直角挂板、球头挂环、绝缘子、碗头挂板、耐张线夹、并沟线夹等多种电力金具组成。绘制组装图时，应首先绘制各零件图，或调用已经绘制好的零件图，将这些零件图创建为块，再根据各零件的装配顺序和连接关系，用图块插入法"组装"成装配图，最后标注尺寸及技术要求，填写标题栏、明细栏等，完成装配图的绘制。

1. 新建文件

运行 AutoCAD2014，选择自定义的符合机械图样绘制要求的 A3 样板文件为模板，建立一个新的图形新文件，将新图形文件命名为"避雷线构架金具组装图"并保存在指定目录下。

2. 绘制直角挂板

直角挂板如图 8 - 35 所示。

（1）将"中心线"层设置为当前层。利用"直线"命令，在合适的位置绘制中心线。将

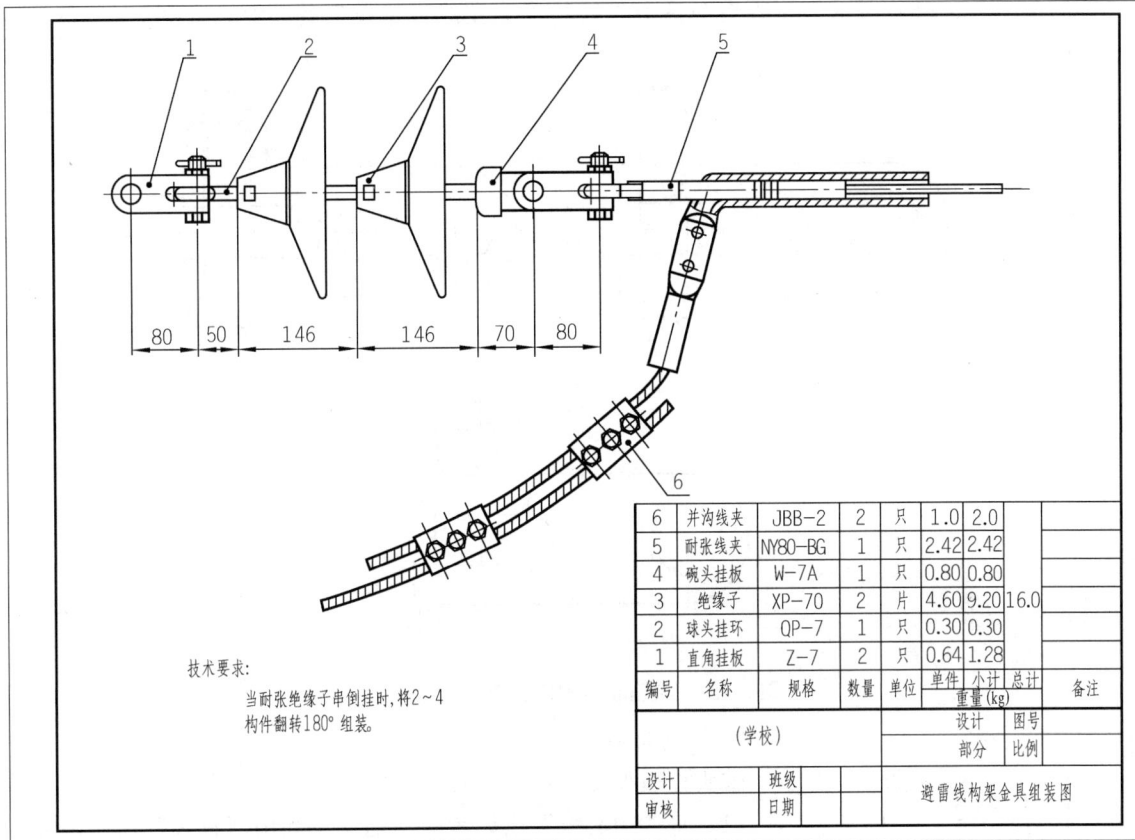

图 8-34 避雷线构架金具组装图

6	并沟线夹	JBB-2	2	只	1.0	2.0	
5	耐张线夹	NY80-BG	1	只	2.42	2.42	
4	碗头挂板	W-7A	1	只	0.80	0.80	
3	绝缘子	XP-70	2	片	4.60	9.20	16.0
2	球头挂环	QP-7	1	只	0.30	0.30	
1	直角挂板	Z-7	2	只	0.64	1.28	
编号	名称	规格	数量	单位	单件	小计 重量(kg)	总计	备注

技术要求:
当耐张绝缘子串倒挂时,将2~4 构件翻转180°组装。

(学校)		设计	图号
		部分	比例
设计		班级		避雷线构架金具组装图
审核		日期		

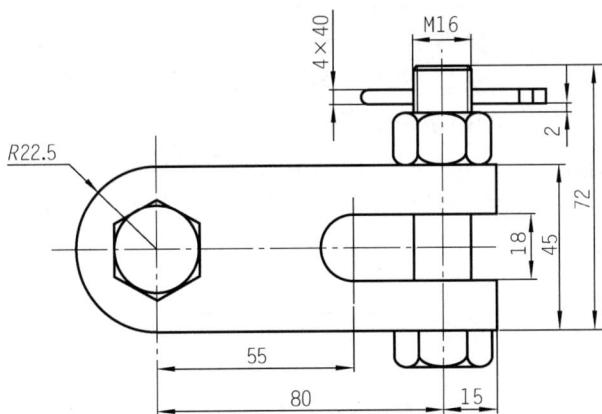

图 8-35 Z-7直角挂板

"粗实线"层设置为当前层。利用"直线"、"圆"和"修剪" 等命令按尺寸画出直角挂板主要轮廓,结果如图 8-36 所示。

(2)根据国标规定,利用"正多边形"、"圆"、"圆弧"、"直线"和"修剪"等命令,绘制 M16 的联接螺栓、螺母及开口销,并根据要求"装配"到直角挂板上,如

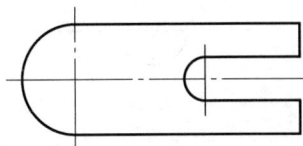

图 8-36 绘制直角挂板主要轮廓

图 8-37 (a)、(b) 所示，并适当调整中心线长度，完成直角挂板的绘制，如图 8-37 (c) 所示。

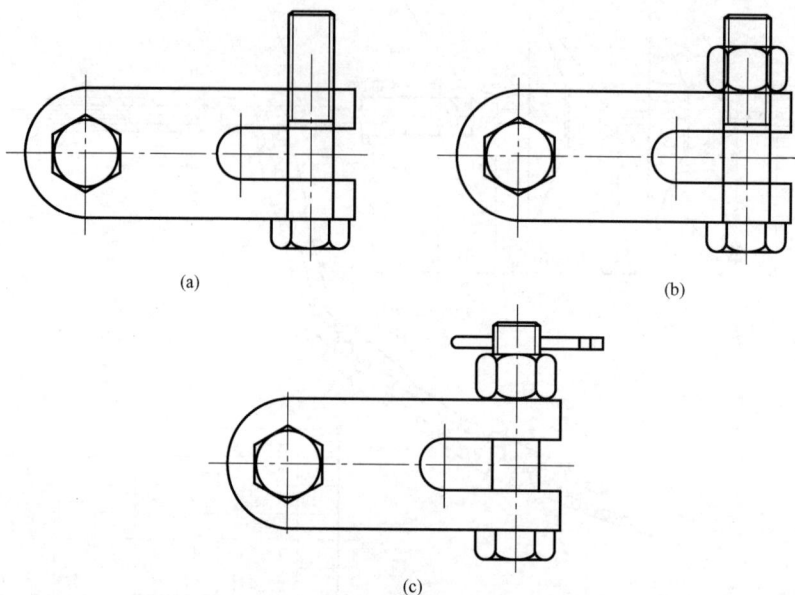

(a)　　　　(b)

(c)

图 8-37　绘制联接螺栓、螺母及开口销

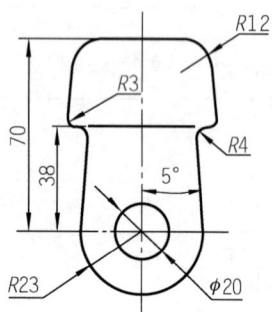

3. 绘制碗头挂板

碗头挂板如图 8-38 所示。

（1）将"中心线"层设置为当前层。利用"直线"命令，在图框外任意位置，绘制一水平中心线与竖直中心线。将"粗实线"层设置为当前层。利用"圆"命令绘制出两个同心圆，如图 8-39 所示。

（2）利用"偏移""特性匹配"等命令，绘制出如图 8-40 所示的两条水平直线。

（3）将"极轴增量角"设置为 5，利用直线命令，绘制出与圆相切且与竖直直线成 5°夹角的两条斜线，及上面两条倾斜角为 5°的斜线，如图 8-41 所示。

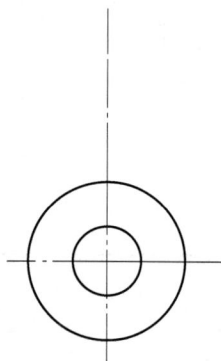

图 8-38　W-7A 碗头挂板

图 8-39　绘制基准线及同心圆　　图 8-40　绘制两水平直线　　图 8-41　绘制四条斜线

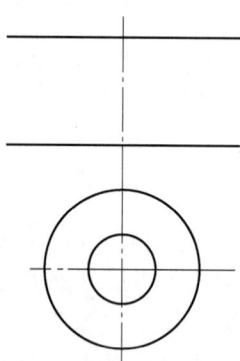

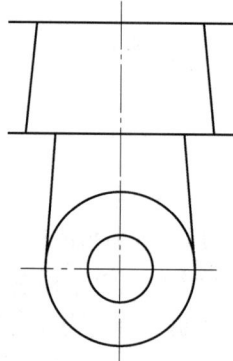

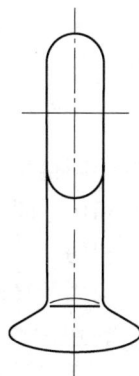

（4）利用"圆角"命令，对图形进行圆角处理。进行"圆角"命令时，要注意"修剪"与"不修剪"的运用，如图 8 - 42 所示。

（5）利用修剪命令，对多余图线进行修剪，并适当修整中心线比例，完成碗头挂环的绘制。结果如图 8 - 43 所示。

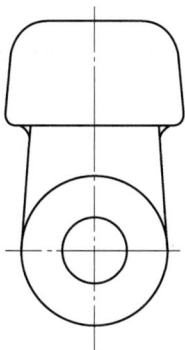

图 8 - 42　进行圆角命令　　图 8 - 43　修剪图线

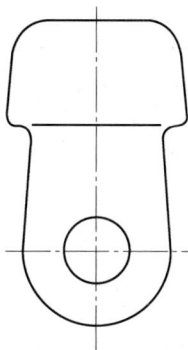

4. 绘制球头挂环

球头挂环如图 8 - 44 所示。

（1）将"中心线"层设置为当前层。利用"直线"命令，绘制中心线，如图 8 - 45 所示。将"粗实线"层设置为当前层。利用"直线"、"圆"和"修剪"等命令画出球头挂环上半轮廓，结果如图 8 - 45 所示。

（2）将"极轴增量角"设置为 30，利用"直线"、"圆"、"修剪"、"偏移"等命令，绘制球头挂环下半部分，如图 8 - 46 所示。

（3）利用"圆角"命令，对图形进行圆角处理，利用"夹点编辑"命令，对图线进行适当调整，并对中心线的线型比例进行调整，如图 8 - 47 所示。

5. 绘制并沟线夹

并沟线夹如图 8 - 48 所示。

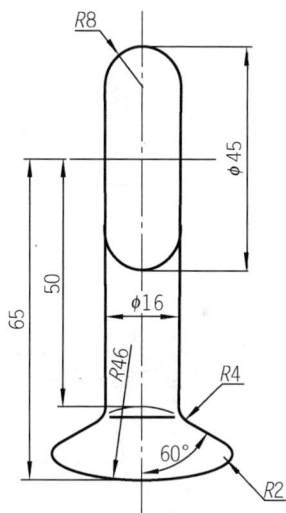

图 8 - 44　QP - 7 球头挂环

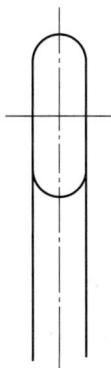

图 8 - 45　绘制球头挂环上半轮廓　　图 8 - 46　绘制球头挂环下半部分　　图 8 - 47　对图形进行圆角处理

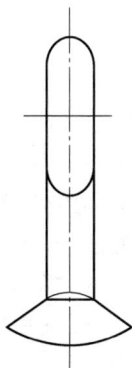

（1）将"粗实线"层设置为当前层。利用"矩形"命令，绘制 90×50 的矩形。将"中心线"层设置为当前层。利用"直线"、"偏移"命令绘制出一水平中心线和三条竖直中心线，如图 8-49 所示。

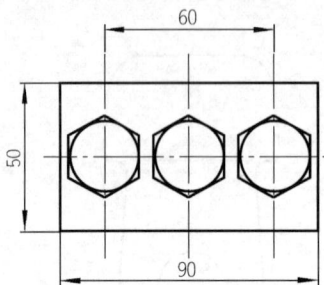

图 8-48　JBB-2 并沟线夹　　　　图 8-49　绘制中心线

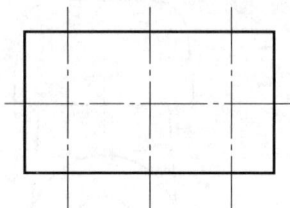

（2）利用"复制"等命令，将绘制直角挂板时绘制好的螺栓复制到图中，如图 8-50 所示。

（3）修改中心线线型比例，完成并沟线夹的绘制，如图 8-51 所示。

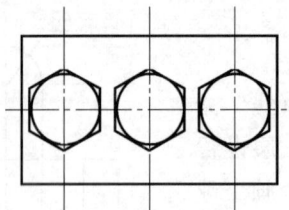

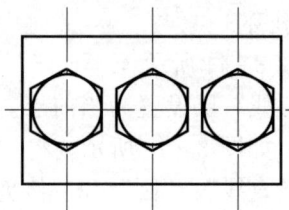

图 8-50　复制螺栓　　　　图 8-51　调整线型比例

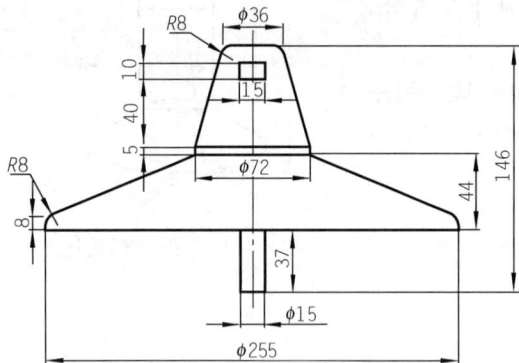

图 8-52　XP-70 绝缘子

6. 绘制绝缘子

在本书第 4 章第 1 节有详细的关于绝缘子的绘制方法，具体绘图步骤在这里不再累述，只需在绘制的时候注意相关尺寸即可，如图 8-52 所示。

7. 绘制耐张线夹

耐张线夹如图 8-53 所示。

（1）将"中心线"层设置为当前层。利用"直线"命令，绘制出主要中心线。将"粗实线"层设置为当前层。利用"直线"命令绘制出线夹本体部分，注意：右端部分要绘制得长一点，方便下面进行圆角命令，如图 8-54 所示。

（2）利用"圆角"命令，对图线进行圆角处理，如图 8-55 所示。

（3）利用"直线"、"偏移"、"圆"等命令，绘制线夹钢锚部分，如图 8-56 所示。

（4）利用"修剪"命令，对不可见部分线条进行修剪，如图 8-57 所示。

（5）利用"直线"、"偏移"等命令，绘制出线夹引流板部分结构，如图 8-58 所示。

（6）利用"圆""圆弧"等命令，绘制圆及圆弧。注意：最下面的圆弧与三条边均相切。

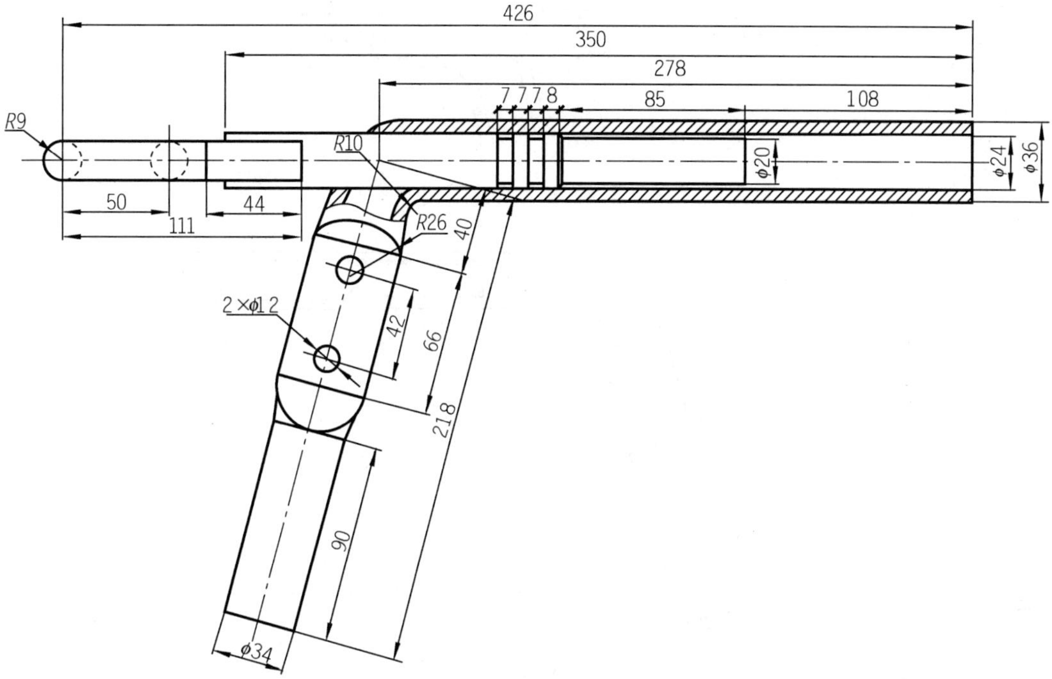

图 8-53 NY-80BG 耐张线夹

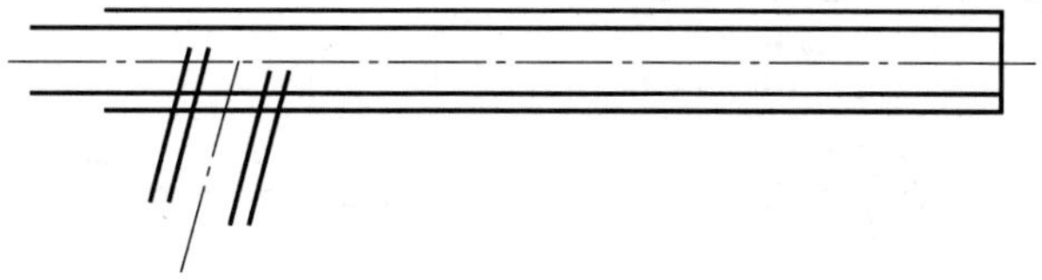

图 8-54 绘制线夹本体

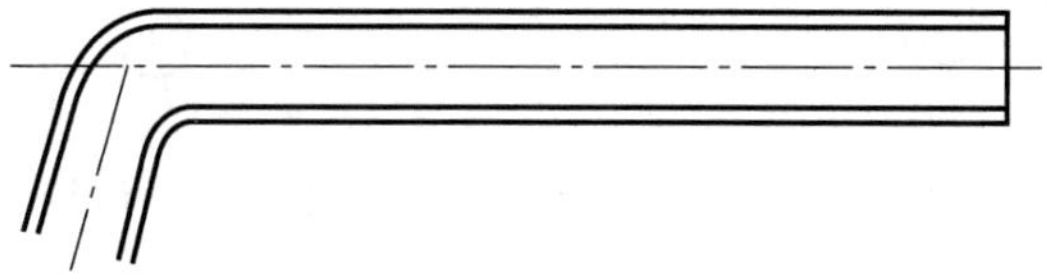

图 8-55 倒圆角

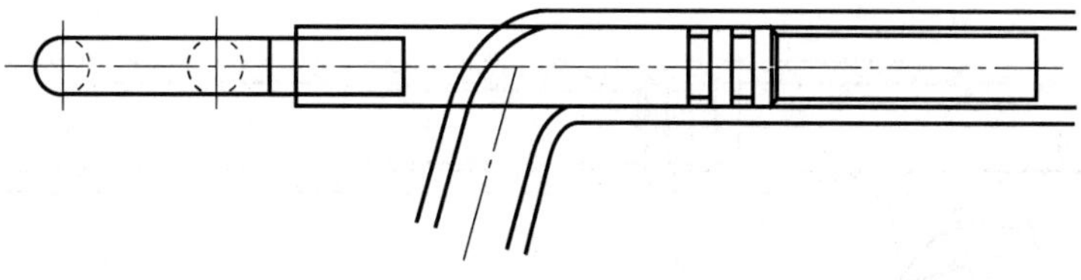

图 8-56 绘制钢锚

利用"修剪"命令，修剪掉多余线段，如图 8-59 所示。

（7）利用"夹点编辑"命令，对线夹本体与引流管相交部分进行修整，结果如图 8-60

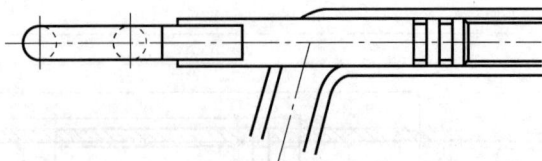

图 8 - 57　修剪图线

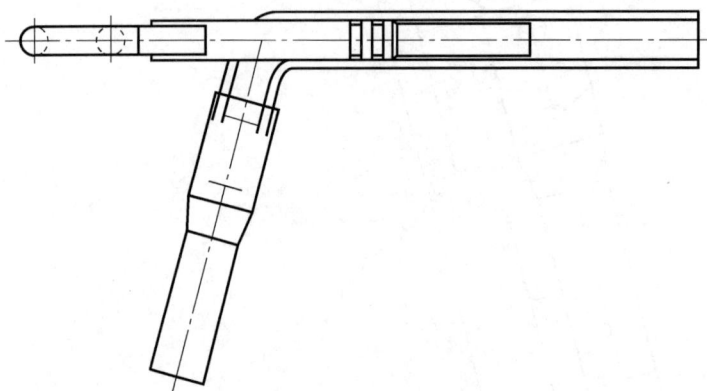

图 8 - 58　绘制引流板

所示。

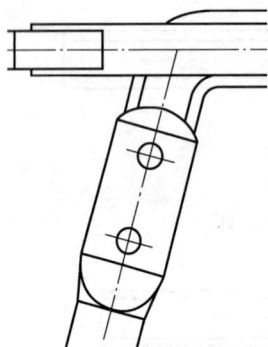

图 8 - 59　绘制圆和圆弧　　　　图 8 - 60　修整图形

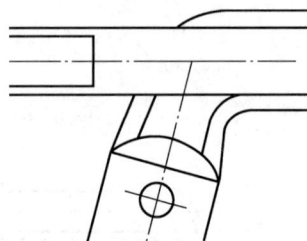

（8）将"细实线"置为当前图层。激活"样条曲线"命令，绘制一样条曲线。利用"修剪"命令修剪图线，然后激活"图案填充"命令，对线夹本体剖开部分进行图案填充，如图8 - 61 所示。

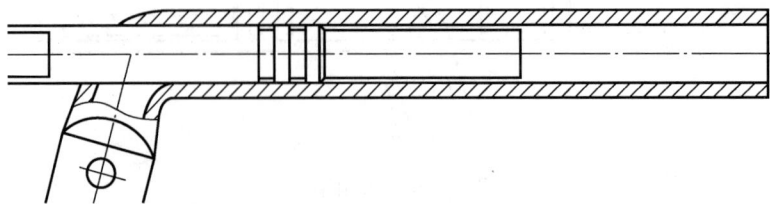

图 8 - 61　填充图案

至此，完成了零件的绘制。

8. 绘制装配图

（1）利用"创建块"命令，将以上绘制的六个零件分别创建为块。创建块时，不包含尺寸。也可不将零件创建为块，直接利用复制命令完成装配工作。

（2）将"中心线"置为当前图层，绘制一长 1200 的中心线。

（3）按装配顺序，从左到右，依次将直角挂板、球头挂环、绝缘子、绝缘子、碗头挂板、直角挂板、耐张线夹插入到装配图中。利用"修剪"、"删除"命令，将零件被遮挡的部分删除，如图 8 - 62 所示。

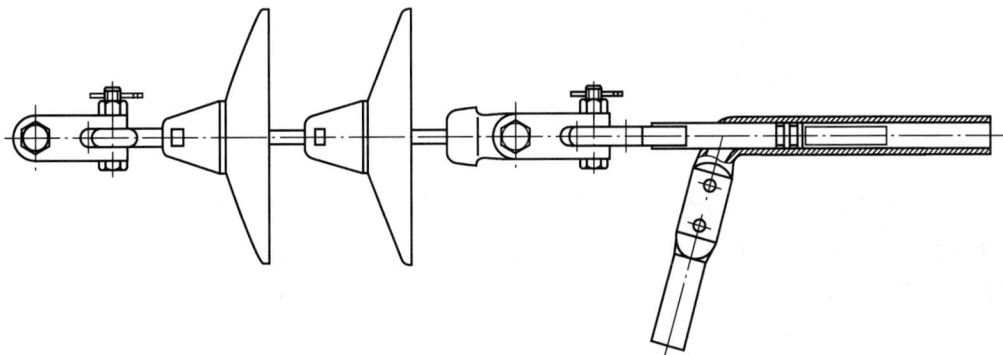

图 8 - 62　装配

（4）利用"直线""圆弧""偏移"等命令，绘制钢芯铝绞线，绞线的直径为 12，长度与弧度不做限制，但要有足够的位置放置并沟线夹，如图 8 - 63 所示。

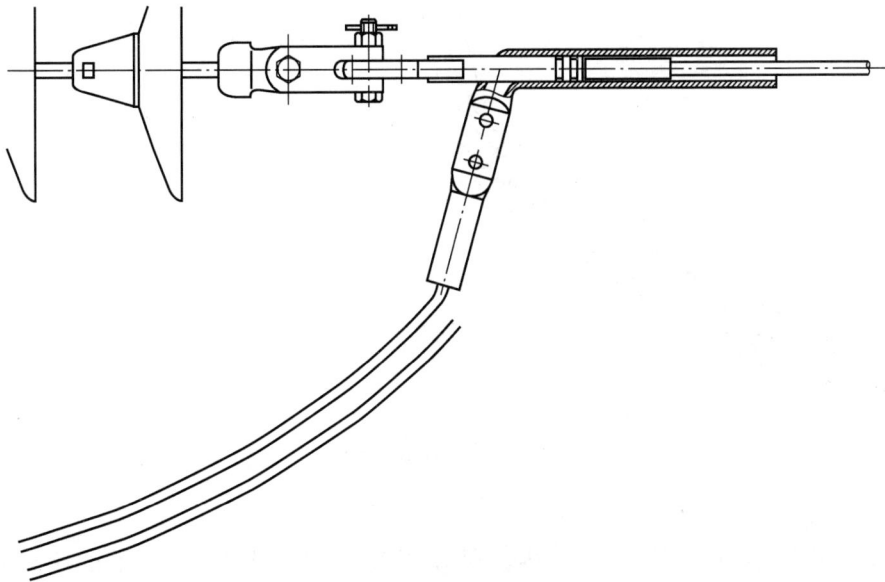

图 8 - 63　绘制绞线

（5）利用"旋转"及"复制"命令，将并沟线夹插入图中。利用"修剪"命令修剪被遮挡的图线，如图 8 - 64 所示。

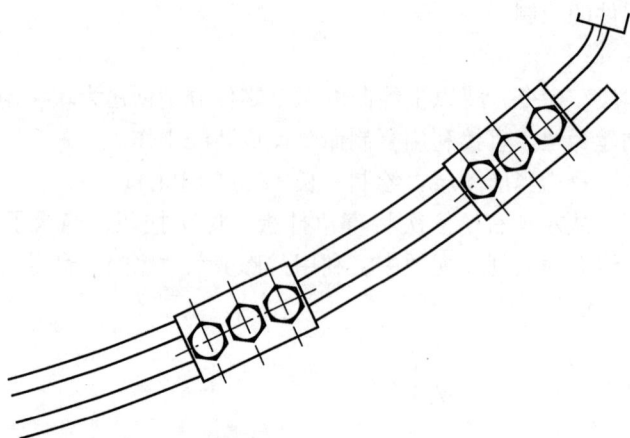

图 8-64   插入并沟线夹

（6）利用"修剪"、"夹点编辑"等命令，调整绞线长度。利用"样条曲线"命令，绘制一样条曲线。利用"图案填充"命令，为绞线填充图案。填充图案时要注意选择合适的角度和比例，如图 8-65 所示。

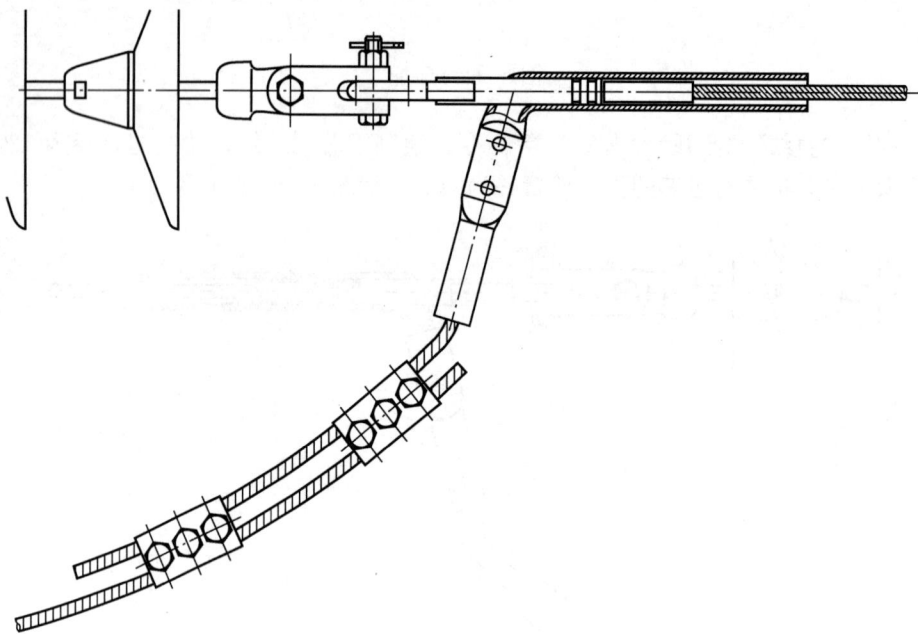

图 8-65   填充图案

9. 缩放、调整图形

为了将图形布局在标准的 A3 图框内，利用"缩放"命令将图形按 0.2 的比例因子缩放（相当于按 1 : 5 的比例绘制）。利用"移动"命令，将图形移动到图框内的合适位置，并注意图纸布局匀称。适当调整中心线及虚线的线型比例，使之符合国家标准要求。

10. 标注尺寸

（1）将当前图层设置为"细实线"层。修改尺寸样式，将"主单位"选项中的"测量单位比例"中的"比例因子"更改为 5。

（2）标注各金具间的定位尺寸。

11. 填写标题栏、明细栏，书写技术要求

将图层置为"细实线"层，利用"引线"命令为图中零件标注序号。选择"注释"文字样式，利用"多行文字"命令注写技术要求的文字，填写标题栏。最后将图形全屏显示，完成作图并保存，结果如图 8-34 所示。

8.4 双回路转角塔总图

铁塔是输电工程中常用的杆塔。转角塔装设在线路转角处，该杆塔在结构上必须考虑承受不平衡张力的要求。转角塔可分为悬垂型和耐张型，线路转角处可以设置成直线杆塔和耐张杆塔，根据转角度数和杆塔结构设计强度，直线型主要用于较小转角处，而耐张型主要用于较大转角处。

图 8-66 所示为双回路转角塔总图（见书末插页），表示呼称高度 12～27m 的铁塔结构图。转角塔的尺寸较大，为便于绘图，可采用 1∶100 的比例绘制，这样在输入尺寸数值时可避免输入太多的"0"。

1. 新建文件夹

运行 AutoCAD2014，选择自定义的 A3 样板文件为模板，建立一个新的图形新文件，将新图形文件命名为"双回路转角塔总图"并保存在指定目录下。

2. 绘制塔头结构①②③

（1）将"粗实线"层设置为当前层，绘制一上底宽 15，下底宽 22，高 65 的等腰梯形 $ABCD$，如图 8-67 所示。用"偏移"命令，将直线 CD 向上偏移 12.5，得直线 EF；将直线 EF 向上偏移 22.5，得直线 GH；将直线 AB 向下偏移 12，得直线 JK。并用"修剪"、"延伸"命令，对直线进行修剪，结果如图 8-68 所示。

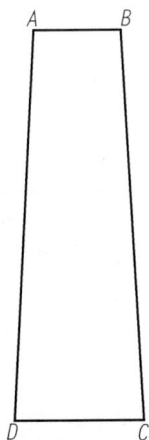

图 8-67 绘制等腰梯形   图 8-68 绘制直线

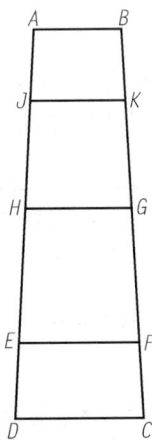

（2）利用"直线"命令，由直线 AB 两端开始，各向外绘制一长 37.5 的直线 AM、BN。用直线连接 MJ、KN，如图 8-69 所示。

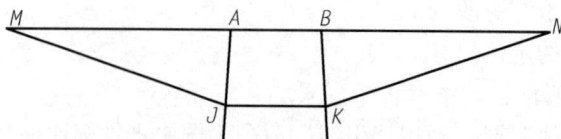

图 8-69　绘制直线

（3）选择下拉菜单 ［格式（O）］/［点样式（P）］，设置点样式及点的大小，如图 8-70 所示。选择下拉菜单 ［绘图（D）］/［点（O）］/［定数等分（D）］，根据系统提示，分别在直线 AM、MJ、KN、BN 上绘制出两个等分点，这些点将直线分为相等的三段，如图 8-71 所示。

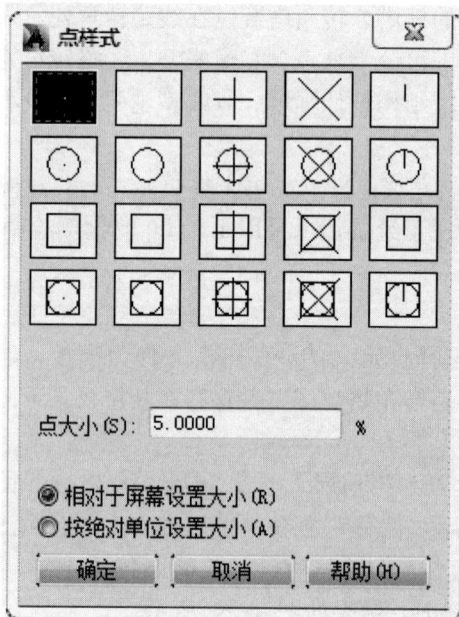

图 8-70　设置点样式

（4）利用"直线"命令，按照要求，连接等分点，绘制出直线。利用"删除"命令将等分点删除，完成结构①的绘制。结果如图 8-72 所示。

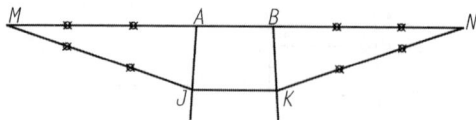

图 8-71　绘制等分点

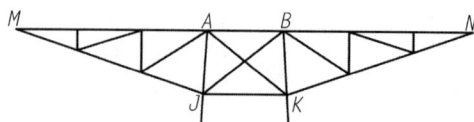

图 8-72　连接等分点

💫 提示

应将【对象捕捉】选项卡里中的"节点"勾选上，才能捕捉到绘制的等分点，以便准确绘制连接线。

（5）利用"偏移"命令，将直线 HG 向上偏移 9，使之分别与直线 AH、BG 相交于 P、

Q 两点，如图 8-73 （a）所示。利用"直线"命令，按照要求连接各点，绘制出直线 JQ、QH、GP、PK 后，删除直线 PQ，结果如图 8-73 （b）所示。

（6）利用"偏移"命令，将直线 EF 向上偏移 7.5，得直线 1-2；将直线 1-2 向上偏移 7.5，得直线 3-4，如图 8-74 （a）所示。利用"直线"命令，按照要求，由直线 HG 中点开始，连接各点，绘制出直线后，删除直线 1-2、3-4，结果如图 8-74 （b）所示。完成结构③的绘制。

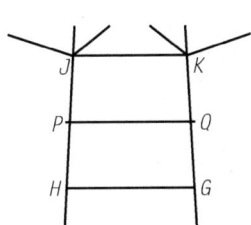 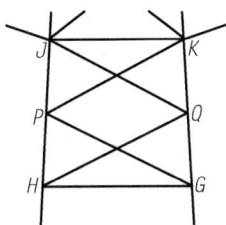 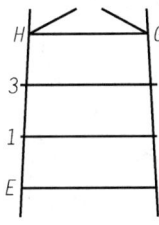 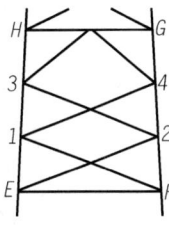

| (a) | (b) | (a) | (b) |

图 8-73 绘制结构③上半部分　　　图 8-74 绘制结构③下半部分

（7）按照绘制结构①相同的方法，绘制结构②，结果如图 8-75 所示。直线 D-5、C-6 的长度均为 34。

3. 绘制塔身结构④⑤⑥

（1）将直线 CD 向下偏移 270 得直线 ST，并利用"夹点编辑"命令，将偏移所得直线各向左右拉长 27，使直线 ST 长度为 64。连接直线 DS、CT，如图 8-76 所示。

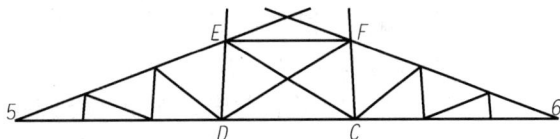

图 8-75 绘制结构②

（2）将直线 CD 向下偏移 10，得直线 7-8；将直线 78 向下偏移 23，得直线 9-10；将直线 9-10 向下偏移 23，得直线 11-12。利用"延伸"命令，使它们与直线 CS、DT 相交，如图 8-77 （a）所示。

综合利用各绘图和修剪命令，绘制结构④的内部结构，结果如图 8-77 （b）所示。

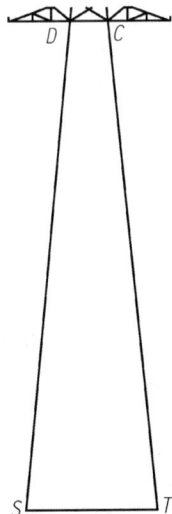

图 8-76 绘制等腰梯形 DSTC

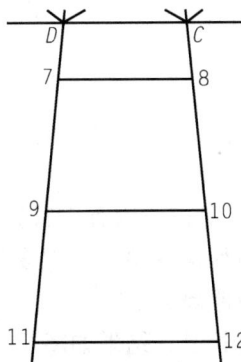 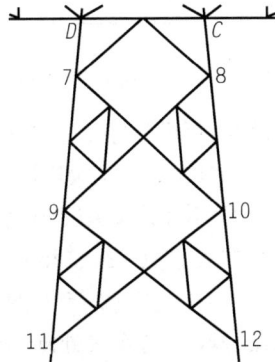

| (a) | (b) |

图 8-77 绘制结构④

（3）结构⑤和⑥的画法与结构④类似。图 8-78 所示为结构⑤，图 8-79 所示为结构⑥。直线 11-12 与直线 13-14 的距离为 26，直线 13-14 与直线 15-16 的距离为 33，直线 15-16 与直线 17-18 直线的距离为 51。

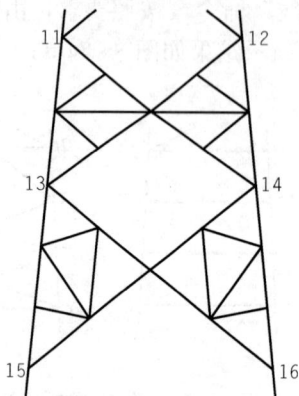

图 8-78　绘制结构⑤　　　　　　　图 8-79　绘制结构⑥

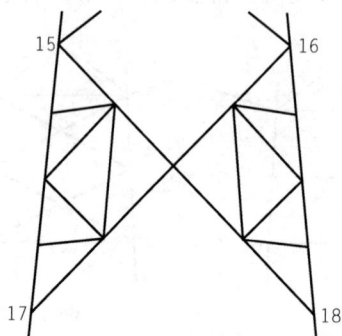

4. 绘制塔身结构⑦～⑩及塔脚⑪

（1）利用"偏移"和"修剪"命令，将直线 ST 向上偏移 65 得直线 21-22，将直线 21-22 向上偏移 26，得直线 19-20，如图 8-80 所示。利用"直线"命令，将直线 19-20 的中点与点 17、18、23、24 连接起来，连接直线 23-S、24-T，其中直线 21-23、22-24 的长度均为 25.31。利用"修剪"命令，修剪直线，结果如图 8-81 所示。

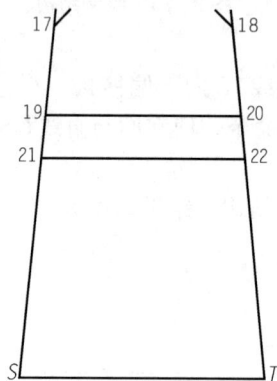

图 8-80　偏移直线　　　　　　　　图 8-81　连接直线

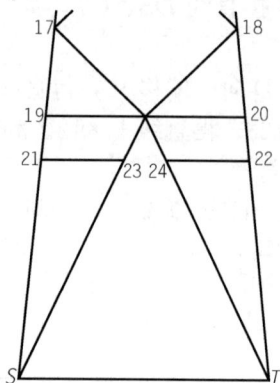

（2）综合利用"直线"、"偏移"、"修剪""删除"等命令，参照完成前面绘制的步骤，完成结构⑦和⑪的绘制，如图 8-82 所示。

（3）根据实际要求，转角塔的高度和结构有多种选择，其中，接腿部分如图 8-83 所示，有四种方案。点 22 与 25 的垂直距离为 62，点 22 与 26 的垂直距离为 63，点 22 与 27 的垂直距离为 64，点 22 与 T 的垂直距离为 65。

（4）在每段结构连接处画出连接符号，结果如图 8-84 所示。

5. 标注尺寸

（1）将当前图层设置为"细实线"层。修改尺寸样式，将"主单位"选项中的"测量单位比例"中的"比例因子"更改为 100。

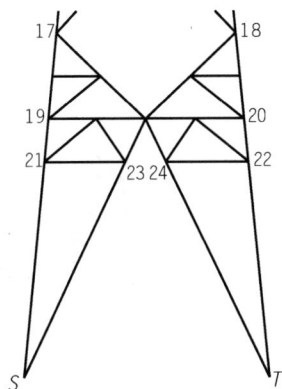

图 8-82　完成结构绘制

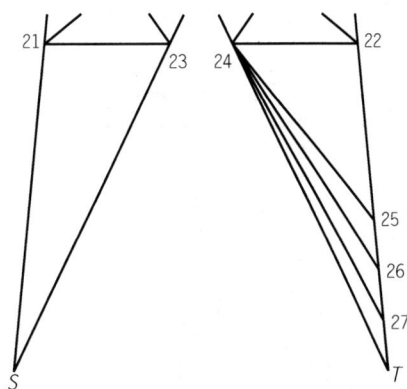

图 8-83　结构绘制

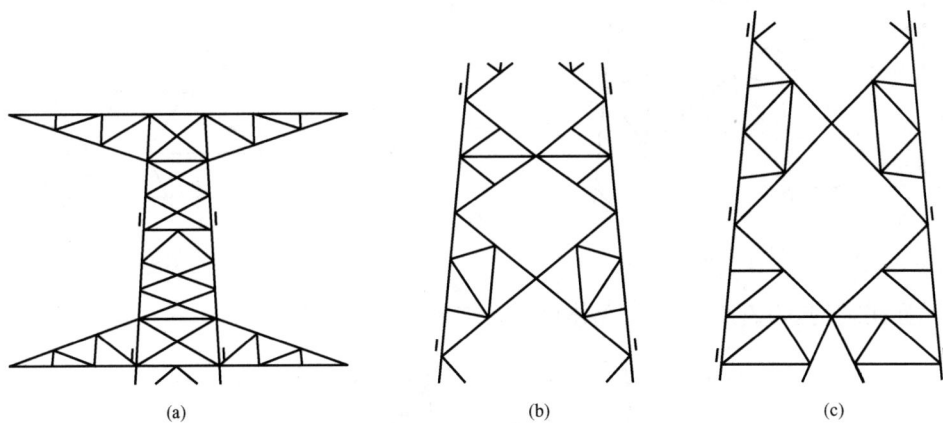

(a)　　　　　　　　　(b)　　　　　　　　　(c)

图 8-84　结构连接符号

（2）按顺序标注尺寸。先标注结构①②③部分，结果如图 8-85 所示。

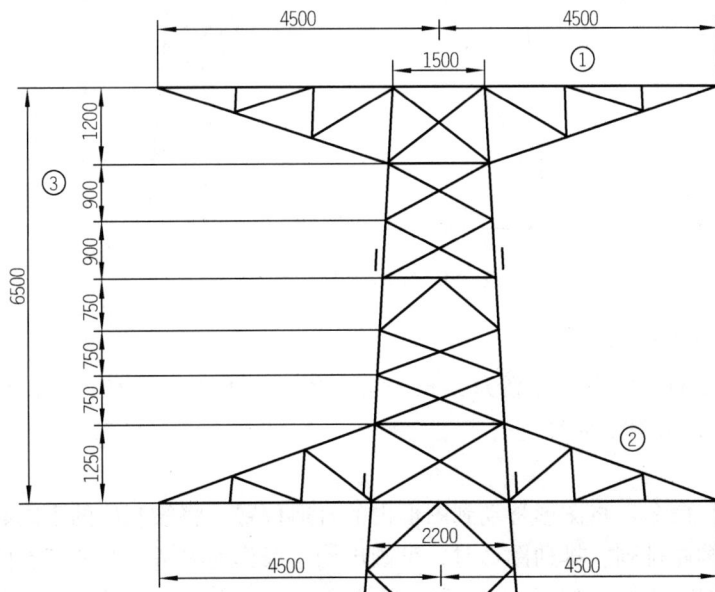

图 8-85　标注结构①②③尺寸

（3）标注结构④⑤部分，结果如图 8 - 86 所示。

（4）标注结构⑥⑦部分，结果如图 8 - 87 所示。

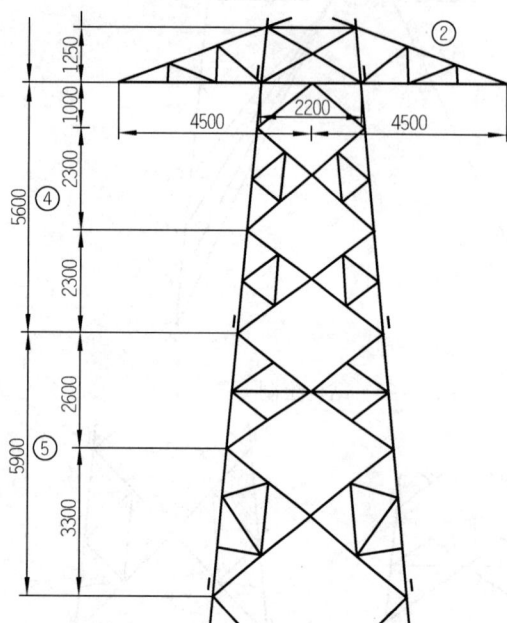

图 8 - 86　标注结构④⑤尺寸

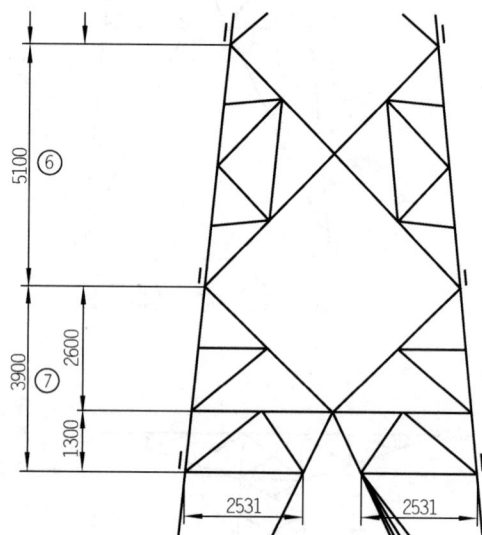

图 8 - 87　标注结构⑥⑦尺寸

（5）标注结构⑧⑨⑩⑪部分及整体尺寸，结果如图 8 - 88 所示。

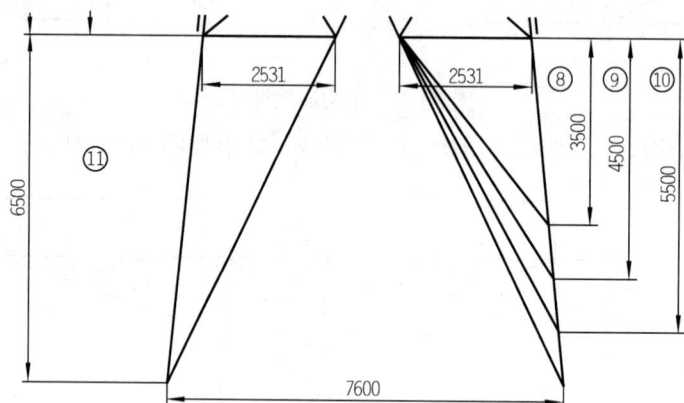

图 8 - 88　标注结构⑧～⑪尺寸

6. 绘制不同高度的转角塔

上述步骤绘制的转角塔呼称高为 27m，除此之外，还有 12、15、18、21、24m 的转角塔。如图 8 - 89～图 8 - 93 所示。

7. 整理图形

利用"移动"命令，将图形移动到图框内的合适位置。将绘制好的不同高度的转角塔图形，按呼称高度顺序排列。排列图形时，可画出构造线作为参考，为便于看图，应将相应结构水平对齐。同时，绘制出如图 8 - 94 所示的脚钉布置示意图，图形长宽均为 40。

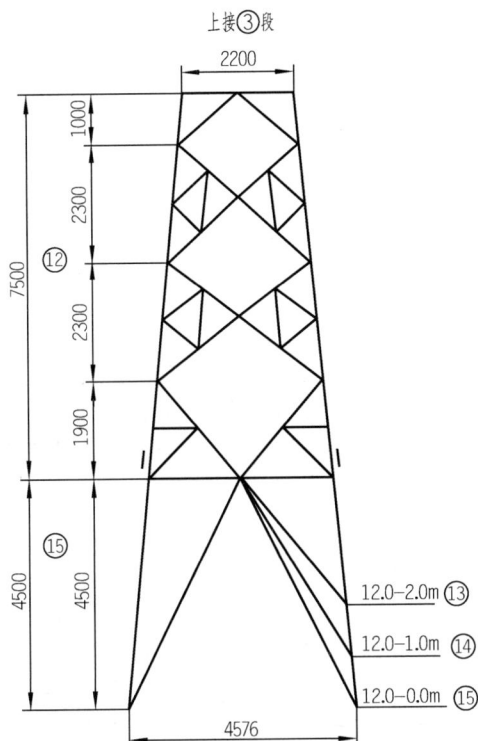

图 8-89 呼称高为 12m 的转角塔

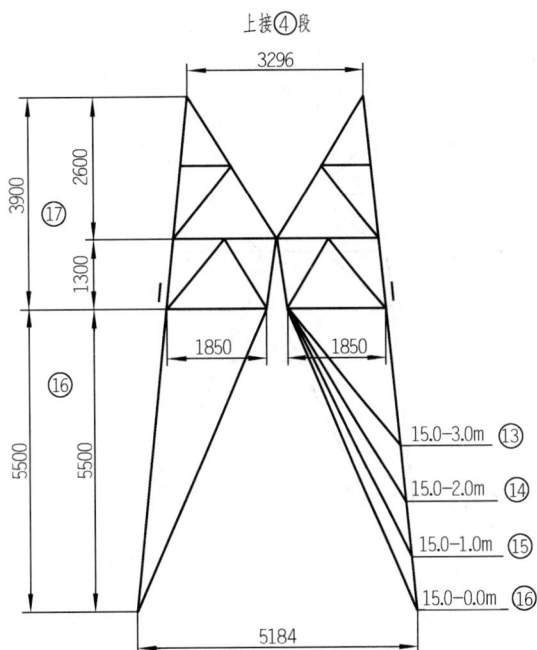

图 8-90 呼称高为 15m 的转角塔

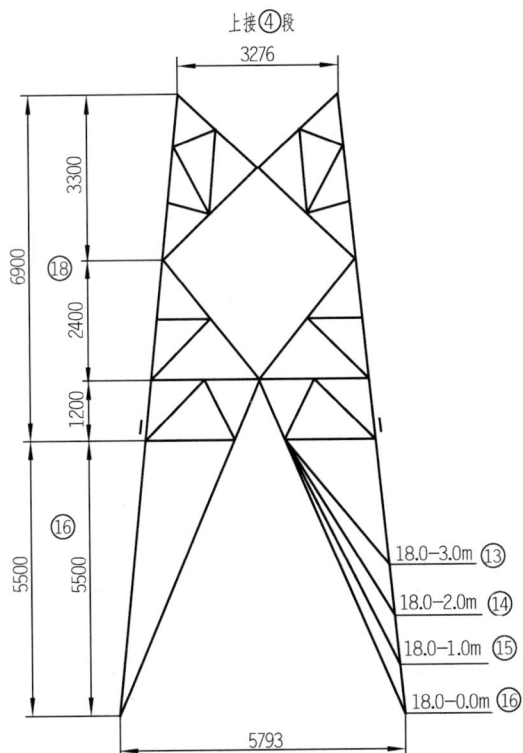

图 8-91 呼称高为 18m 的转角塔

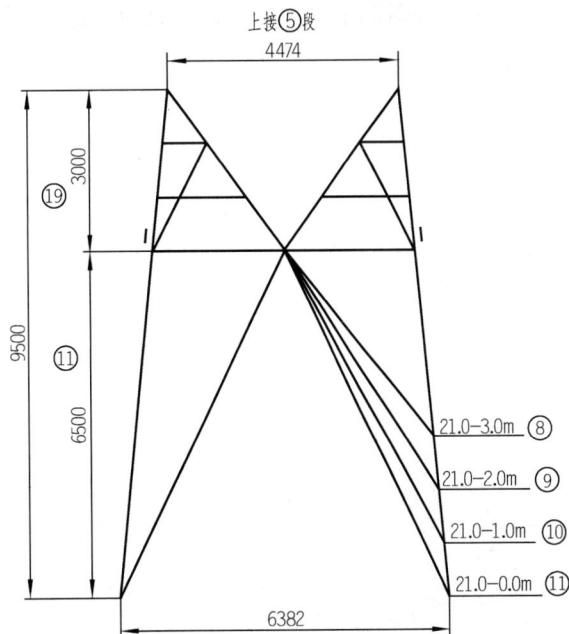

图 8-92 呼称高为 21m 的转角塔

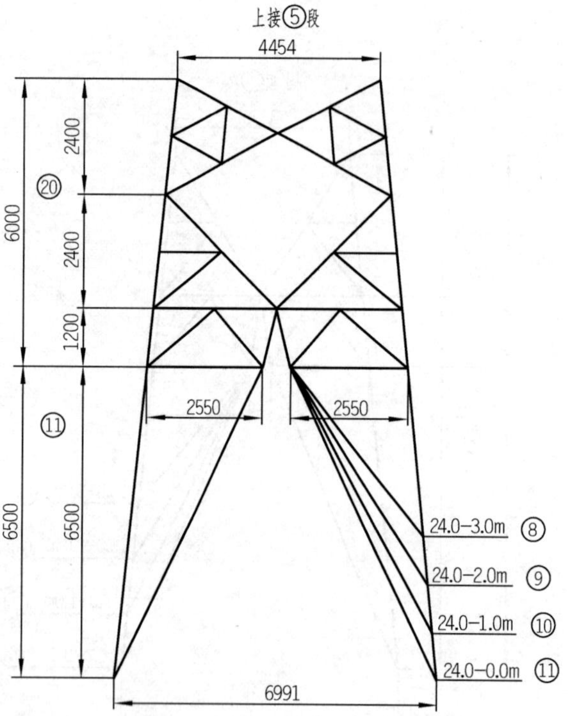

图 8-93　呼称高为 24m 的转角塔

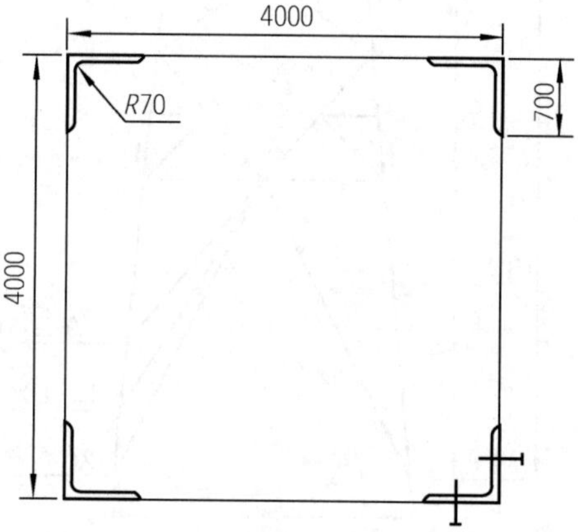

图 8-94　脚钉布置图

8. 填写标题栏，书写注释及技术要求文字

（1）将图层置为"细实线"层，填写"标题栏"各单元文字。

（2）选择"注释"文字样式，书写注释文字。

最后将图形全屏显示，以"1DJG124 双回路转角塔 . dwg"为名保存在指定目录，完成作图。

第9章　电力工程图绘制实例

9.1　变电所电气主接线图的绘制

图 9-1 为一个 110kV 变电所电气一次主接线图。电气一次主接线图是用规定的各种高压电气设备（如：发电机、变压器、断路器、隔离开关、母线和电缆等）的图形符号和文字符号，按照各设备实际的连接顺序绘制而成的表明电能的生产、汇集和分配的电气主电路。电气主接线图一般绘制成单线图（即用单相接线表示三相系统），但在三相接线不完全相同的局部（如各相中电流互感器的配备情况不同）则绘制成三线图。在电气主接线全图中，除了上述主要电气设备外，还应将互感器、避雷器、中性点设备等也表示出来，并注明各设备的型号和参数。

电气主接线图的特点是结构比较简单，全图均由各电气设备的图形符号、连接导线和文字注释组成，不涉及绘图比例。在绘制此类电力工程图时一方面应注意对不同性质的实体对象要绘制在其相应的图层上，另一方面在插入各电气设备符号块时应注意布局合理、图面美观。

具体绘图步骤如下：

1. 新建文件

（1）运行 AutoCAD2014，以"A3.dwt"样板文件为模板，建立一个新的图形新文件，将新图形文件命名为"某 110kV 变电所电气一次主接线图"并保存在指定目录下。

（2）将"标准"、"图层"、"绘图"、"对象特性"、"修改"和"标注"等常用工具栏打开，并将它们移动到绘图窗口中的适当位置。设置对象捕捉、极轴等辅助绘图工具。

2. 绘制各电力设备的图形符号

该部分参见第 2 章"常用电力图形符号的绘制"。这些图形符号均应在"实体符号"层绘制，绘制完成后可以保存为块，以方便今后绘图使用。

3. 一般绘图过程

（1）绘制主变支路，步骤如下：

①将"定位线"层置为当前层，利用直线命令，绘制一长度为 125 的垂直线。

②将"实体符号"层置为当前层，把已绘制好的且保存为块的图形符号插入到前面绘制的定位线上，注意利用"捕捉到最近点"的功能。由于电气主接线图对于尺寸没有严格的要求，因此在插入各电气设备的图形符号块时的各位置可根据具体情况调整。同时可利用缩放命令将各图形符号调整到合适的大小，以使整张图纸能够布局合理，图面美观。结果如图 9-2（a）所示。

③将"定位线"层关闭。把"连接导线"层置为当前层，利用直线命令，把图 9-1 中各电气设备图形符号连接起来。再绘制出主变两侧的三条短斜线段，以表示三相系统，结果如图 9-2（b）所示。

（2）绘制南二电源进线。绘制南二电源进线与绘制主变支路的方法相同，结果如图 9-3 所示。

凤圈 C B A

南二 C B A

GW4G-126D/1250

GW4G-126D/1250

GW4G-126D/1250

LTB 145 01/B 3150-40

LB7-110M2 2×300/5 10P20/10P20/10P20/0.5

GW13~72.5/630

Y1.5W~60/144

LRB-60 10P20 100~200/5

LZFW-10II 100~240/5 5P15

HY5WZ-17/45

1号主变压器 SZ10-31500/110 110±8×1.25%/10.5kV YN,d11 Ud=10.5%

LMY-2(100×10)

II PT

I PT

XZK-630-1.0/0.16

TEMP-110SU 100/0.1/0.1kV √3/√3

GW4G-126D/1250

LB7-110M2 2×300/5 10P20/10P20/10P200.5/0.2S

LTB 145 D1/B 3150-40

GW4G-126D/1250

GW4G-126D/630

YH10W5-100/260W

TEMP-110IU 100/0.1/0.1kV √3/√3/√3

KYN28-12Z(-043 XRQW-10B HY5WZ-17/45 JDZ11-20Q 10V/0.1/0.1/0.1 3 0.5/0.5/6P 200/100/400VA XRNP-120.5-50

II 馈线2

II 馈线1

II 出用变压器2

电容器二

站用变压器2

KYN28-12 Z(-009 2000/5A 0.5/10P15 LZZBJ18-10/1.85kV4 ZN21B-12/3150-31.5

10kV II 段

KYN28-12(Z)-054 3150A 31.5kA

TMY-2(120×10)

10kV I 段

KYN28A-12-077 XRNT3-10/6.3-31.5 SC10-50/10Y,yn0 Ud=4% 11±2×2.5%/0.4kV

站用变压器1

电容器一

TBB10-1800/200-AK

KYN28-12(Z)-006 ZN21B-12/1250-25 LZZBJ18-10/150bt/4 200/5A 0.5/10P15 HY5WR-17/45 JN15-120/31.5 DXN6-120/0

I 馈线2

I 馈线1

KYN28-12(Z)-002 ZN21B-12/1250-25 LZZBJ18-10/150bt/4 400/5A 0.25S/0.5/10P15 JN15-120/31.5 DXN6-120/0

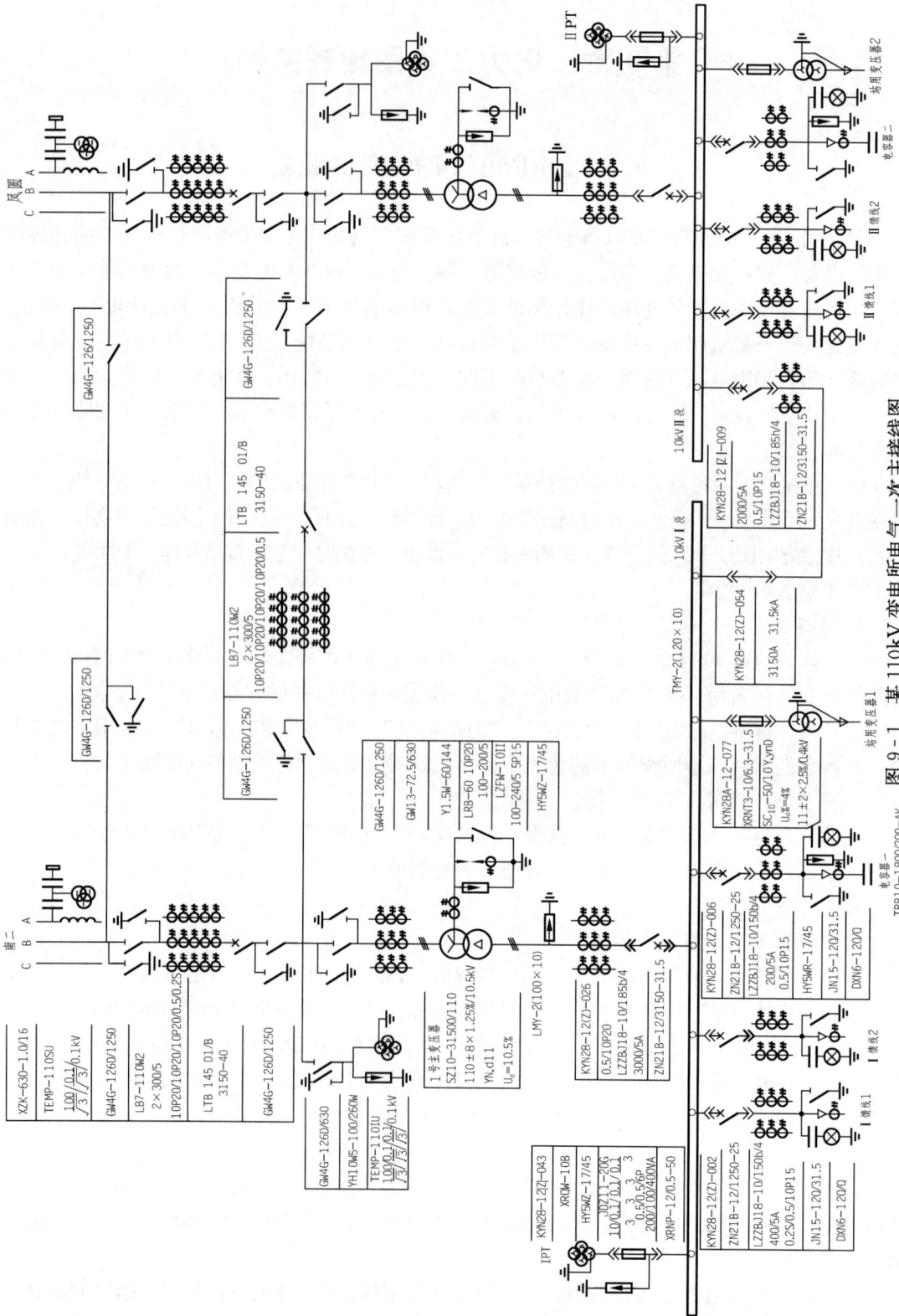

图 9 - 1 某 110kV 变电所电气一次主接线图

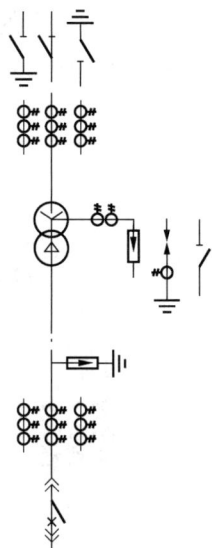

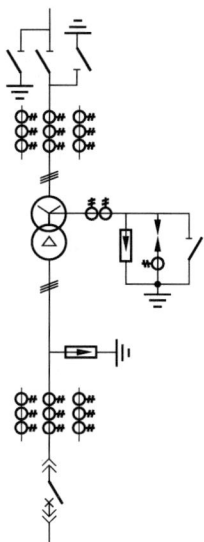

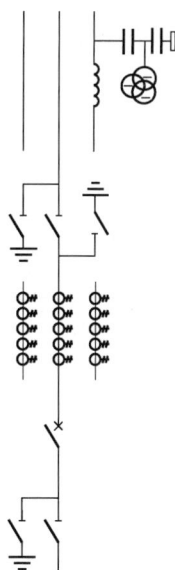

图 9-2　绘制主变支路　　　　　　　　　　图 9-3　绘制南二电源进线

（3）利用移动命令，以主变支路的顶点为移动基点，将主变支路和南二电源进线连接起来。利用复制命令和对象捕捉追踪功能，将连接而成的回路向右复制，复制间距为 300，结果如图 9-4 所示。

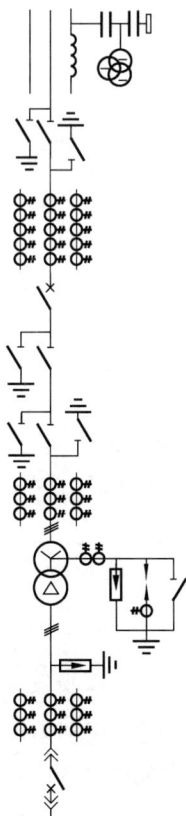

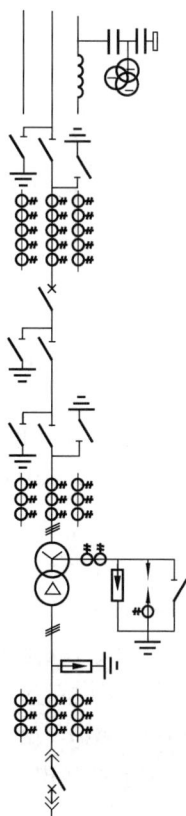

图 9-4　复制另一回路

　　（4）利用直线命令，绘制以上两个回路间的两条连接直线，以表示桥形接线中的"跨条"和"内桥"。再利用前述方法，在跨条和内桥上插入电气设备的图形符号。最后利用修剪命令进行修剪，结果如图 9-5 所示。

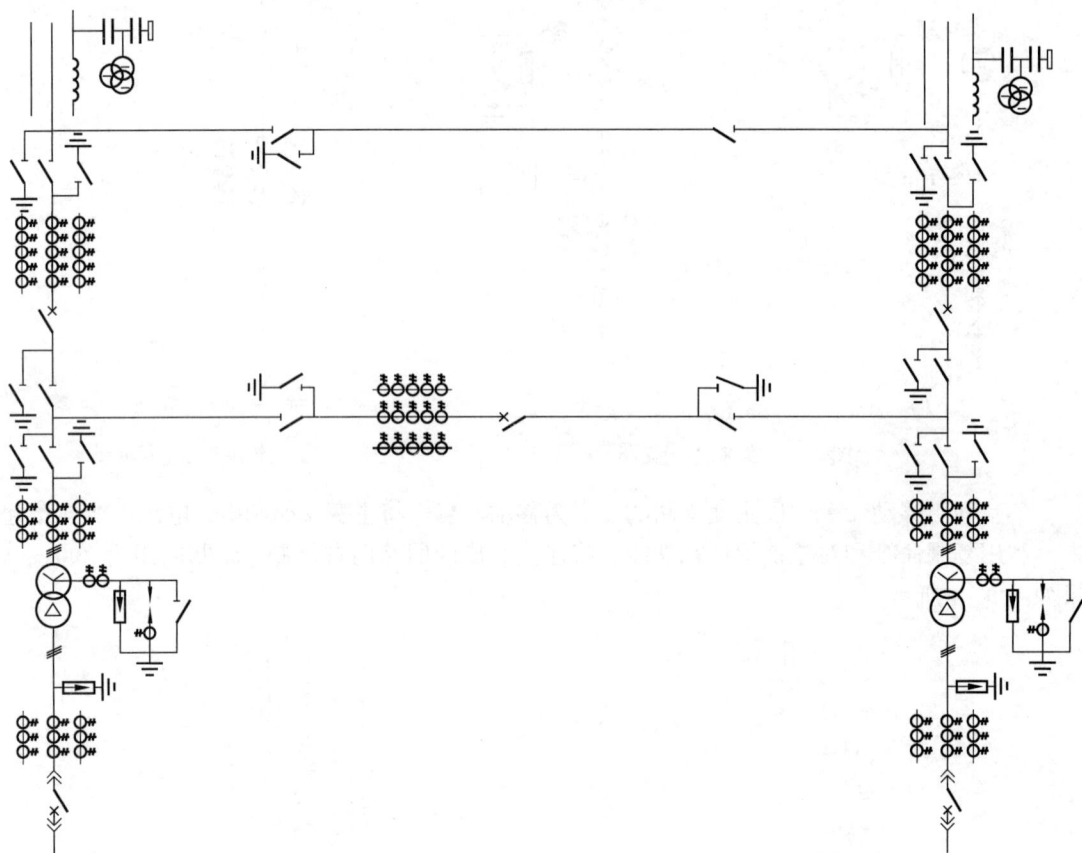

图 9-5　绘制跨条和内桥

　　（5）绘制桥回路上的电压互感器。利用夹点编辑命令，将内桥的左端点水平向左拉长 40。

　　再利用前述的方法插入各设备图形符号，并连线，以绘制出桥回路左侧的电压互感器。结果如图 9-6（a）所示。利用复制命令将前面绘制好的电压互感器对称复制到桥回路的右侧，结果如图 9-6（b）所示。

　　（6）绘制母线。利用矩形命令，绘制一个长为 300、宽为 3 的矩形，用以表示 10kVⅠ段母线。结果如图 9-7 所示。

　　（7）绘制 10kVⅠ段母线上所连接的各回出线。

　　1）将"定位线"层设置为当前层。利用直线命令，在母线上绘制一条垂直定位线，该定位线与母线左端点相距 75 长。将图层转换到"实体符号"层，再利用前述的方法在该定位线上插入Ⅰ馈线 1 上的各电气设备图形符号，并连线。结果如图 9-8 所示。

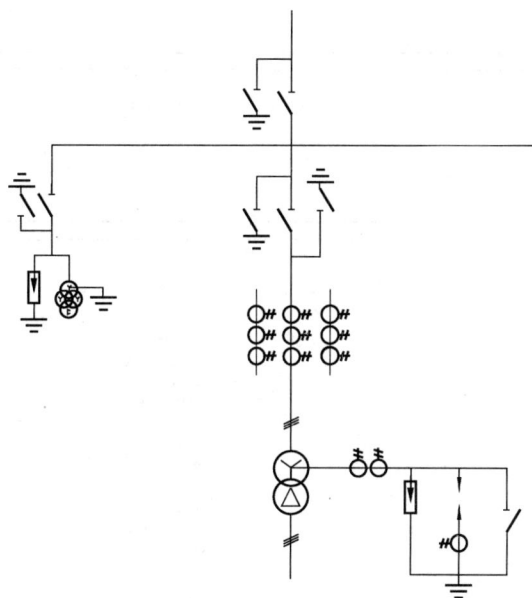

(a)

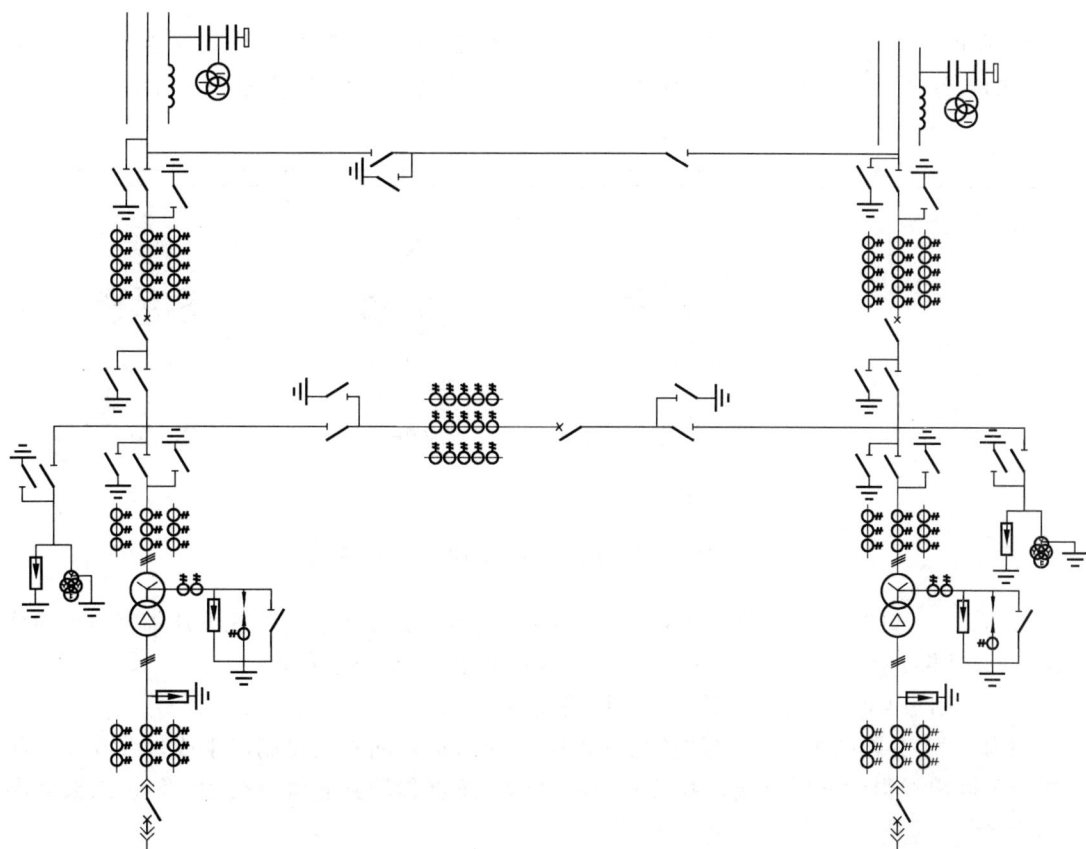

(b)

图 9-6　绘制桥回路的电压互感器

图 9-7　绘制 10kVⅠ段母线

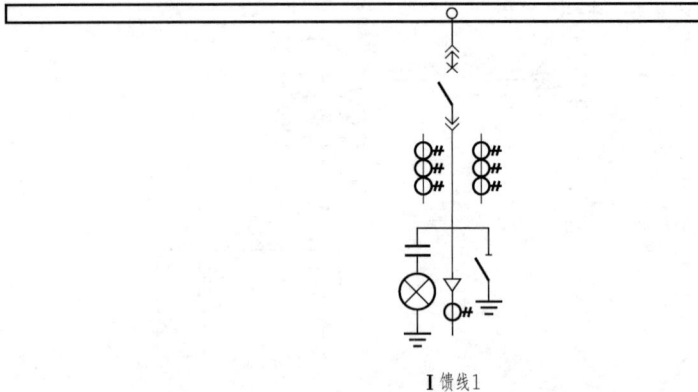

图 9-8　绘制 10kVⅠ段母线上的馈线 1

　　2）在正交方式下，向母线的右侧多重复制馈线 1，得到Ⅰ馈线 2 和电容器一。然后对所复制的电容器一回路进行修改。复制后各出线间距均为 50，结果如图 9-9 所示。

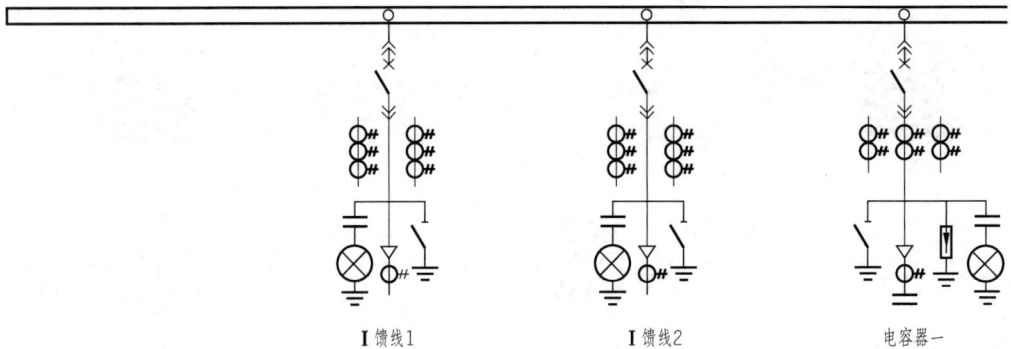

Ⅰ馈线1　　　　　　　　　Ⅰ馈线2　　　　　　　　　电容器一

图 9-9　绘制 10kVⅠ段母线上的馈线 2 和电容器一

　　3）采用同样的方法，绘制 10kVⅠ段母线上的电压互感器和变电所用变压器（以下简称所用变）。结果如图 9-10 所示（注：所用变的中性线应用虚线表示）。
　　（8）绘制 10kVⅡ段母线及其上所连接的各回出线。
　　因为 10kVⅡ段母线与Ⅰ段母线完全相同，所以可通过向右侧复制出Ⅰ段母线及其上所连接的各回出线得到Ⅱ段母线，并将Ⅱ段的电压互感器移动到Ⅱ段母线的右侧。结果如图 9-11 所示。
　　（9）绘制 10kV 母线分段及其电气设备。结果如图 9-12 所示。

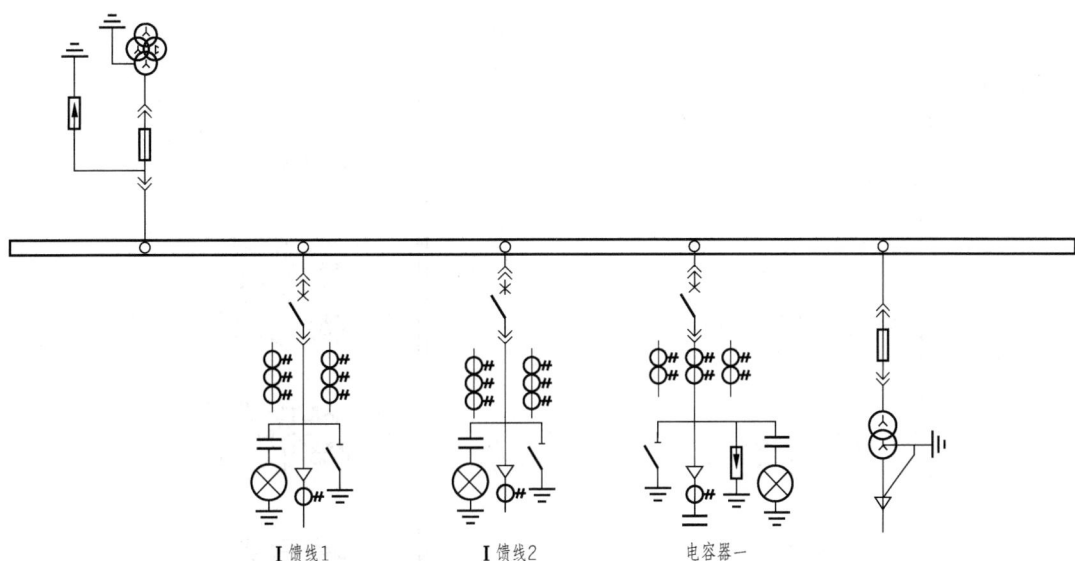

图 9 - 10　绘制 10kV Ⅰ 段母线上的 TV 和所用变

（10）利用移动命令，将图 9 - 6（b）的两条主变压器低压侧回路连接到 10kV 的 Ⅰ、Ⅱ 段母线上，并利用圆命令，绘制出表示与母线的连接点。结果如图 9 - 13 所示。

（11）添加注释文字，利用 DTEXT 命令一次输入几行，然后利用其夹点并结合正交功 能调整每行文字的位置，以对齐文字；绘制文字框线，利用直线命令和多重复制命令绘制文 字框线。

下面以添加 Ⅰ 段母线馈线 1 的注释文字为例：

①对齐手车式开关柜，用 DTEXT 命令输入几行文字。结果如图 9 - 14（a）所示。

②在正交方式下，利用夹点编辑中的拉伸移动功能，使输入的每行文字分别对齐其所表 示的电气设备符号。结果如图 9 - 14（b）所示。

③利用直线命令和多重复制命令绘制文字框线。结果如图 9 - 14（c）所示。

注：为提高输入效率，在注释其他回路的文字时，可使用复制命令和文字编辑命令修改 文字来得到所需要的注释文字。

添加注释文字后得到的结果如图 9 - 1 所示。

（12）填写标题栏。

按要求填写标题栏各单元格文字，结果如图 9 - 15 所示（见书末插页）。

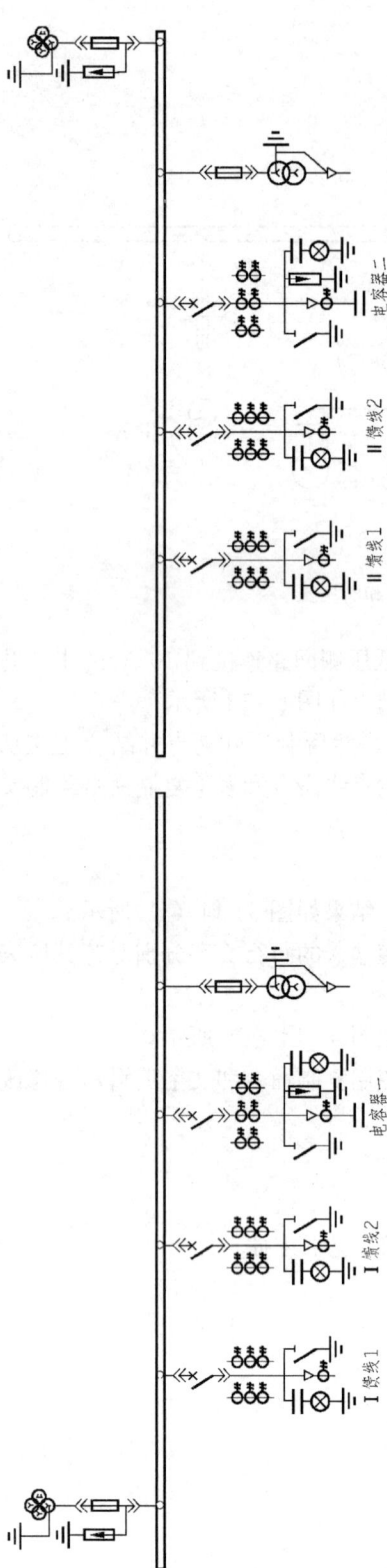

图 9 - 11　绘制 10kV Ⅱ 段母线

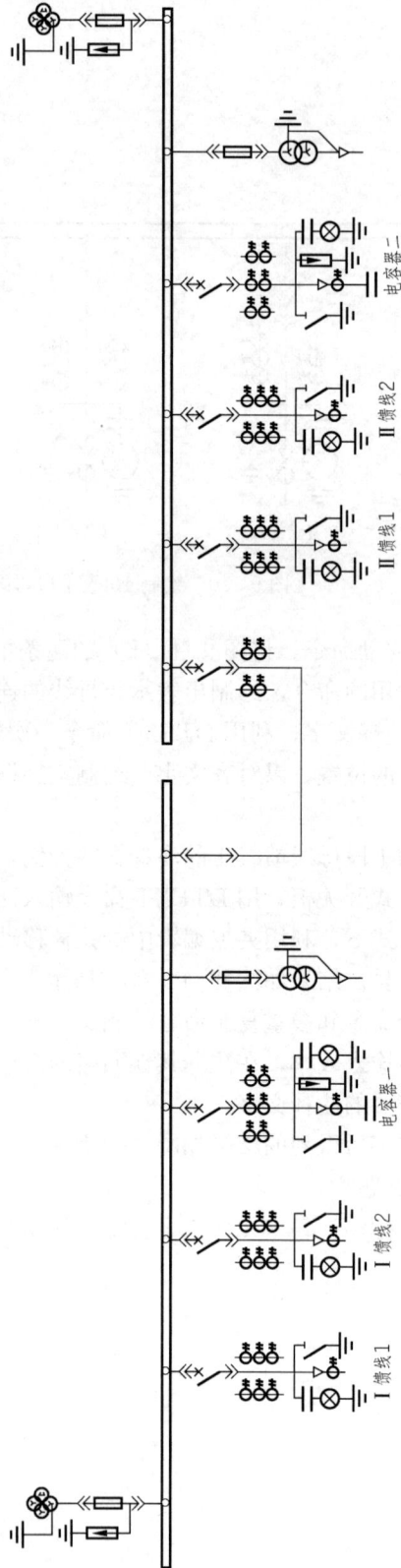

图 9 - 12　绘制 10kV 母线分段

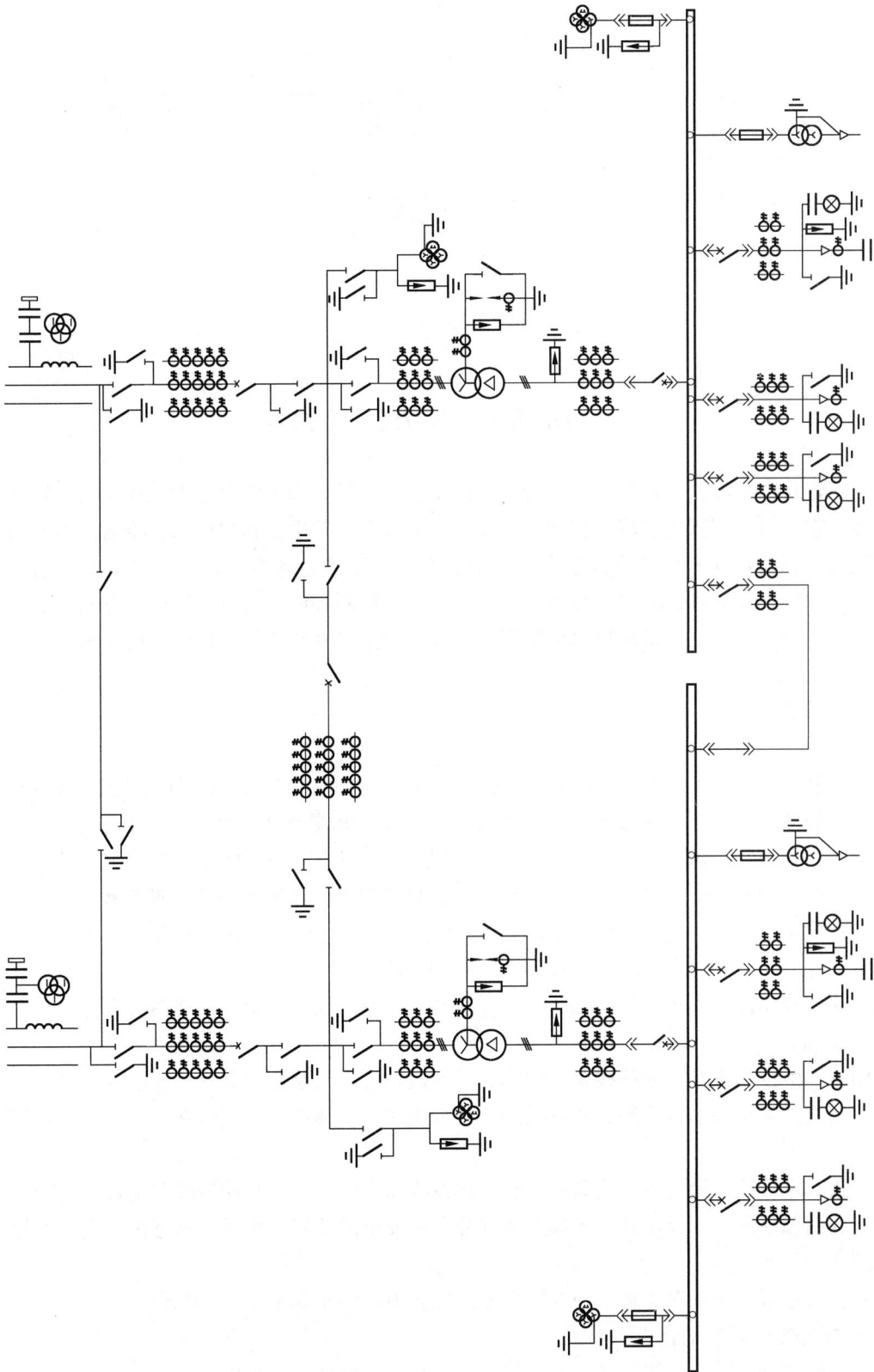

图 9 - 13 组合图形

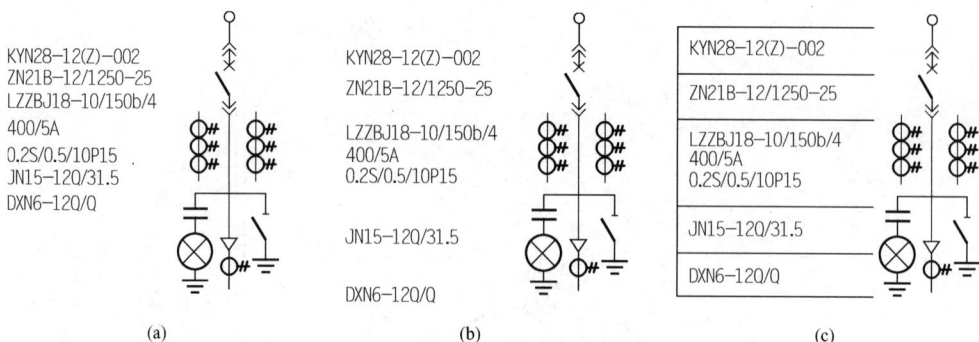

图 9-14　添加注释文字

9.2　变电所平面布置图的绘制

图 9-16 为一变电所的 110kV 配电装置平面布置图。平面布置图是电力工程配电装置图中的一种，它是按比例画出房屋及其间隔、走廊和出口等处的平面布置轮廓。绘制此类电力工程图的大致思路：首先在定位线层进行图纸的布局，以确定各主要设备在平面图中的位置，接着根据定位线分别绘制电气设备的支持架构，再绘制各电气设备的外形示意图，然后安装到图中对应的位置上。最后填写标题栏，添加上标注尺寸和图例，即可完成整张平面图的绘制。

具体绘图步骤如下：

1. 设置绘图环境

（1）打开 AutoCAD2014 应用程序，以本书 7.3 中定义的"A3. dwt"样板文件为模板，建立一个新的图形文件，将其命名为"某变电所 110kV 配电装置平面图"保存在指定目录。

（2）将"标准"、"图层"、"绘图"、"对象特性"、"修改"和"标注"等常用工具栏打开，并将它们移动到绘图窗口中的适当位置。设置对象捕捉、极轴等辅助绘图工具。

（3）为便于绘图，各设备之间的距离以 1∶1 画出，根据平面布置图的大小，利用"缩放"命令，将 A3 样板图的图框及其标题栏放大 200 倍。

（4）调用菜单命令［视图］/［缩放］/［全部］或双击鼠标中键，将视图最大化。

2. 图纸布局

本图基本由设备符号、连接线及标注构成。各设备可以只绘制出其外形或示意符号，而不必完全按其真实结构形状绘制。所有图形符号都应在"实体符号"层绘制，并根据需要调整线宽。

（1）将"定位线"层设置为当前层，利用构造线命令绘制一水平构造线和垂直构造线。

（2）利用偏移命令，以偏移方式确定各部分图形要素的位置。水平、垂直构造线的偏移距离见图 9-17 所示。

（3）利用修剪命令，对构造线的外围部分进行修剪，结果如图 9-17 所示。

3. 绘制电气设备的支持构架

在前面绘制完成的定位线的基础上，将"实体符号"层切换为当前层。

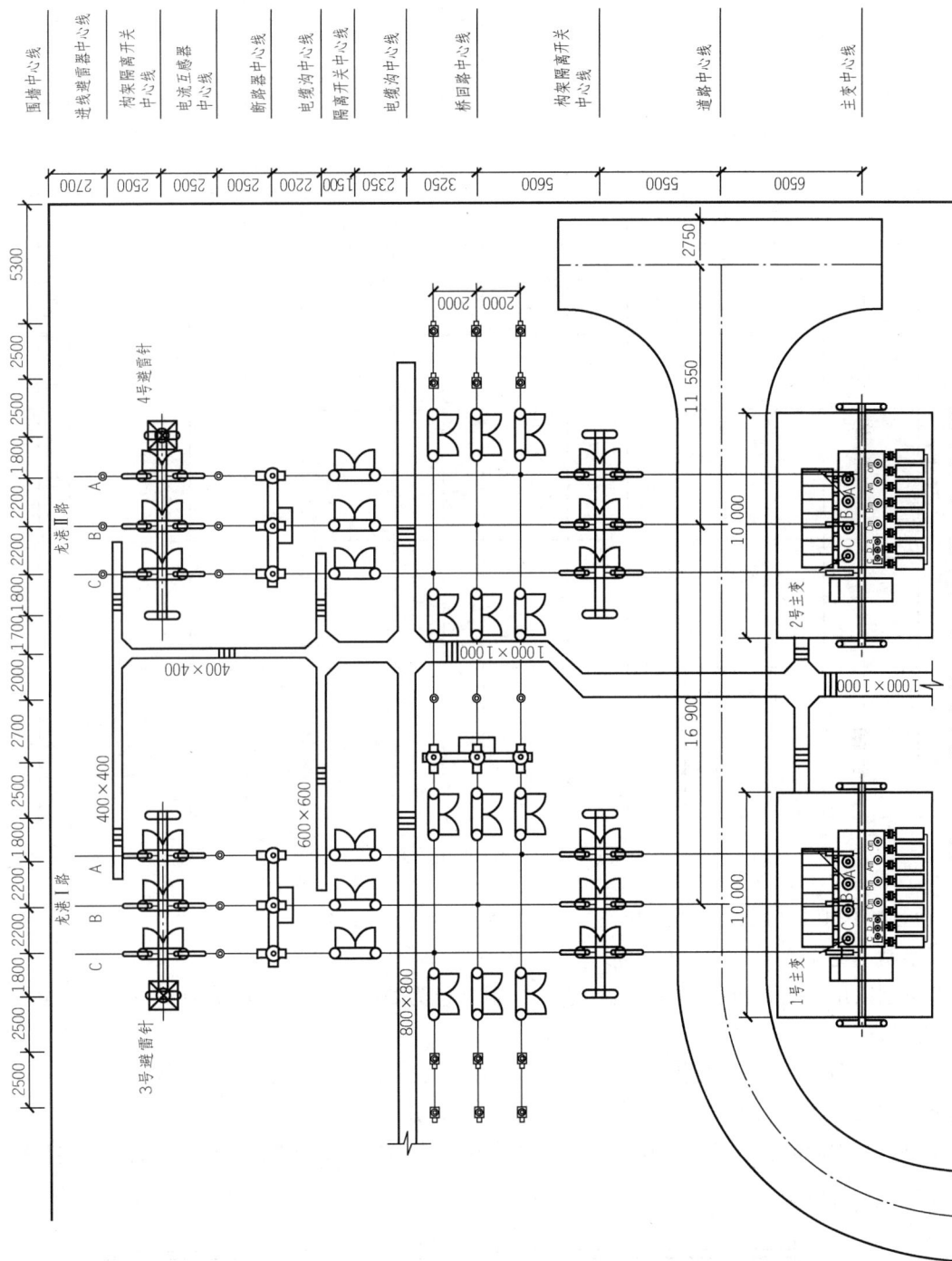

图 9 - 16　某变电所 110kV 配电装置平面布置图

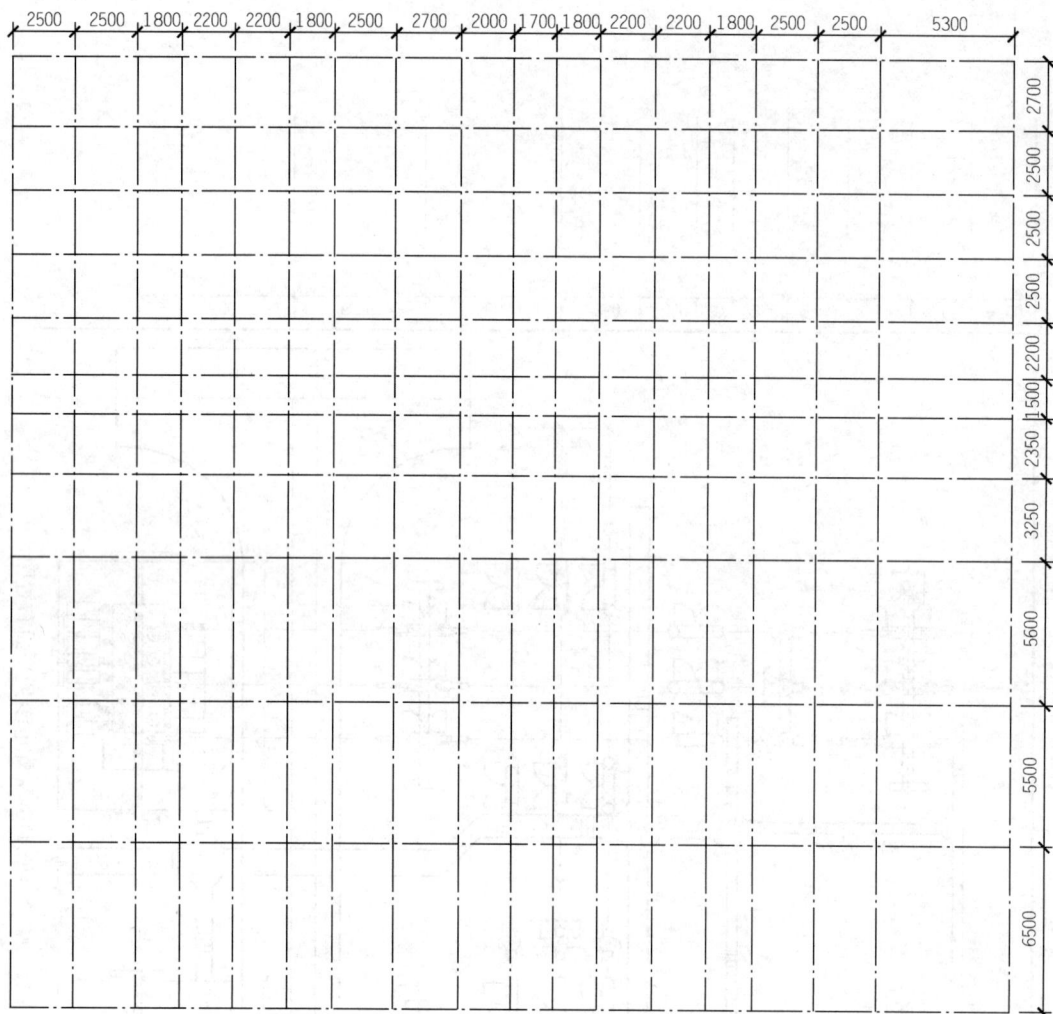

图 9-17　修剪后的定位线

（1）绘制 110kV 线路侧隔离开关、主变侧隔离开关的构架：

①绘制一宽 400，高 1300 的矩形。

②分别以矩形上下两边的中点为圆心，绘制半径为 200 的圆，再修剪成如图 9-18（a）所示的图形。

③将上图向右复制，复制距离为 8000。利用直线连接其两侧的中点，再将该直线向上和向下分别偏移 225 的距离。结果如图 9-18（b）所示。

④将上图中间的直线切换到中心线层，再利用夹点编辑将其两侧拉长适当的长度。结果如图 9-18（c）所示。

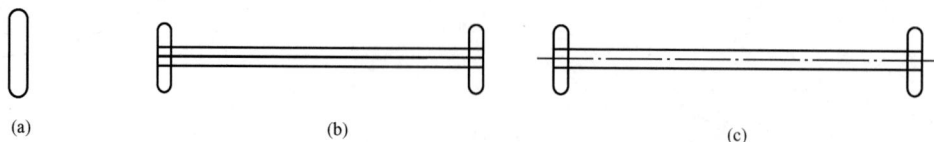

图 9-18　110kV 线路侧隔离开关、主变侧隔离开关的构架

（2）绘制主变的构架：同理绘制主变的构架，其尺寸大小如图 9-19 所示。

4. 绘制电气设备的图形符号

（1）绘制隔离开关：

①绘制一宽 342，高 1916 的矩形。

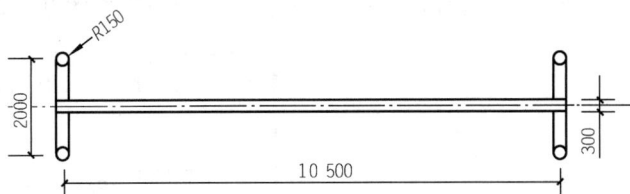

图 9-19　主变构架

②以矩形上下两边的中点为圆心绘制半径为 171 的圆，再将矩形的上下两条边删除。结果如图 9-20（a）所示。

③以上圆的右象限点为圆心，右垂直边的中点为半径，绘制一圆，连接大小两圆的右象限点，接着修剪掉多余的部分。最后通过镜像，得到的结果如图 9-20（b）所示。

（2）绘制断路器：

同理，绘制断路器要用到矩形命令、圆命令、多重复制命令、直线命令和修剪命令。注意适当使用捕捉模式。各部分尺寸及绘制结果见图 9-21 所示。图中未标注的就以大小合适的尺寸表示即可。

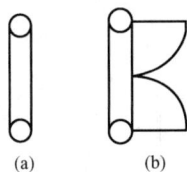

图 9-20　隔离开关的绘制

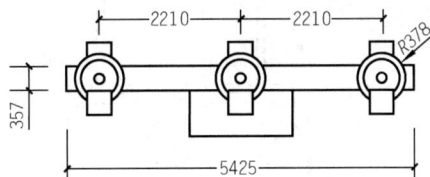

图 9-21　断路器的绘制

（3）绘制其他电气元件符号：

以合适的尺寸绘制避雷器、电压互感器、电流互感器、耐张绝缘子、耐张线夹及避雷针，结果分别如图 9-22（a）～（f）所示。

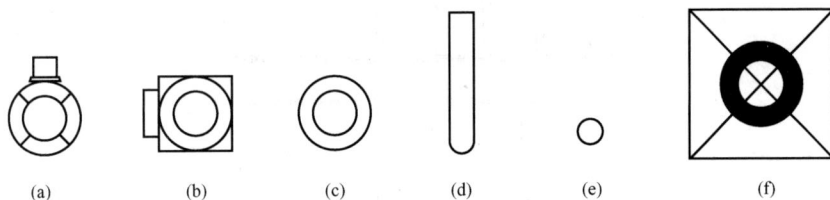

图 9-22　其他电气元件的绘制

（a）避雷器；（b）电压互感器；（c）电流互感器；（d）耐张绝缘子；（e）耐张线夹；（f）避雷针

（4）绘制变压器：

①绘制变压器的本体：绘制一 5200×2170 的矩形。将该矩形向内偏移复制 45。

②绘制出线套管：利用画圆命令，在变压器器身顶部的适当位置绘制出表示高、中、低三侧及中性点的出线套管。结果如 9-23（a）图所示。

③绘制变压器两侧的散热器：先绘制出一侧的散热片，每一散热片的大小可用一 535×1440 的矩形表示，再多重复制出各散热片，复制距离为 620。接着利用直线命令和修剪命令，完成各散热片的连接，如图 9-23（b）所示。最后再利用镜像命令和复制命令得到其另一侧的散热片器，结果如图 9-23（c）所示。

　　④绘制变压器的油枕：利用矩形和直线命令，以合适的尺寸在变压器左侧绘制出变压器的油枕及连接管道。最后完成的变压器图形如图 9-23（d）所示。

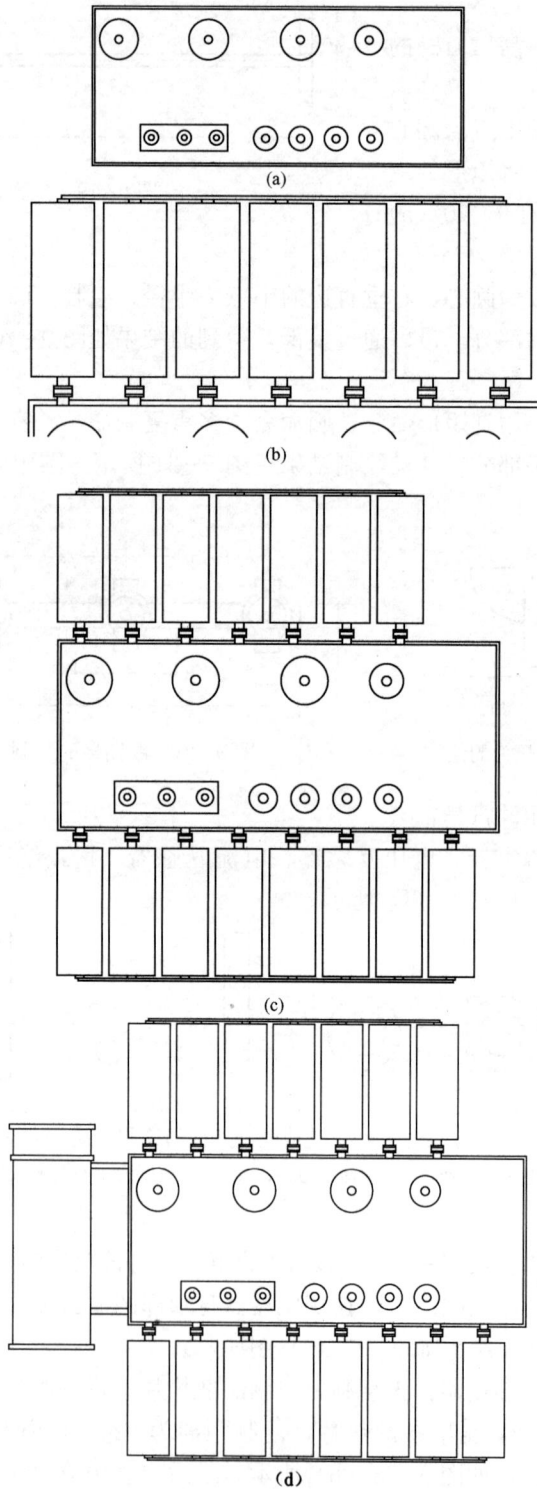

图 9-23　变压器的绘制

5. 设备布置

参见图 9-16，将绘制好的电气设备的图形符号布置到定位线所在的位置上。结果如图 9-24 所示。

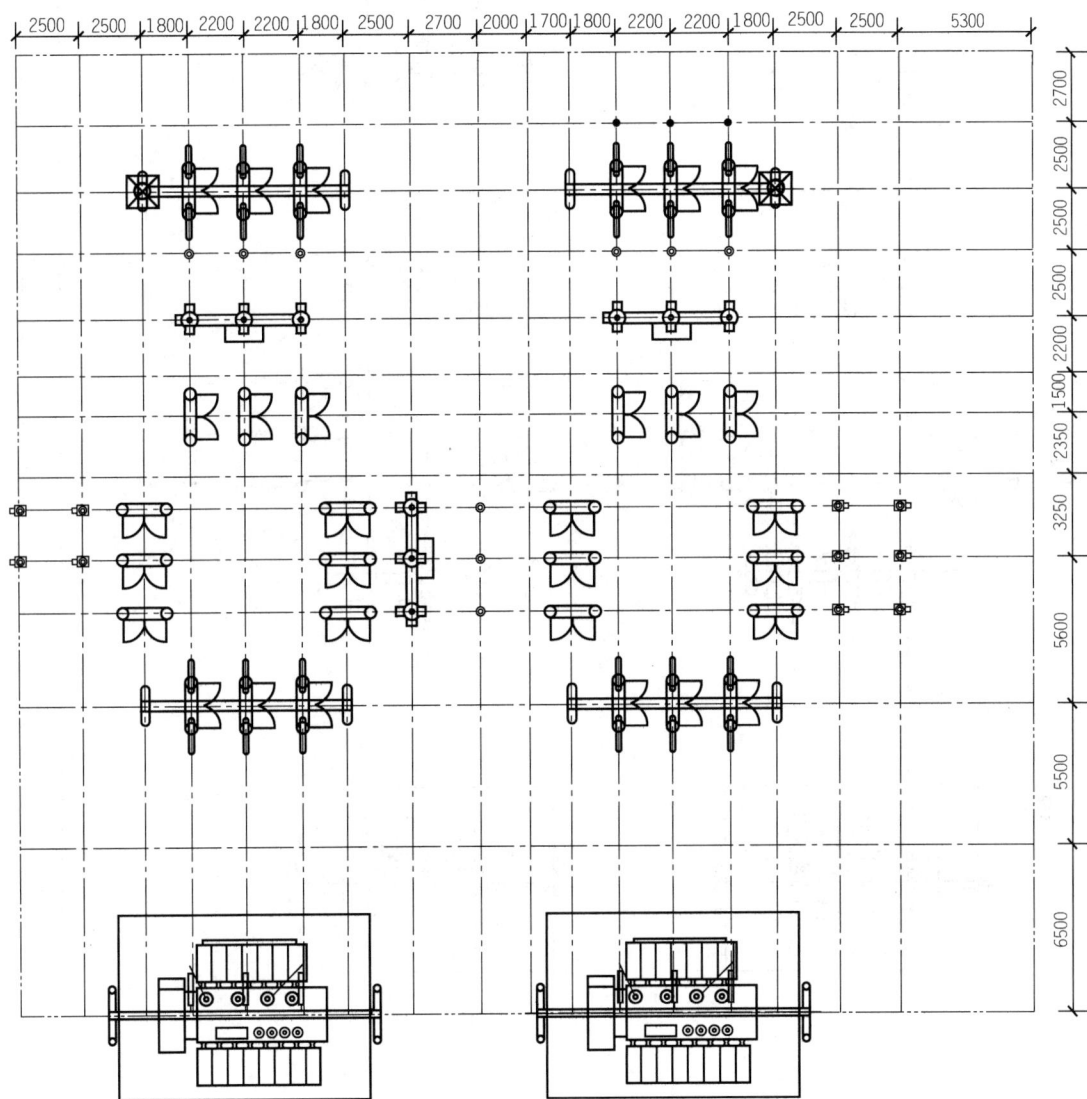

图 9-24 电气设备布置图

6. 连线

在连接线层，将各电气设备按 A、B、C 三相顺序分别用直线进行连接。在绘制过程中，需要强调绘制导线交叉空心点。关闭了定位线层后的平面图形如图 9-25 所示。

7. 绘制电缆沟和道路

重新打开定位线层，根据定位线的位置，利用直线和圆弧命令，绘制电缆沟和道路，具体位置和尺寸大小参见图 9-16 所示。绘制结果如图 9-26 所示。

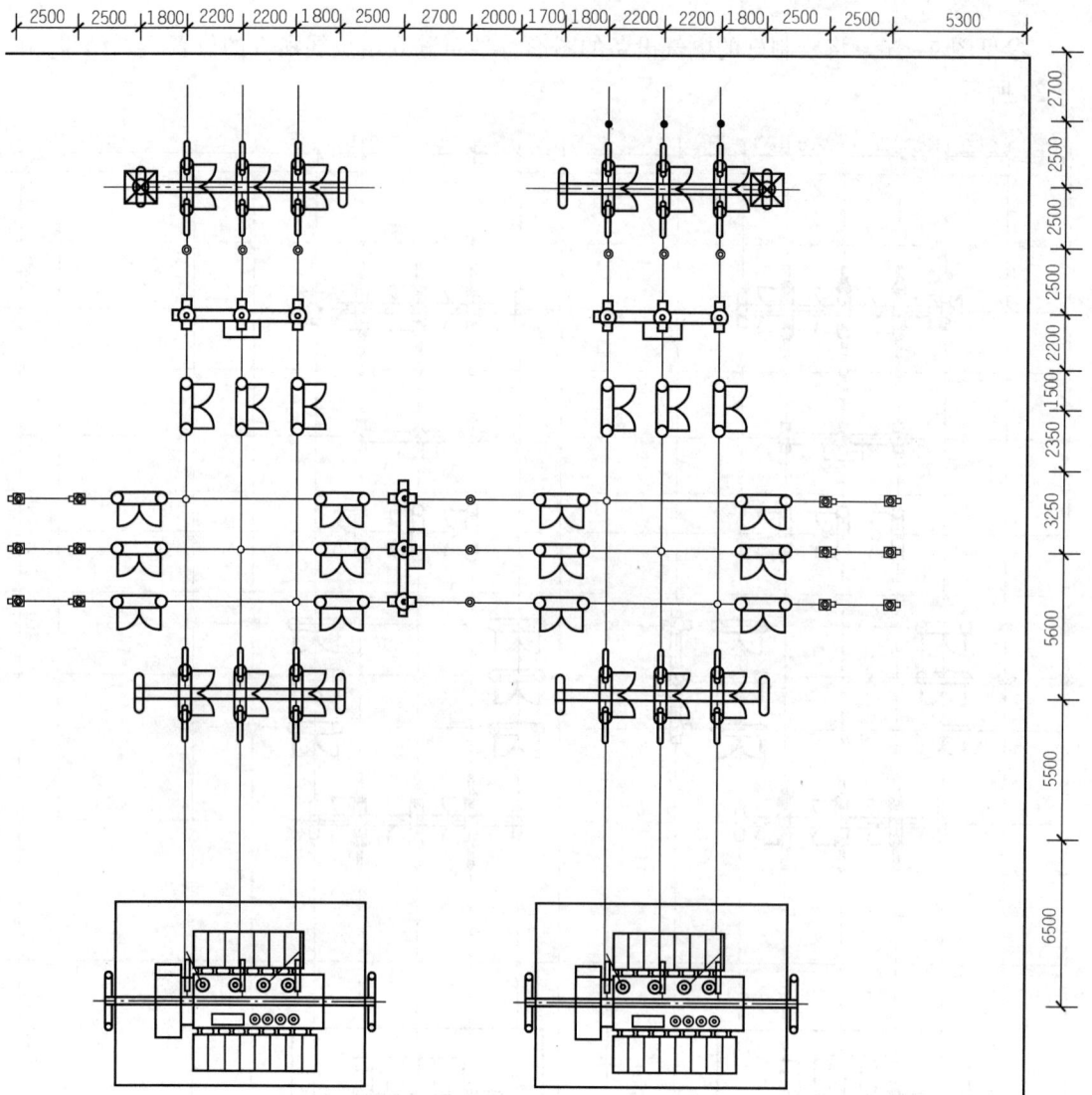

图 9-25　连接导线

8. 文字和尺寸标注

在绘制本图时，为了便于绘图，将 A3 样板图的边框及标题栏放大了 200 倍，在进行文字及尺寸标注时，应同时考虑打印图纸的大小。假设本图仍以 A3 图纸打印，则文字及尺寸标注样式应作如下调整：

（1）文字样式：将文字标注的字高也相应扩大 200 倍，即将字高改为 1000。

（2）尺寸标注样式：将尺寸标注样式中的【调整】选项卡中的【使用全局比例】项设置为 200。

设置好文字及尺寸标注样式后，即可按要求标注相应的文字、尺寸，填写标题栏文字等，最后结果如图 9-16 所示（图中省略了边框及标题栏）。

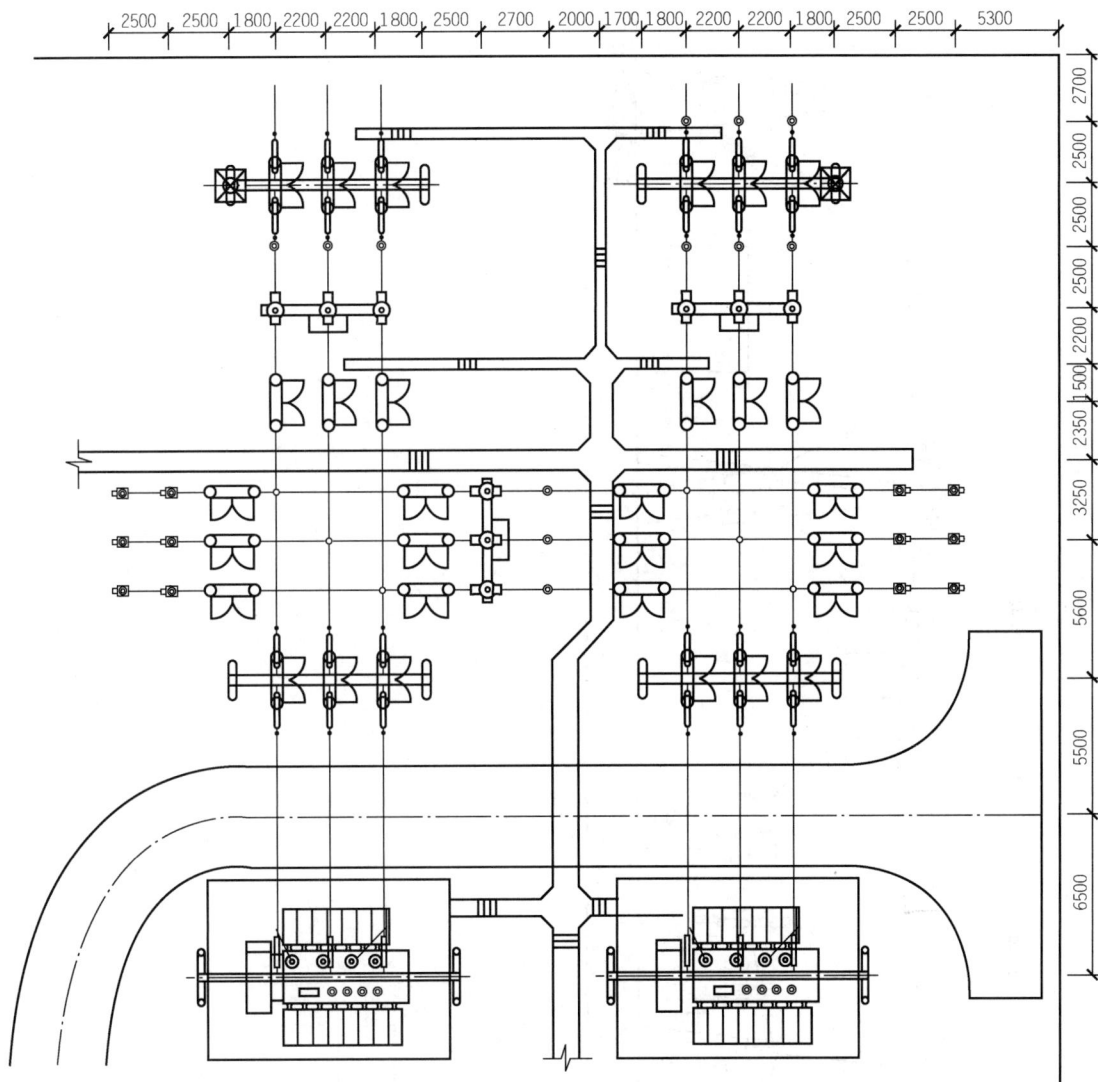

图 9 - 26 绘制电缆沟和道路

9.3 变电所断面图的绘制

图 9 - 27 为某一变电所 110kV 主变进线间隔断面图。断面图是电力工程中用来表明所取断面的间隔中各种电气设备的具体空间位置、安装和相互连接的结构图。因此,断面图应按比例绘制,各部分之间的位置关系必须严格按规定尺寸来布置。绘制此类电力工程图的大致思路:首先在定位线层进行图纸的布局,以确定各主要设备在断面图中的位置,接着根据定位线分别绘制各电气设备的支持架构。再绘制各电气设备的外形示意图,然后安装到图中对应的杆塔上。最后填写标题栏,添加上标注尺寸和图例,即可完成整张断面图的绘制。

具体绘图步骤如下:

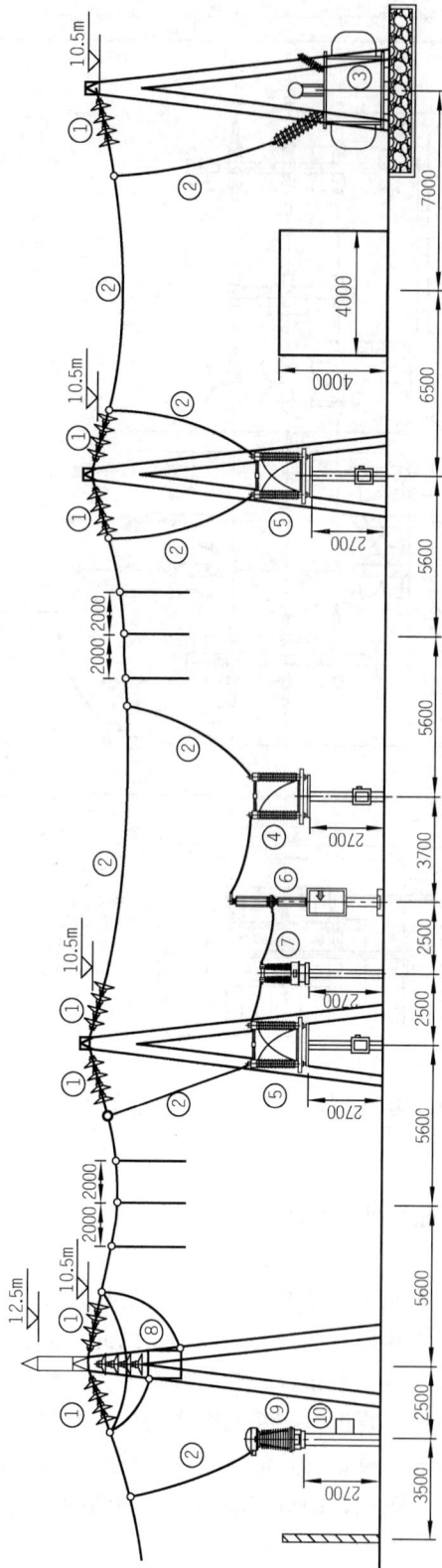

图 9 - 27　某变电所 110kV 主变进线间隔断面图

序号	名称	型号	单位	数量
1	耐张绝缘子串	FXBW4-110/100	串	20
2	钢芯铝绞线	LGJ-240	米	
3	主变压器	SZ10-31500/110	台	
4	隔离开关	GW-126D/1250	组	2
5	隔离开关	GW-126D/1250	组	3
6	六氟化硫断路器	LTB 3150/40	台	1
7	电流互感器	LB7-110 300/5	台	6
8	高阻波器	XZK-630-1.0/16	只	1
9	电压指示装置	TEMP-110SU	台	2
10	端子箱	Xw300×300×200	只	2

1. 设置绘图环境

（1）打开 AutoCAD2014 应用程序，以本书 7.3 中定义的"A2.dwt"样板文件为模板，建立一个新的图形文件，将新图形文件命名为"**某变电所 110kV 主变进线间隔断面图**"并保存在指定目录。

（2）将"标准"、"图层"、"绘图"、"对象特性"、"修改"和"标注"等常用工具栏打开，并将它们移动到绘图窗口中的适当位置。设置对象捕捉、极轴等辅助绘图工具。

（3）为便于绘图，本图 1∶1 比例画出，根据该断面图的大小，应利用"缩放"命令，将 A2 样板图的图框及其标题栏放大 100 倍。

（4）调用菜单命令［视图］／［缩放］／［全部］或双击鼠标中键，将视图最大化。

2. 图纸布局

（1）将"定位线"层设置为当前层，利用构造线命令绘制一水平构造线和垂直构造线。

（2）利用偏移命令，以该水平构造线 1 为起始，依次向上绘制构造线 2、3、4、5 和 6，偏移量分别为 2700，6300、1500、2000 和 450；同理以垂直构造线 7 为起始，依次向右偏移 2500、5600、5600、2500、2500、3700、5600、5600、6500 和 7000 绘制出 8、9、10、11、12、13、14、15、16 和 17 构造线。

（3）利用修剪命令，修剪掉构造线的外围部分，结果如图 9-28 所示。

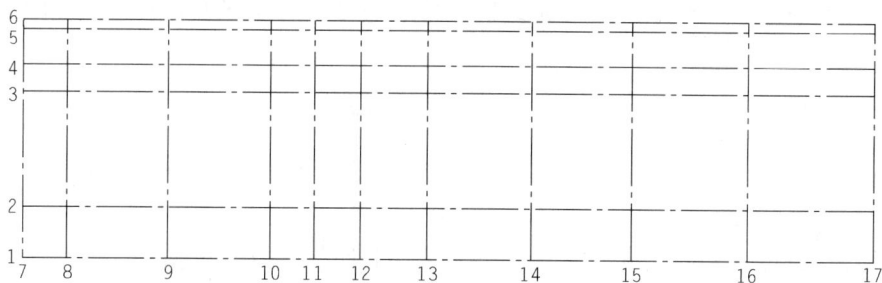

图 9-28　定位线

3. 绘制电气设备的支持构架

在前面绘制完成的定位线的基础上，将"实体符号"层切换为当前层，参见图 9-27 在其所在的位置上分别完成各电气设备的支持构架的绘制，如图 9-29 所示。

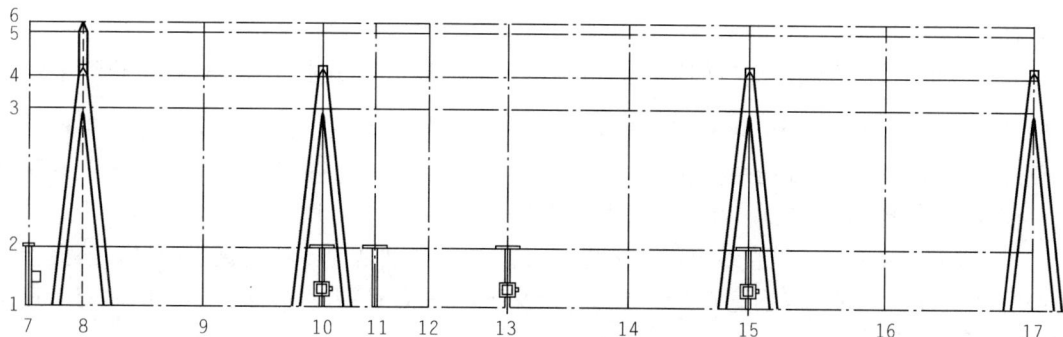

图 9-29　各电气设备的构架

（1）杆塔 7 的绘制过程。

1）利用多线命令绘制杆塔，命令行出现如下提示。

命令：_mline

当前设置：对正＝上，比例＝20.00，样式＝STANDARD

指定起点或 [对正 (J) /比例 (S) /样式 (ST)]：s↓

输入多线比例＜20.00＞：300↓

当前设置：对正＝上，比例＝300.00，样式＝STANDARD

指定起点或 [对正 (J) /比例 (S) /样式 (ST)]：j↓

输入对正类型 [上 (T) /无 (Z) /下 (B)] ＜上＞：z↓

当前设置：对正＝无，比例＝300.00，样式＝STANDARD

指定起点或 [对正 (J) /比例 (S) /样式 (ST)]：

利用对象捕捉功能，用鼠标单击拾取定位线 7 的下端点作为多线的起点，垂直向上移动鼠标，捕捉拾取定位线 2 和定位线 7 的交点，以确定多线的终点。

2）利用直线命令，将杆塔 7 的两个端口连接封闭起来。最后在图中多线中点的位置绘制一大小适当的矩形，以表示端子箱。结果如图 9 - 30 （a）所示。

3）绘制杆塔顶部的固定金具：

利用矩形和移动命令，在杆塔顶部绘制一大小为 450×100 的矩形。结果如图 9 - 30 （b）所示。

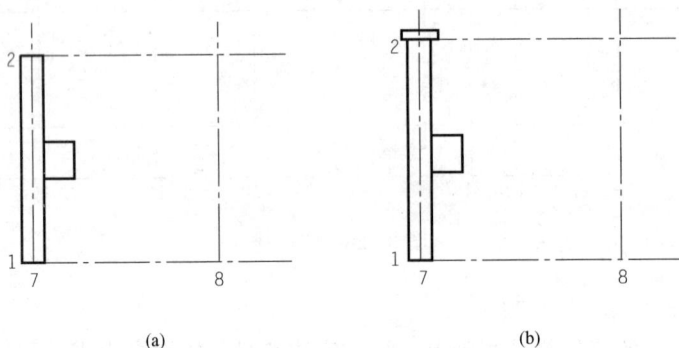

(a)   (b)

图 9 - 30   绘制杆塔 7

（2）出线门形架 8 的绘制过程。

1）启动直线命令绘制出线门形架，可利用对象捕捉追踪功能，当捕捉到定位线 8 的端点时，水平向左移动鼠标，在对象捕捉追踪的虚线亮起时输入 1020，然后按 Enter ，接着利用对象捕捉功能，捕捉拾取定位线 3 和定位线 8 的交点，以确定出 a 直线。利用偏移命令，将 a 直线向左偏移 350，得到 b 直线，结果如图 9 - 31 （a）所示。

2）利用延伸命令，以直线 8 作为边界，将直线 b 向上延伸。利用直线命令，捕捉拾取直线 b 和定位线 4 的交点垂直向上绘制一直线交于定位线 5，再水平向右移动鼠标交于定位线 8，结果如图 9 - 31 （b）所示。

3）利用镜像命令，以定位线 8 为镜像轴，将左半部分的门形架对称复制到右边。利用直线命令，绘制出两个三角形，以表示其固定金具，结果如图 9 - 31 （c）所示。

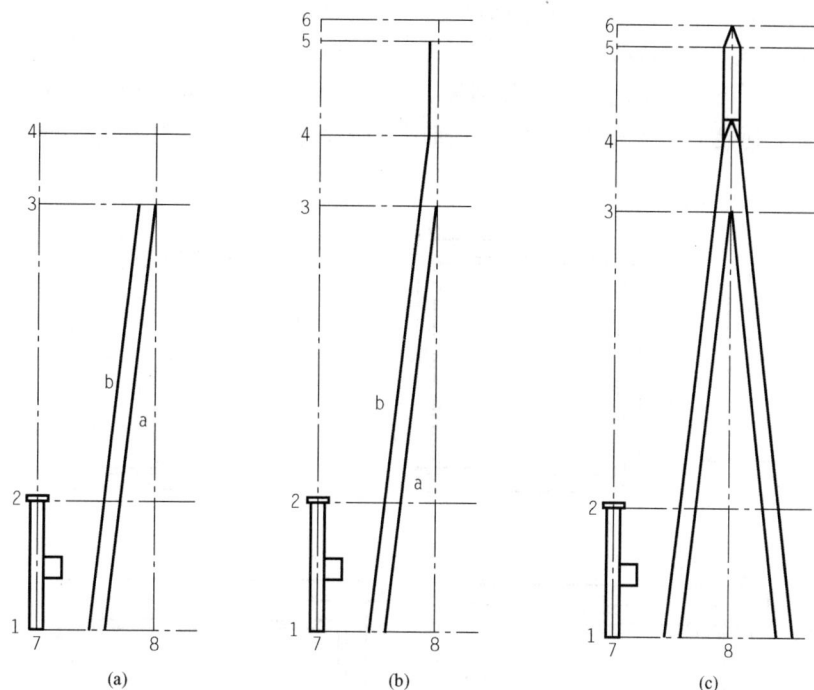

图 9 - 31 绘制出线门形架 8

10、15、17 为中央门形架，可以利用已绘制好的出线门形架 8，运用复制命令和对象捕捉功能得到 10、15、17 的中央门形架再进行适当的修改得到，结果如图 9 - 32 所示。

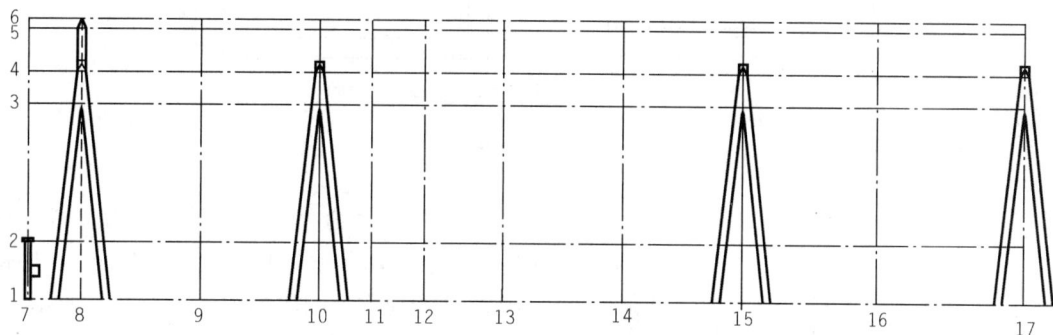

图 9 - 32 绘制出线门形架 10、15 和 17

（3）杆塔 10 的绘制过程。

1）绘制杆塔：与绘制杆塔 7 的方法相同，捕捉定位线 10 的端点，利用多线命令绘制杆塔 10，结果如图 9 - 33 （a）所示。

2）绘制隔离开关的操动机构：

①利用矩形命令，绘制一个大小为 500×550 的矩形。利用分解命令，将该矩形分解。利用偏移命令，将该矩形的四条边分别向内偏移复制 35 和 50，结果如图 9 - 33 （b）所示。

②利用修剪命令，将多余线段修剪掉，结果如图 9 - 33 （c）所示。

③利用矩形命令，绘制一个大小为 550×30 的矩形。利用圆角命令，将该矩形的两个顶

角进行圆角，圆角半径为 15。利用移动命令，移动该矩形，移动基点为其下边的中点，目标为（c）图矩形的上边中点，结果如图 9-33（d）所示。

④利用矩形命令，绘制两个大小分别为 20×440 和 5×470 的矩形。利用移动命令，将这两个矩形移动到操动机构箱的右边。再利用直线命令，添加上机构箱的把手，结果如图 9-33（e）所示。

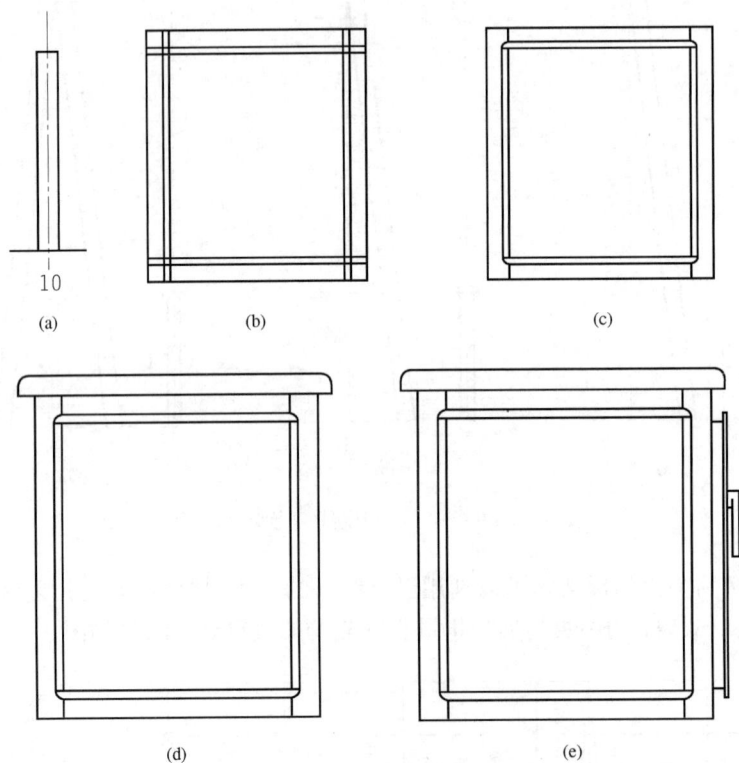

图 9-33　绘制杆塔 10（1）

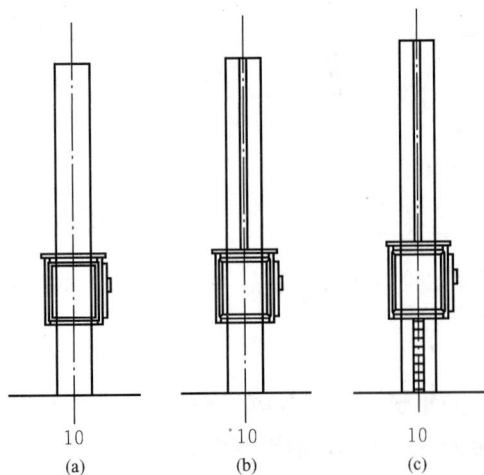

图 9-34　绘制杆塔 10（2）

⑤利用移动命令和对象捕捉追踪功能，将隔离开关的操动机构箱移动到距杆塔 10 底部 570 高度的地方，结果如图 9-34（a）所示。

⑥利用多线命令，绘制操动机构的连接杠杆。设置多线间距为 50，结果如图 9-34（b）所示。

⑦利用多线命令，绘制接地扁钢。设置多线间距为 80。利用直线命令，封闭该多线的上、下两端。

⑧利用图案填充命令，对上述绘制的多线进行图案填充，以表示扁钢的涂漆。图案填充样式为在【图案填充选项板】中选择【其他预定义】选项卡中的 PLAST 样式，同时将比例

值设置为 10，结果如图 9-34（c）所示。

　　3）绘制杆塔顶部的固定金具。利用矩形命令，在杆塔顶部绘制一大小为 1400×100 的矩形。利用分解命令，将该矩形分解。利用偏移命令，将矩形的上下两条边向内偏移复制 23，结果如图 9-35 所示。

　　杆塔 13 和杆塔 15 的绘制与杆塔 10 完全相同，可以利用复制命令和对象捕捉功能得到 13 和 15 的杆塔，结果如图 9-36 所示。

　　（4）杆塔 11 的绘制过程。杆塔 11 的绘制过程与杆塔 1 完全相同。可利用多线命令和矩形命令，多线间距仍为 300。表示杆塔 11 顶部固定金具的矩形大小为 700×100。结果如图 9-29 所示。

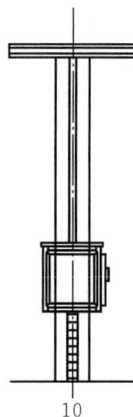

图 9-35　绘制杆塔 10（3）

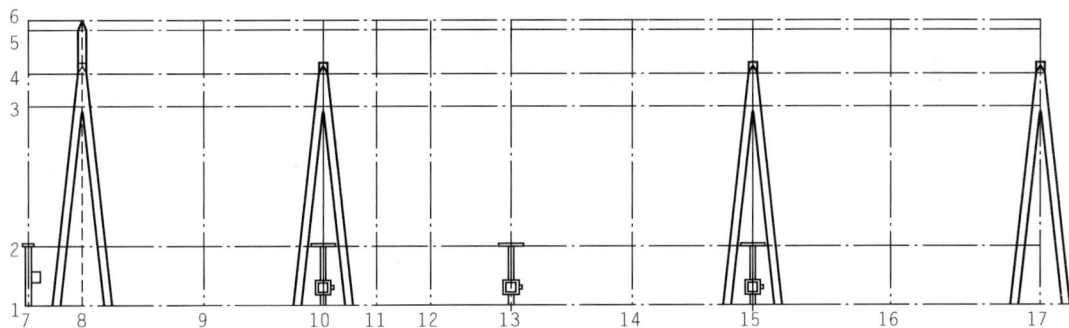

图 9-36　绘制杆塔 13 和 15

　　4. 绘制各电气设备的外形示意图

　　该部分参见第 4 章"常用电气设备的绘制"。

　　5. 插入各电气设备

　　利用插入块命令，将第 4 章节中所绘制的各电气设备块以 1∶1 的比例插入到相应的架构上。在插入的过程中，应利用对象捕捉功能，使各电气设备能够准确定位在相应的位置上。结果如图 9-37 所示。

　　6. 绘制耐张绝缘子串和高阻波器

　　同理利用插入块命令，将第四章节中所绘制的绝缘子以 1∶1 的比例插入，然后利用复制（110kV 电压等级的绝缘子片数为 7 片）、旋转和移动命令，将绝缘子串放置在图中合适的位置。利用矩形命令，在如图中位置绘制大小合适的矩形，以表示高阻波器。图 9-38 所示为杆塔 8 上的耐张绝缘子串和高阻波器。

　　杆塔 10、15 和 17 上的耐张绝缘子可以通过复制杆塔 8 得到。

　　7. 绘制设备线夹、连接导线与围墙

　　将"连接导线层"置为当前层，利用圆、圆弧及直线命令，绘制设备线夹和连接导线。注意使用夹点编辑命令适当调整圆弧的方向。利用圆弧命令绘制表示隔离开关的接地。最后

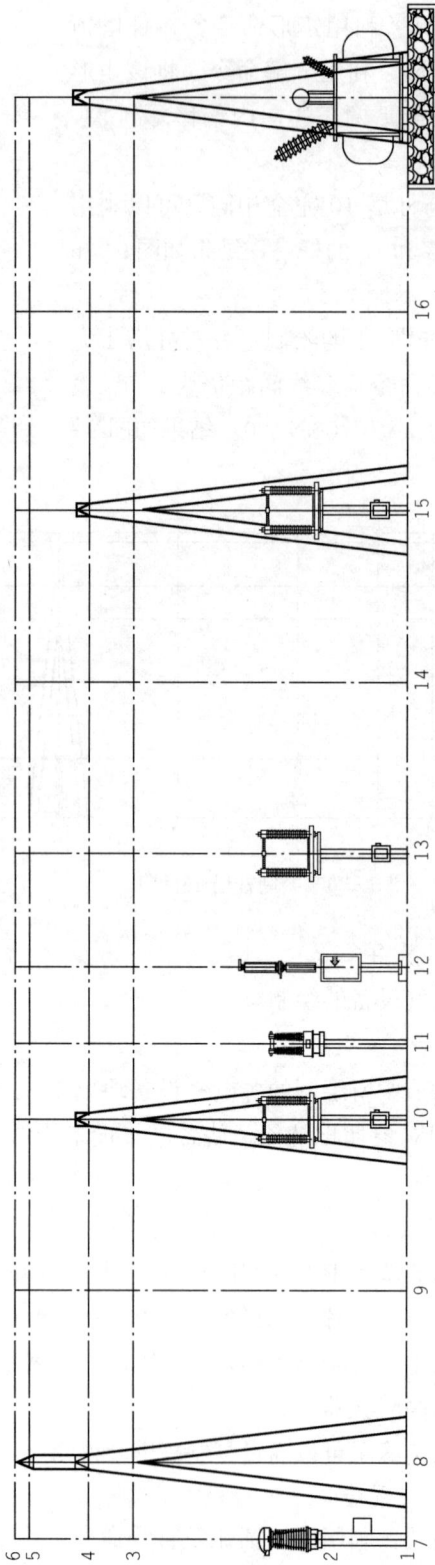

图 9 - 37　插入各电气设备

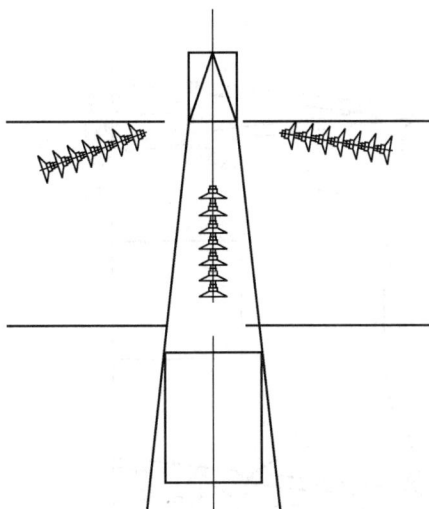

图 9-38　绘制杆塔 8 的耐张绝缘子串和高阻波器

在与杆塔 7 相距 3500 处绘制大小适当的围墙。将定位线 1 转换到实体符号层，同时将定位线层关闭，结果如图 9-39 所示。

8. 绘制该间隔断面相对应的电气接线图

利用插入块命令，将"电气设备图形符号库"中的各电气设备图形符号插入以绘制出该间隔断面相对应的电气接线图，如图 9-27 所示。

9. 标注尺寸和图例

在绘制本图时，为了便于绘图，将 A2 样板图的边框及标题栏放大了 100 倍，在进行文字及尺寸标注时，应同时考虑打印图纸的大小。假设本图以 A2 图纸打印，则文字及尺寸标注样式应作如下调整：

（1）文字样式。将文字标注的字高也相应扩大 100 倍，即将字高改为 500。

（2）尺寸标注样式。将尺寸标注样式中的【调整】选项卡中的【使用全局比例】项设置为 100。

设置好文字及尺寸标注样式后，即可按要求标注相应的文字、尺寸，填写标题栏文字等。选用设定的尺寸标注样式按要求标注出所有尺寸。标高的标注可利用本书 5.1 定义的"标高符号"图块插入，在插入时应注意将比例设置为 100，输入相应的标高值即可。标注尺寸及标高的图如图 9-40 所示。

（3）标注电气设备图例序号。按设定的文字样式标注电气设备图例序号，结果如图 9-41 所示。

（4）绘制图例表格及输入文字步骤如下：

1）绘制图例表格：可以用绘图和编辑命令直接绘制，也可以通过创建表格方式进行绘制，如图 9-42 所示。

2）填写单元格文字：按设定的文字样式填写各单元格文字。结果如图 9-42 所示。

最后，把图例表格移动到合适的位置，填写标题栏文字，完成变电所 110kV 主变进线间隔断面图的绘制，如图 9-27 所示（图中省略了图框及标题栏）。

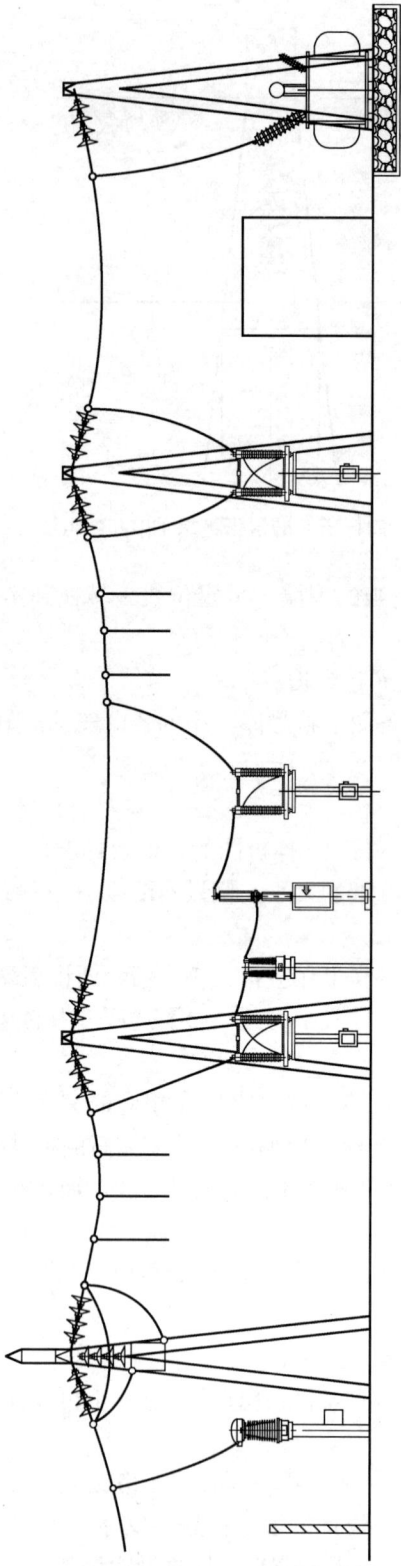

图 9 - 39　绘制连接导线和围墙

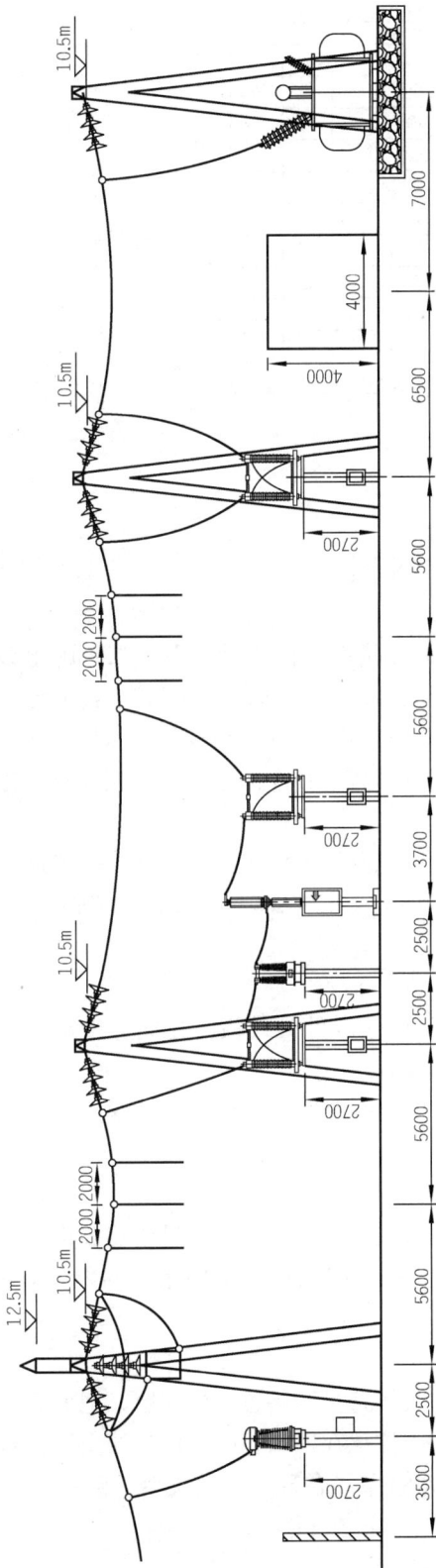

图 9 - 40 绘制尺寸和标高

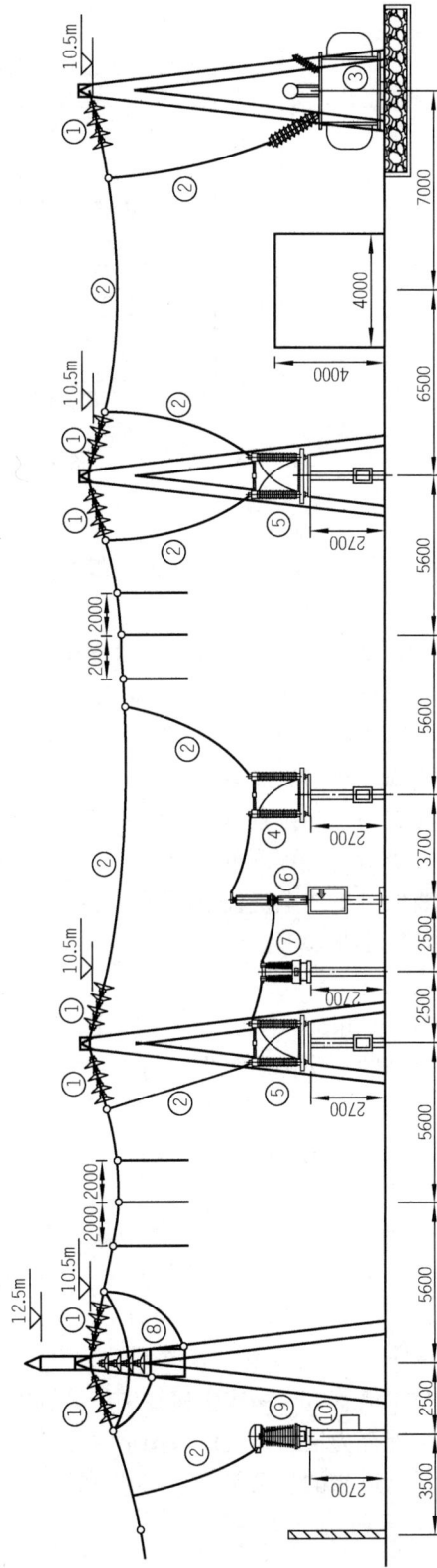

图 9 - 41 添加图例序号

1200 6700 6700 1200 1200

11×900

序号	名称	型号	单位	数量
1	耐张绝缘子串	FXBW4-110/100	串	20
2	钢芯铝绞线	LGJ-240	米	
3	主变压器	SZ10-31500/110	台	
4	隔离开关	GW-126D/1250	组	2
5	隔离开关	GW-126D/1250	组	3
6	六氟化硫断路器	LTB 3150/40	台	1
7	电流互感器	LB7-110 300/5	台	6
8	高阻波器	XZK-630-1.0/16	只	1
9	电压抽取装置	TEMP-110SU	台	2
10	端子箱	XW300×300×200	只	2

图 9-42 图例表

9.4 高压开关柜订货图

图 9-43 为某变电所 10kV 屋内配电装置电气设备订货图。图中此工程 10kV 配电以 HXGN20-12ZF 系列环网开关柜承担，编号为 H01 等柜为 10kV 进线兼 PT 柜，，编号为 H02 柜为 10kV 计量柜，H03、H04 柜分别为♯1、♯2 变压器 10kV 开关柜。10kV 母线为三根 60×6 铜母排构成的单母线不分段型式。此四柜单列并排，在绘图过程中，应注意各柜间的相对位置与实际位置一致，以便订货安装。

绘制此类电力工程图的思路：首先绘制表格，然后分别绘制各部分的电气设备图形符号，最后将绘制好的电气设备图形符号插入到表格中，加上文字注释，完成图纸绘制。

具体绘图步骤如下：

1. 图纸布局

（1）打开 AutoCAD2014 应用程序，以“A3.dwt”样板文件为模板，建立一个新的图形文件，将新图形文件命名为“高压开关柜订货图”并保存。

（2）调出“标准”、“图层”、“绘图”、“对象特性”、“修改”和“标注”等常用的工具栏，并将它们移动到绘图窗口中的适当位置。

2. 绘制表格

在定位线层绘制表格。表格可以用绘图和编辑命令直接绘制，也可以通过创建表格方式进行绘制。图中表格的水平间距为 12，垂直间距为 60，一次接线图部分的水平间距为 80。结果如图 9-44 所示。

3. 绘制电气一次接线方案图

此部分可借鉴电气一次主接线图的绘制方法。将“实体符号”层置为当前层，把前面已绘制好的且保存为块的电气设备图形符号插入到表格中。注意在插入各电气设备的图形符号图块时可进行适当的位置调整、图形缩放，以使图形能够布局合理，图面美观。结果如图 9-45 所示。

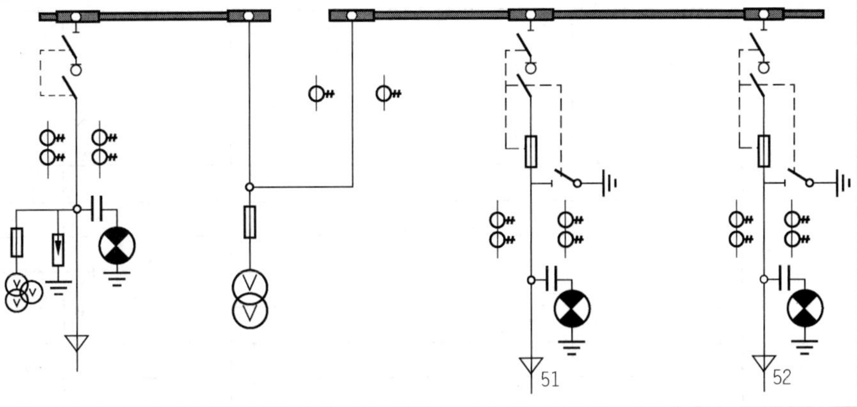

项目	名称	型号规格	数量	型号规格	数量	型号规格	数量	型号规格	数量
	开关柜编号	H01		H02		H03		H04	
	开关柜型号	HXGN20-12ZF-06		HXGN20-12ZF-38		HXGN20-12ZF-30		HXGN20-12ZF-30	
	母线规格	TMY-60×6		TMY-60×6		TMY-60×6		TMY-60×6	
一次主要设备	1 真空断路器(负荷开关)	ZFN23-12 630A	1			ZFNR23-120/125-31.5	1	ZFNR23-12D/125-31.5	1
	2 电流互感器	LZZBJ12-W1 150/5A 0.5/0.5	2	LZZX12-10EH 100/5A 0.2s	2	LZZBJ12-W1 75/5A 0.5/10P15	2	LZZBJ12-W1 75/5A 0.5/10P15	2
	3 熔断器	0.5A 31.5kA		XRNP-10 0.5A 31.5kA	3	SFLAJ-12 100/80A, 31.5kA	3	SFLAJ-12 100/80A, 31.5kA	3
	4 电压互感器	JDZ-10R 10/0.1/0.22kV 0.5/3级	2	JDZ9-10Q 10/0.1kV 0.2级	2				
	5 避雷器	HYSWZ-17/45	3						
	6 带电显示装置	GSNb-10	1			GSNb-10		GSNb-10	
	7 进出线电缆					ZRYJV-10 3×50		ZRYJV-10 3×50	
	8 故障检测指示装置					FDS-2CP	1	FDS-2CP	1
二次设备	1 电流表 6L2-A	150/5A	1			75/5A	1	75/5A	1
	2 电子式多功能电能表 DSSD132			3×100V, 3×1.5|6|A, 0.5级	1				
	3 失压计时仪 DSJ-1			3×100V, 5A	1				
	4								
	二次图编号	HXGN-EC-TY102FK		HXGN-EC-TY104FK		HXGN-EC-TY103FK		HXGN-EC-TY103FK	
	回路名称	10kV进线兼PT柜		10kV计量柜		1#变压器10kV开关柜		2#变压器10kV开关柜	
	开关柜尺寸:宽×深×高	700×1000×2200		800×1000×2200		700×1000×2200		700×1000×2200	

图 9-43　10kV屋内配电装置设备订货图

4. 文字标注

在文字层进行文字的标注。

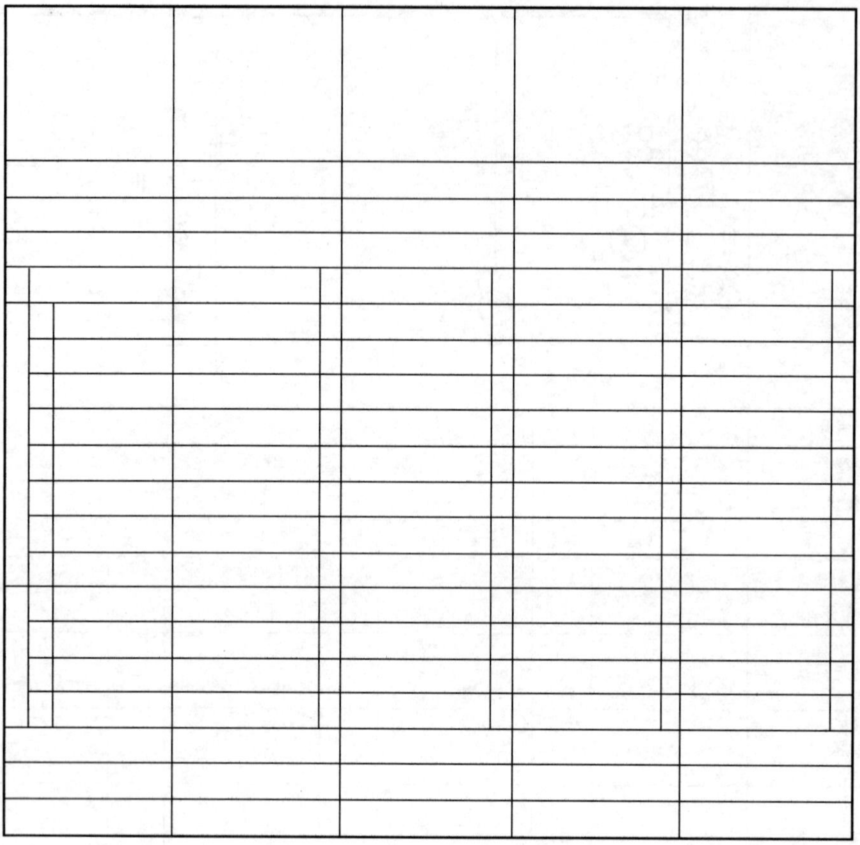

图 9 - 44　订货图表格

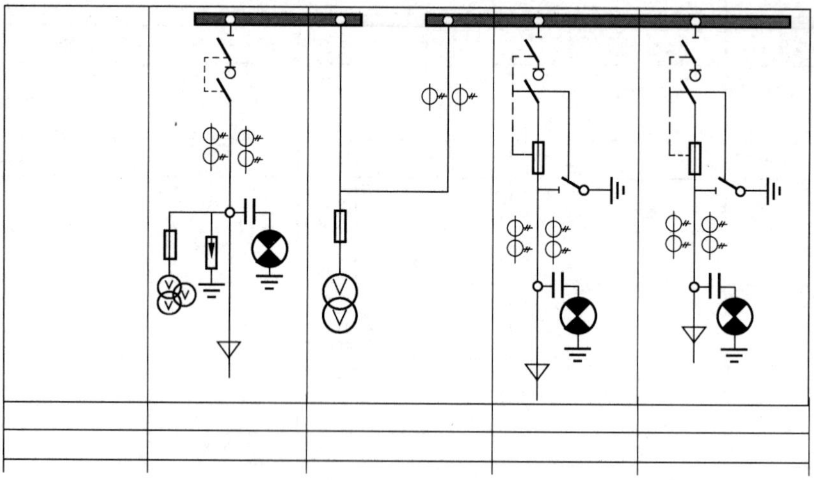

图 9 - 45　电气一次接线方案图

　　（1）用 MTEXT 命令输入一种设备文字，再利用多重复制命令将之复制到其他需进行文字标注的单元格中，在复制过程中应注意结合使用正交命令。

　　（2）进行文字编辑修改为所需要的文字标注。结果如图 9 - 43 所示。

5. 填写标题栏，完成作图

9.5 变电所避雷针保护范围示意图

图 9-46 为一个 110kV 变电所避雷针保护范围示意图。发电厂、变电所中为防止雷电直击于电气设备，通常采用避雷针进行保护。在具体的防雷设计中，应先绘制出户外配电装置的平面布置图，根据户外配电装置的占地面积、构架尺寸，经过技术经济比较确定出避雷针应装设的位置、数量与高度，最后绘制出户外配电装置直击雷保护范围图。图 9-46 中的变电所占地长为 100m，宽为 50m，构架高 12m，全所共设置四支避雷针，其中♯1、♯2 避雷针为构架避雷针，高度为 23m，♯3、♯4 避雷针为独立避雷针，高度为 25m，从图中可见，该变电所全部被保护物都在避雷针的保护范围之内。

绘制此类电力工程图的大致思路：首先在定位线层进行图纸的布局，以确定各主要设备在平面图中的位置，接着根据定位线分别绘制电气设备的支持构架。再绘制各电气设备的外形示意图，然后安装到图中对应的位置上。最后填写标题栏，添加上标注尺寸和图例，即完成了整张示意图的绘制。

具体绘图步骤如下：

（1）图纸布局。

1）打开 AutoCAD2014 应用程序，选择合适的样板文件为模板，建立一个新的图形文件，将新图形文件命名为"110kV 变电所避雷针保护范围图"并保存。

2）调出"标准"、"图层"、"绘图"、"对象特性"、"修改"和"标注"等常用工具栏，并将它们移动到绘图窗口中的适当位置。

（2）绘制该变电所电气总平面布置图。

1）在定位线层进行图纸的布局，以确定各主要设备在平面图中的位置。

2）根据定位线中对应的位置，在实体符号层上绘制出该所的电气总平面布置图。

变电所电气总平面布置图的绘制具体可参考本书 9.2 变电所平面布置图绘制的方法，这里就不一一赘述了。绘制结果见图 9-47 所示。

（3）根据防雷设计的规划结果，将该变电所四支避雷针安装在图中确定的位置上。

1）绘制避雷针：利用矩形命令，绘制一 750×750 的正方形；利用直线命令将该正方形的两个对角连接起来；利用画圆命令，以该两条对角线的交点为圆心绘制两个同心圆；最后利用图案填充命令中的"SOLID"图案对该同心圆进行图案填充。结果如图 9-48 所示。

2）安装四支避雷针：利用多重复制命令和对象捕捉功能，将绘制的避雷针安装在图中所确定的位置上，其坐标位置见图 9-49。安装结果如图 9-49 所示。

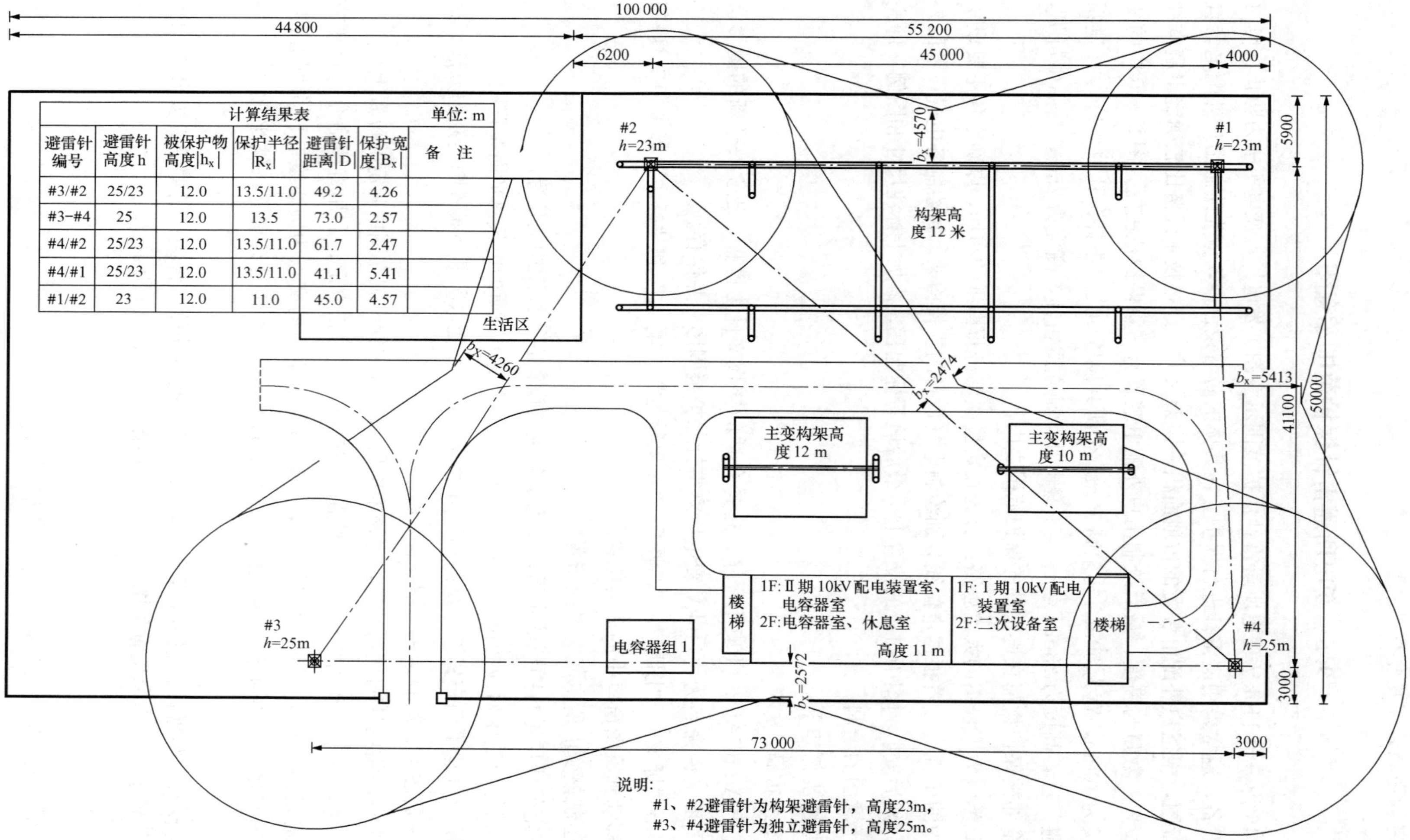

图 9-46 110kV 变电所避雷针保护范围示意图

说明：
#1、#2避雷针为构架避雷针，高度23m，
#3、#4避雷针为独立避雷针，高度25m。

计算结果表

单位：m

避雷针编号	避雷针高度 h	被保护物高度 h_x	保护半径 R_x	避雷针间距离 D	保护宽度 B_x	备注
#3/#2	25/23	12.0	13.5/11.0	49.2	4.26	
#3-#4	25	12.0	13.5	73.0	2.57	
#4/#2	25/23	12.0	13.5/11.0	61.7	2.47	
#4/#1	25/23	12.0	13.5/11.0	41.1	5.41	
#1/#2	23	12.0	11.0	45.0	4.57	

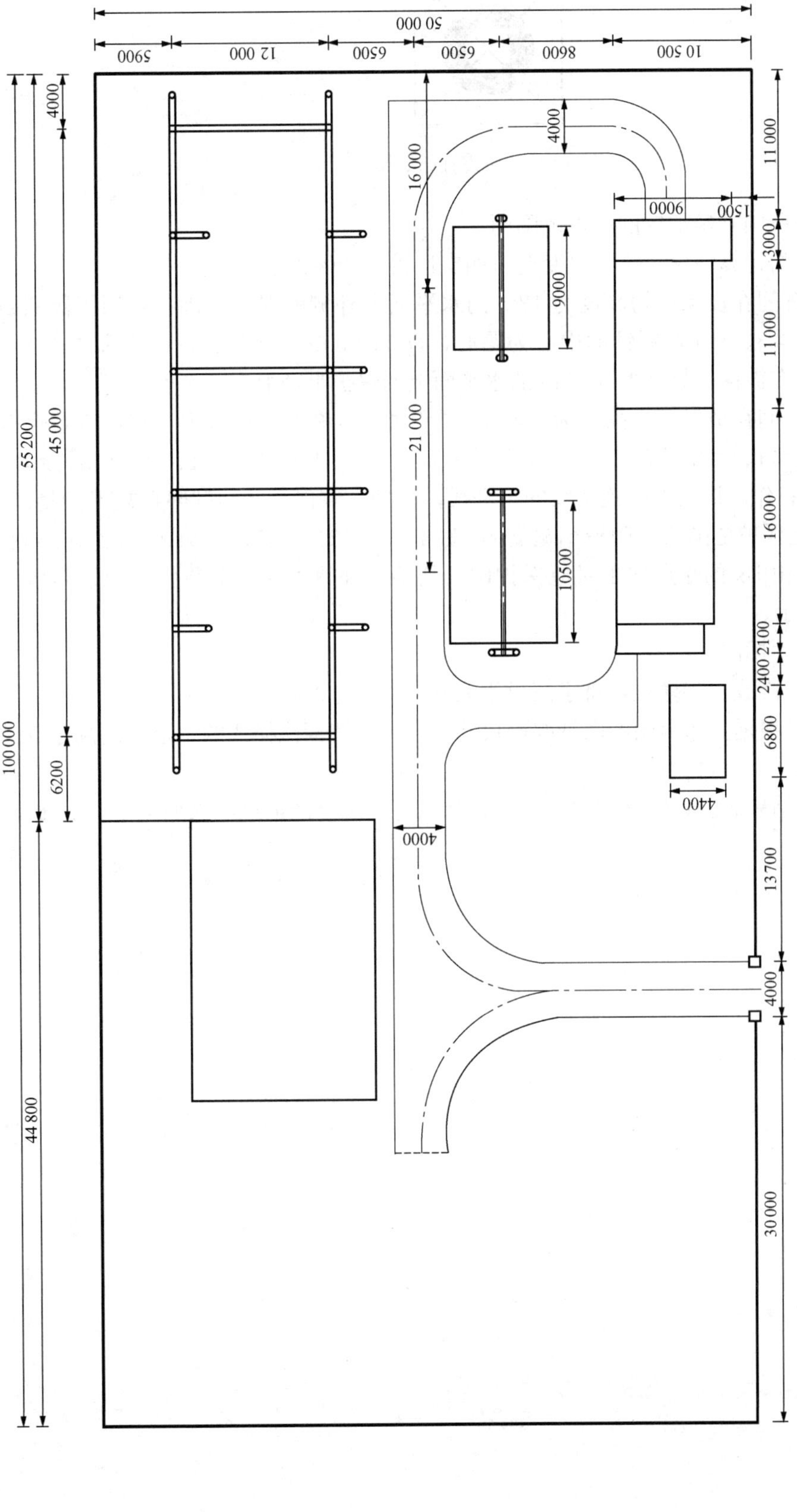

图 9 - 47　全所电气总平面布置图

图 9 - 48　避雷针的绘制

（4）绘制变电所四支避雷针的保护范围图。

根据防雷设计的计算结果，绘制出变电所四支避雷针的保护范围图：

1）绘制两两针间在被保护物高度为 12m 的水平面上外侧的保护范围：利用画圆命令，分别以♯1、♯2、♯3、♯4 避雷针的中心为圆心，以 11 000、11 000、13 500 和 13 500 为半径，绘制避雷针在被保护物高度为 12m 的水平面上的保护半径 Rx。

2）绘制两两针间在被保护物高度为 12m 的水平面上内侧的保护范围：利用直线命令，在中心线层分别将♯1、♯2 号针，♯2、♯3 号针，♯3、♯4 号针，♯1、♯4 号针及♯2、♯4 号针连接起来；作出以上五条连接线的中垂线，分别量取以上两两针间在被保护物高度为 12m 的水平面上保护范围的一侧最小宽度 Bx 为 4570、4260、2570、5410 和 2470；利用对象捕捉功能分别由 Bx 的端点作出对应保护圆的切线，即得到四支避雷针的保护范围图。绘制如图 9 - 50 所示。

（5）文字和尺寸标注。

1）文字标注：修改文字样式，将字高设为 800，并标注文字。

2）尺寸标注：根据打印出图的图纸幅面尺寸，合理设置标注样式的"全局比例"，标注所有尺寸。

（6）绘制计算结果表。110kV 变电所避雷针保护范围示意图最终结果如图 9 - 46 所示。

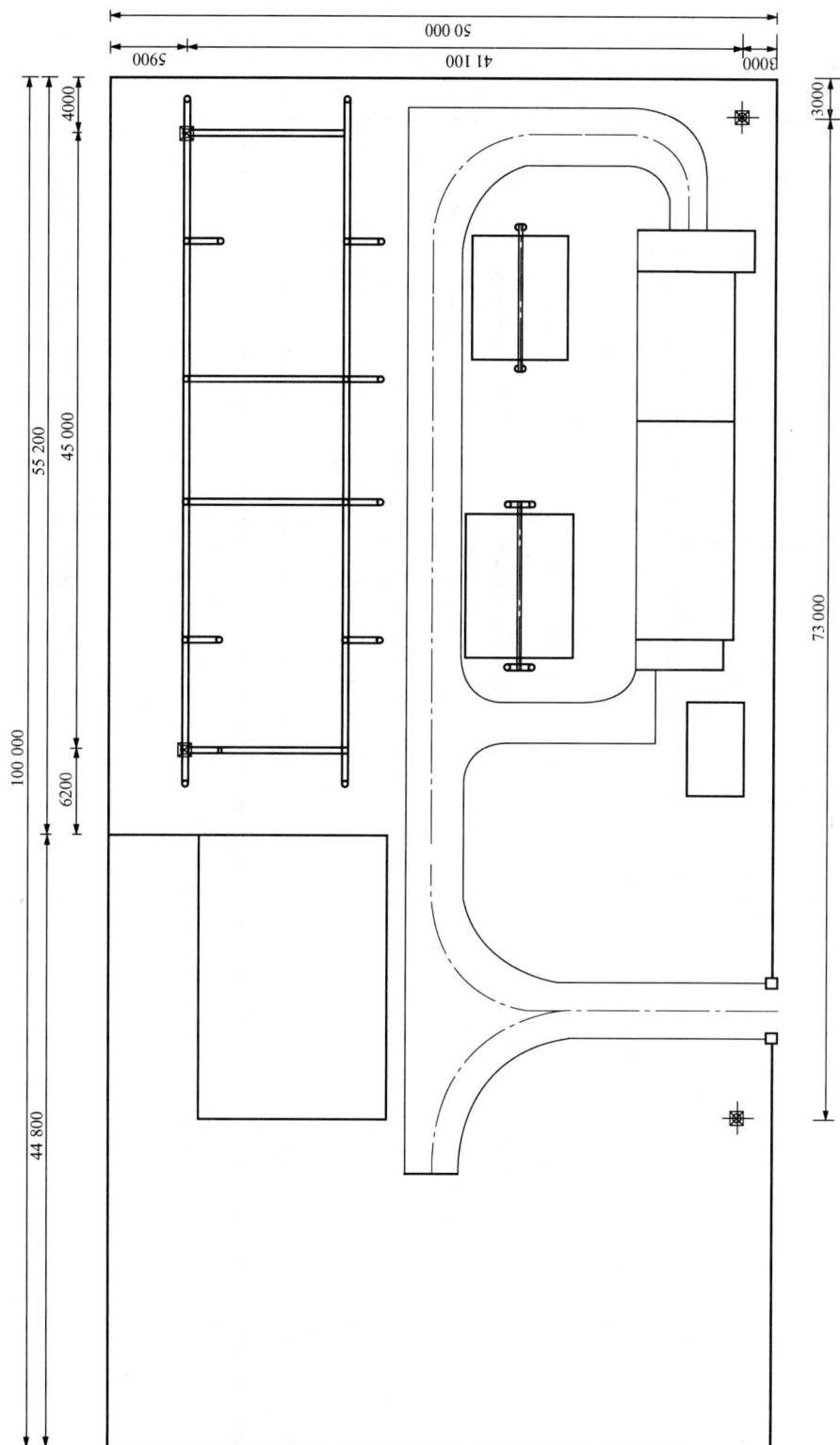

图 9 - 49　四支避雷针的布置图

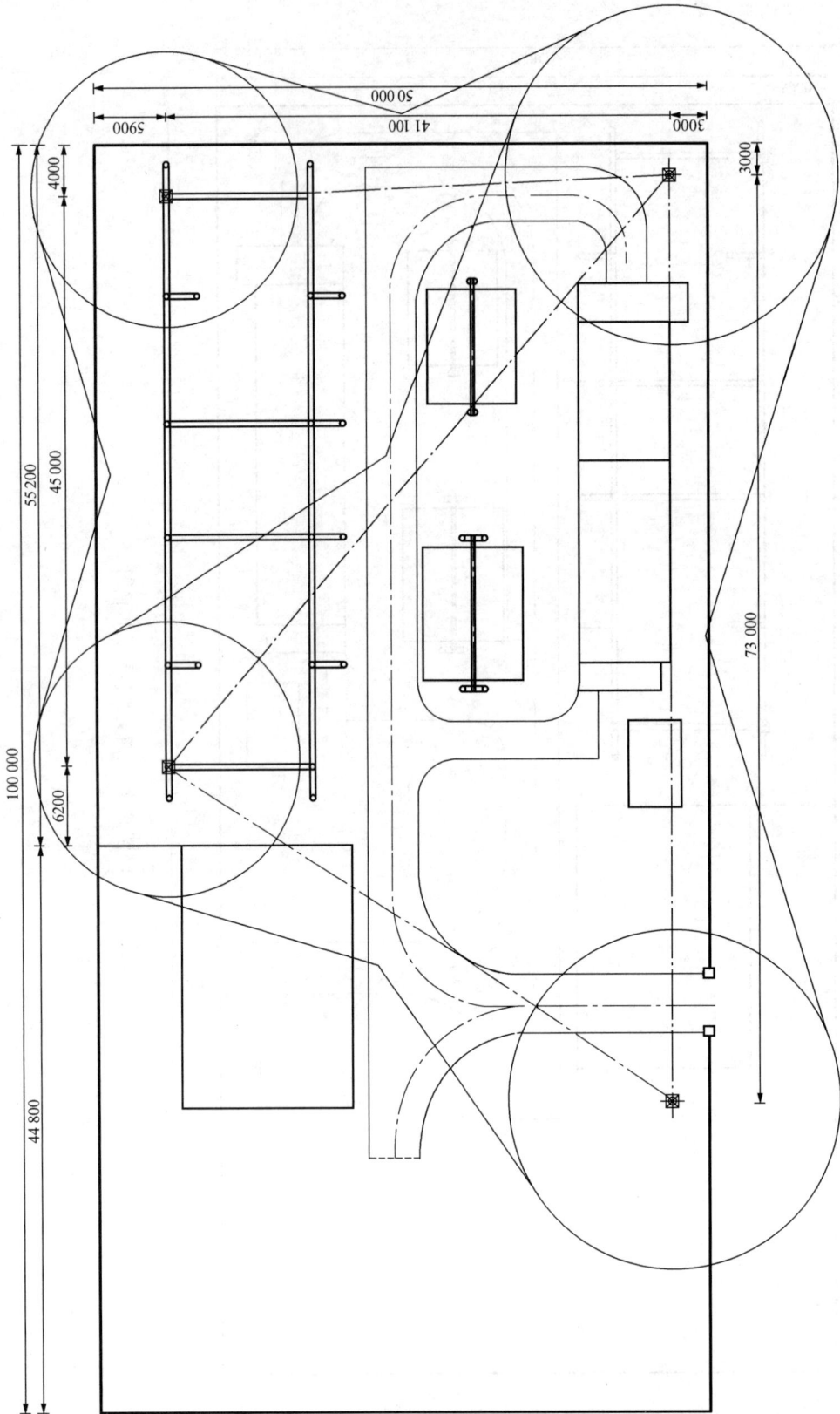

图 9 - 50　四支避雷针的保护范围图

9.6　主变压器低压侧分段断路器备用电源自动投入装置二次回路图的绘制

　　在电力系统中，对一次设备的工况进行监视、控制、调节、保护，为运行人员提供运行工况或生产指挥信号所需要的电气设备是二次设备。用导线或控制电缆将二次设备以一定的方式相互连接所构成的电路是二次回路。而描述二次回路的图纸就是二次回路图。二次回路图能详细理解二次电路和设备的作用原理，为测试和寻找故障提供信息，用作编制二次接线图的依据，是发电厂及变电所的重要技术资料。

　　此类电力工程图的特点是全图均由各电气设备的图形符号、连接导线和文字标注组成，绘图时没有比例要求，因此，美观、整齐、清楚是绘制此类电气工程图的基本要求。图 9-51 是主变低压侧分段断路器备用电源自动投入装置的二次回路图，绘制本图的基本思路是：首先设计图纸布局，接着分别绘制出各个电气部件的图形符号，然后根据各主要电气部件的相对位置关系将各个绘制好的图形符号插入到二次回路图中的相应位置上，最后添加注解文字即可。

　　具体绘图步骤如下：

　　1. 图纸布局

　　(1) 打开 AutoCAD2014 应用程序，以 "A3. dwt" 样板文件为模板，建立一个的图形新文件，将新图形文件命名为 "主变低压侧分段断路器备用电源自动投入装置二次回路图" 并保存。

　　(2) 将 "标准"、"图层"、"绘图"、"对象特性"、"修改" 和 "标注" 等常用工具栏打开，并将它们移动到绘图窗口中的适当位置。设置对象捕捉、极轴等辅助绘图工具。

　　2. 绘制各电气设备的图形符号

　　将实体符号层置为当前层，在实体符号层内完成各个电气设备的图形符号的绘制，并在符号的适当位置将符号的标记文字定义为属性。绘制完成后将各符号及其属性定义利用 "wblock" 命令分别保存为块，以方便今后绘图的使用。

　　(1) 电流互感器二次线圈的绘制步骤如下：

　　①绘制一个半径为 4 的圆，接着在正交方式下复制该圆，如图 9-52 (a) 所示。

　　②连接两圆的象限点绘制一条直线，如图 9-52 (b) 所示。

　　③用修剪命令，将两圆的下半部分修剪掉，然后利用移动命令将直线往上移至合适的位置，即得电流互感器的二次线圈，结果如图 9-52 (c) 所示。

　　④将标记文字定义为属性，并将图形及其属性定义保存为块。

　　(2) 继电器各种触点的绘制步骤如下：

　　①动合触点可以在前面所绘制的隔离开关的基础上进行修改所得。复制隔离开关如图 9-53 (a) 所示。删除其短横线，即得动合触点的图形符号，如图 9-53 (b) 所示。

　　②将动合触点的斜线镜像，再沿开口处绘制一直线，即得动断触点的图形符号，如图 9-53 (c) 所示。

　　③分别在动合触点和动断触点的基础上绘制直线和圆，然后修剪得到延时闭合的动合触点和延时闭合的动断触点，结果如图 9-53 (d)、(e) 所示。

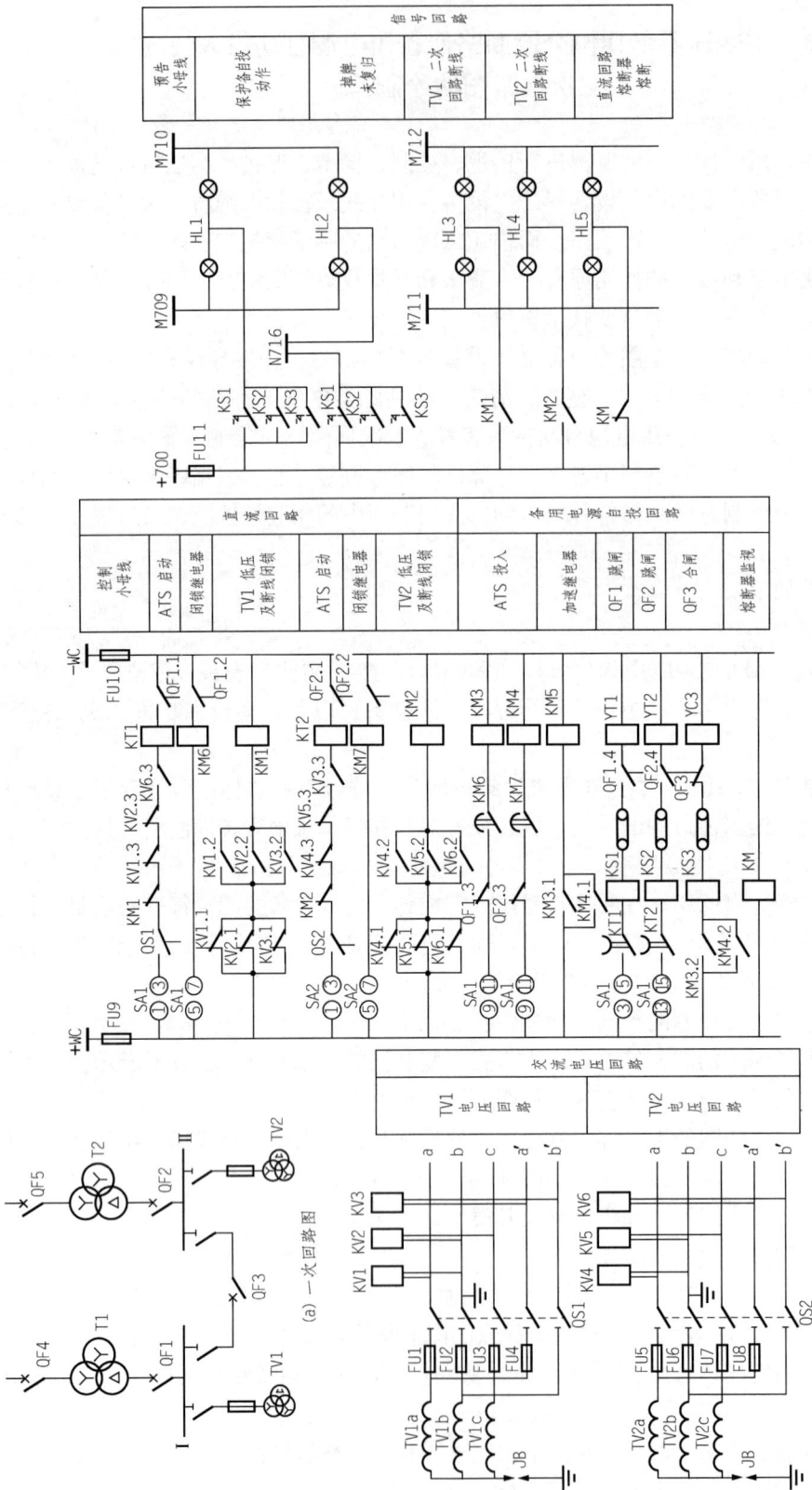

图 9 - 51　主变低压侧分段断路器备用电源自动投入装置二次回路图

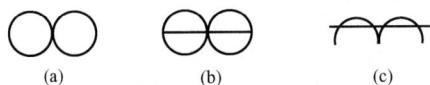

图 9 - 52　电流互感器二次线圈的绘制

④在动合触点的基础上绘制直线，得到信号继电器的动合保持触点，结果如图 9 - 53 (f) 所示。

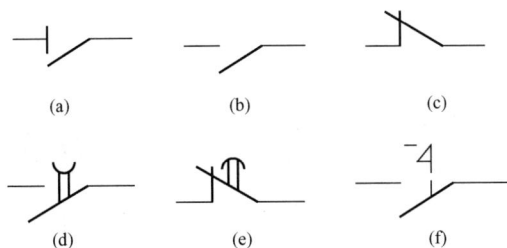

图 9 - 53　各种触点的绘制

⑤将标记文字定义为属性，并将图形及其属性定义利用"wblock"命令保存为块。

（3）继电器线圈的绘制。绘制一个宽为 4，高为 8 的矩形，以表示继电器的线圈，如图 9 - 54 所示。

（4）信号灯的绘制步骤如下：

①绘制一个半径为 3 的圆。

②捕捉圆的象限点，绘制圆相互垂直的两条直径。

③以圆心为旋转基点，将两条直线旋转 45°，即得到信号灯的符号，如图 9 - 55 所示。

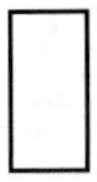

图 9 - 54　继电器线圈的绘制 　　　图 9 - 55　信号灯的绘制

④将标记文字定义为属性，并将图形及其属性定义利用"wblock"命令保存为块。

（5）连接片的绘制步骤如下：

①绘制一个长 8，高 2.5 的矩形。

②以该矩形两边为直径绘制圆，如图 9 - 56（a）所示。

③利用修剪工具，将两端的直线删除，即得连接片如图 9 - 56（b）所示。

图 9 - 56　连接片的绘制

3. 一般绘图过程

（1）一次回路图。为了能准确反映所保护的对象，给阅图者建立一个明确的整体概念，所以在绘制二次回路图时，应先给出相应的电气一次图。

　　此部分图形可参照本书 9.1 电气一次主接线图的绘制，即首先在定位线层绘制出大体的线路结构图，然后在实体符号层中把已绘制好的且保存为块的图形符号插入到前面绘制的定位线上，在插入图块时应注意将各图形符号调整到合适的大小，以使整张图纸能够布局合理，图面美观。最后在连接线层中把图中各电气设备图形符号连接起来。此过程不再一一赘述。绘制结果见图 9-57 所示。

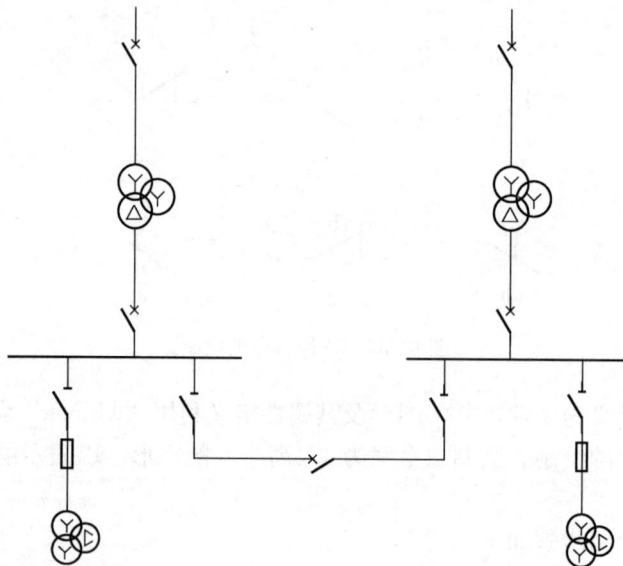

图 9-57　一次回路图的绘制

　　（2）交流电压回路图的绘制步骤：

　　①首先绘制Ⅰ母线的电压互感器 TV1 的二次线圈的交流电压回路。根据每回支路的相互位置关系，利用直线命令在定位线层绘制出其回路结构图，图中每回支路的长度为 80，间距为 10。结果见图 9-58（a）所示。

　　②在实体符号层中将前面已绘制好的且保存为带属性的块的图形符号插入到前面绘制的定位线上，插入图块时应将文字标注一并输入，并注意布局合理、整齐，图面美观。结果见图 9-58（b）所示。

　　③在连接线层中利用直线命令，将图中各电气元件连接起来，并完成其他部分的绘制。在绘制过程中，需要特别强调绘制导线交叉实心点。关闭定位线层后的结果如图 9-58（c）所示。

　　④复制图 9-58（c），即可得Ⅱ母线的电压互感器 TV2 的二次线圈的交流电压回路。

　　（3）直流回路的绘制步骤。

　　①在实体符号层，利用多段线命令，绘制一长为 10，宽为 1 的以表示控制小母线的直线。

　　②在连接线层沿控制小母线中点绘制一直线。

　　③在实体符号层中距控制小母线距离为 5 处插入熔断器，如图 9-59（a）所示。

　　④根据回路最多的元件数，在定位线层，从熔断器往下 10 处绘制一长度为 135 的直线。

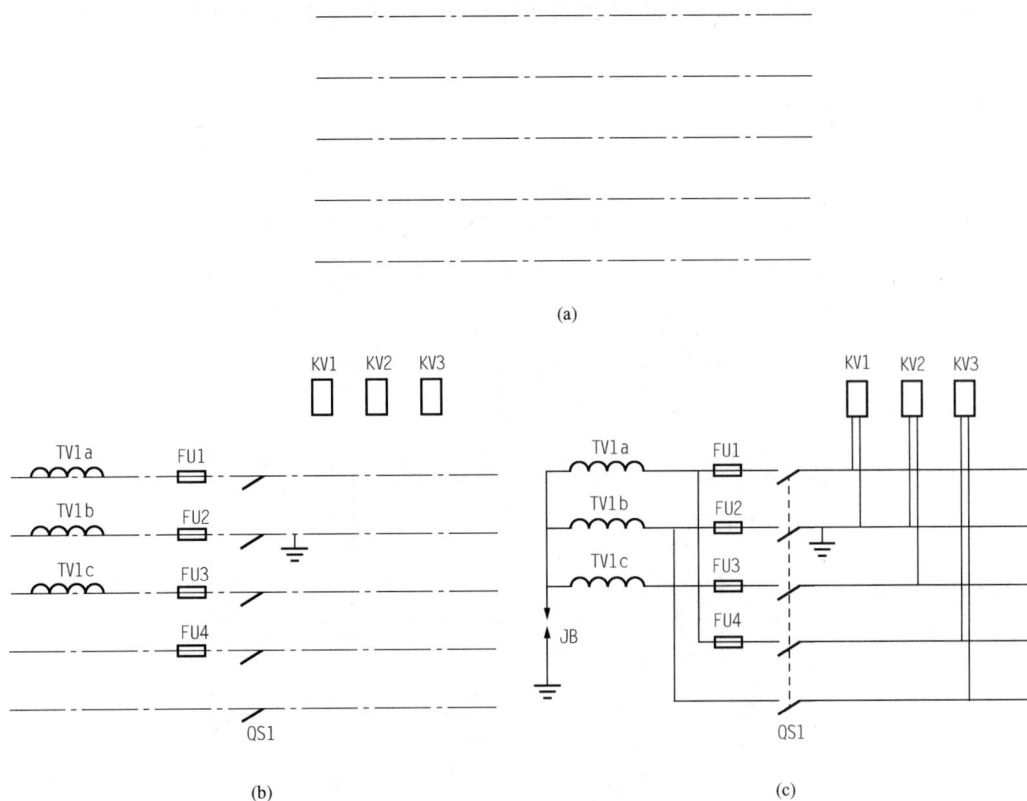

(a)

(b)　　　　　　　　　　　　　　　　　　　(c)

图 9 - 58　TV1 二次线圈的交流电压回路的绘制

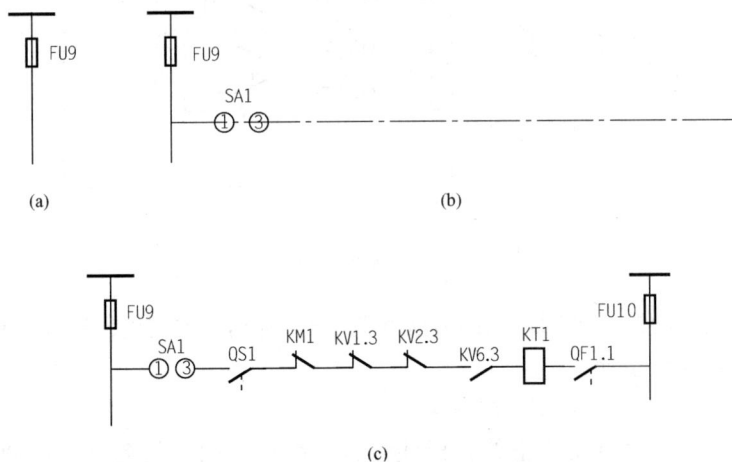

(a)　　　　　　　　　　　　　　　　(b)

(c)

图 9 - 59　直流回路的绘制

⑤在实体符号层距垂直线为 10 处插入第一个电气元件——断路器转换开关的 1—3 触点，如图 9 - 59（b）所示。

⑥依次插入第一个回路中的所有电气元件，在插入图块时应同时输入各符号标记文字并注意使该回路中的各个元件布置匀称、整齐、美观，结果如图 9 - 59（c）所示。

⑦采用相同的方法绘制直流回路中的其他回路，每一回路水平相距为 10，结果如图 9 - 60 所示。

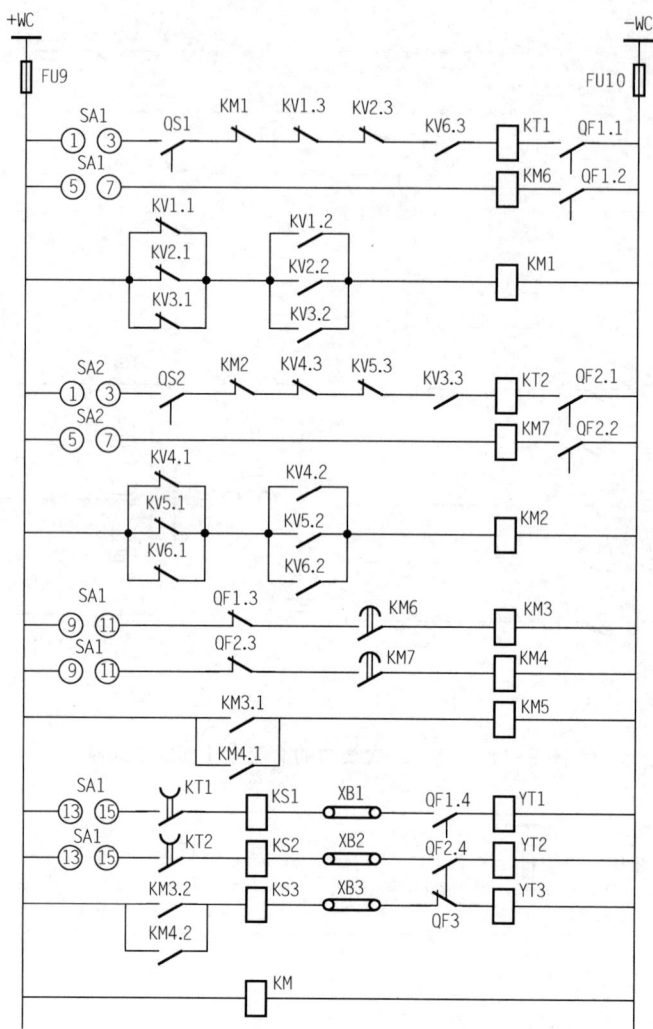

图 9 - 60　直流回路的原理图

（4）信号回路的绘制。采用相同的方法绘制信号回路，结果如图 9 - 61 所示。

（5）标注回路名称步骤：

①注写图中未标注的符号标记文字。

②在各回路的右侧绘制文字框线，标注装置的种类及回路的名称，以便于阅图，如图 9 -62 所示。其他回路不一一赘述。

（6）填写标题栏。填写标题栏各单元格文字，结果如图 9 - 51 所示（图中省略图框及标题栏）。

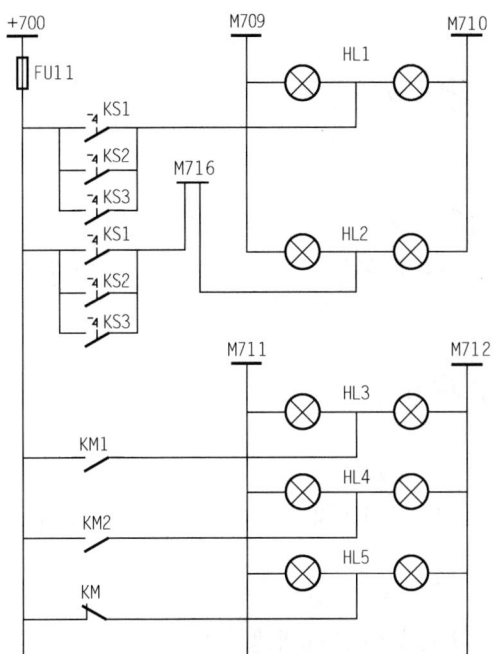

图 9-61　信号回路的原理图

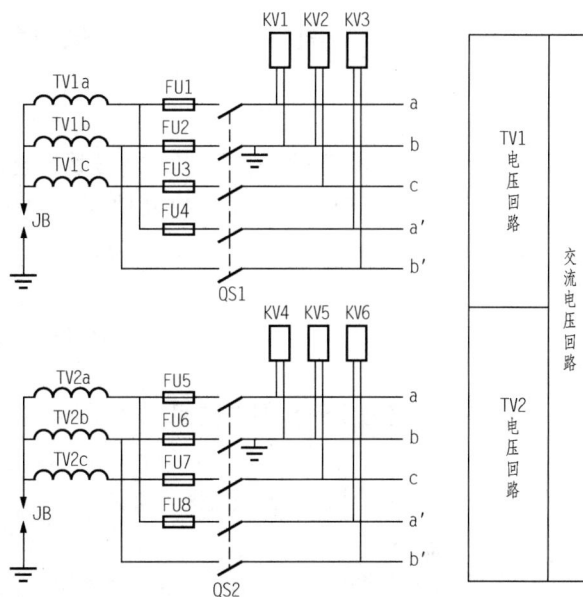

图 9-62　文字标注

思考与练习

1. 绘制电力工程图有哪些主要步骤？有哪些注意事项？
2. 绘制本章例题各图形。

第 10 章 图形的输出与发布

使用 AutoCAD 创建的二维或三维图形，通常要打印到图纸上以便在工程中应用，或者将图形保存为特定的文件类型以供其他应用程序使用，此外 AutoCAD2014 强化了 Internet 功能，可以创建 Web 格式的文件以及方便地将 AutoCAD 图形传送到 Web 页。

10.1 图形的打印输出

10.1.1 模型空间和图纸空间

AutoCAD2014 提供了两个并行的工作环境，即模型空间和图纸空间。运行 AutoCAD2014 后，系统默认处于模型空间。

1. 模型空间

模型空间是完成绘图和设计工作的空间。用户可以在模型空间创建二维图形或三维模型，AutoCAD 强大的图形绘制和编辑功能以及标注功能，可以完成全部绘图工作。在模型空间中，用户可以根据需要，创建多个平铺视口，展示图形的不同视图，用多个二维或三维视图表示物体。通常在绘图过程中只涉及一个视图时，在模型空间就可完成图形的绘制、打印等操作。

2. 图纸空间

图纸空间即布局空间，布局可以看作是即将要打印出来的图纸页面，在图纸空间中可以创建多个浮动视口以达到排列视图的目的，每个视口可以展现模型不同部分的视图或不同视点的视图。对于三维模型的绘制，通过布局各选项的合理设置，即可在一个布局中（即一张图纸上）展示出模型不同方向的视图。

3. 模型空间与布局空间的切换

在绘图区域的下方有"模型"、"布局 1"和"布局 2"三个按钮，分别代表模型空间和两个布局。单击各按钮可将工作环境切换到模型空间或某个布局空间。

10.1.2 创建新的布局

默认情况下，AutoCAD2014 提供两个布局，如果默认的两个布局不能满足需要，还可以创建新的布局。可通过以下方法创建新的布局。

1. 利用向导创建布局

（1）选择菜单［工具（T）］/［向导（Z）］/［创建布局（C）］或菜单［插入（I）］/［布局（L）］/［创建布局向导（M）］，系统弹出如图 10 - 1 所示"创建布局—开始"对话框，在对话框中输入新建布局的名称，单击"下一步"按钮。

（2）系统弹出如图 10 - 2 所示"创建布局—打印机"对话框，在列表框中列出了系统中已经安装的打印设备，选择一种打印设备，单击下一步按钮。

（3）系统弹出如图 10 - 3 所示"创建布局—图纸尺寸"对话框，从下拉列表框中选择图纸型号或者选择自定义图纸大小。在下面的"创建布局—图形单位"选项组中选择单位，在

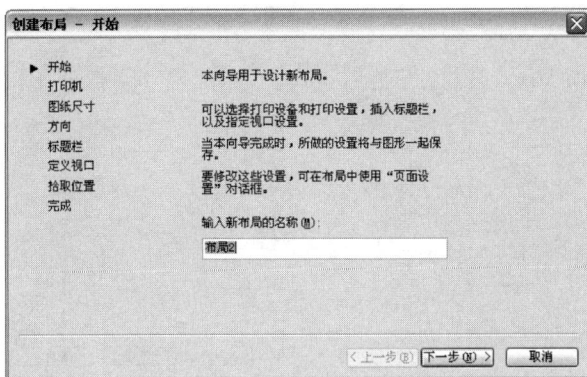

图 10 - 1　"创建布局—开始"对话框

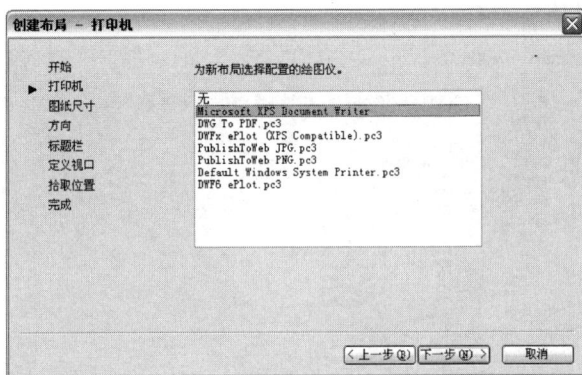

图 10 - 2　"创建布局—打印机"对话框

右侧的"图纸尺寸"选项组中显示了所选择图纸的大小。单击下一步按钮。

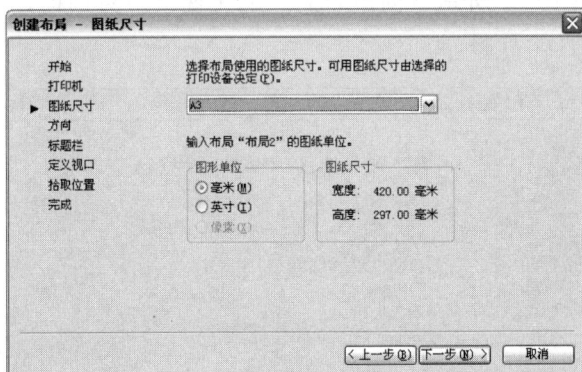

图 10 - 3　"创建布局—图纸尺寸"对话框

（4）系统弹出如图 10 - 4 所示"创建布局—方向"对话框，选择"横向"或"纵向"，单击下一步按钮。

（5）系统弹出如图 10 - 5 所示"创建布局—标题栏"对话框，选择要应用于新建布局的

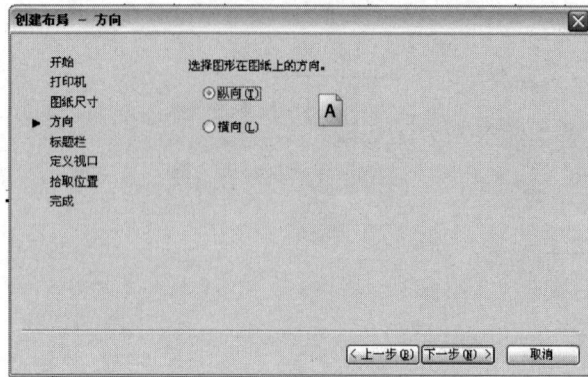

图 10-4 "创建布局—方向"对话框

标题栏，单击下一步按钮。

图 10-5 "创建布局—标题栏"对话框

（6）系统弹出如图 10-6 所示"创建布局—定义视口"对话框，设置视口的类型及比例，单击下一步按钮。

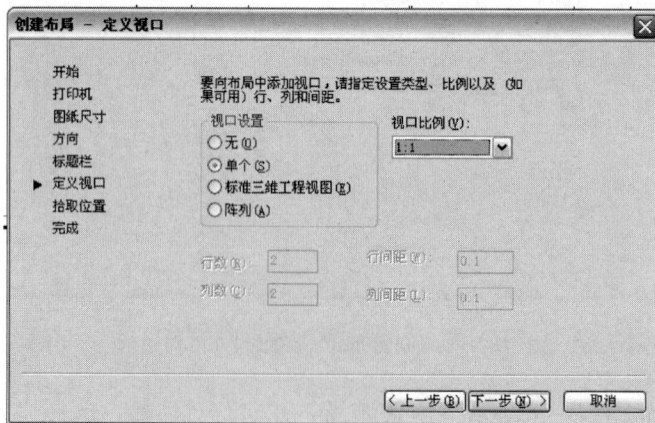

图 10-6 "创建布局—定义视口"对话框

（7）系统弹出如图 10-7 所示"创建布局—拾取位置"对话框，单击"拾取位置"按钮，在屏幕上点取视口的两个角点，单击下一步按钮。

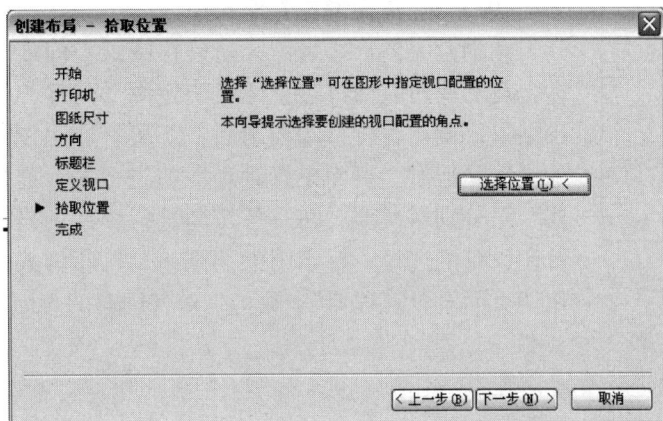

图 10-7　"创建布局—拾取位置"对话框

（8）系统弹出如图 10-8 所示"创建布局—完成"对话框，单击"完成"按钮，完成新建布局的操作。

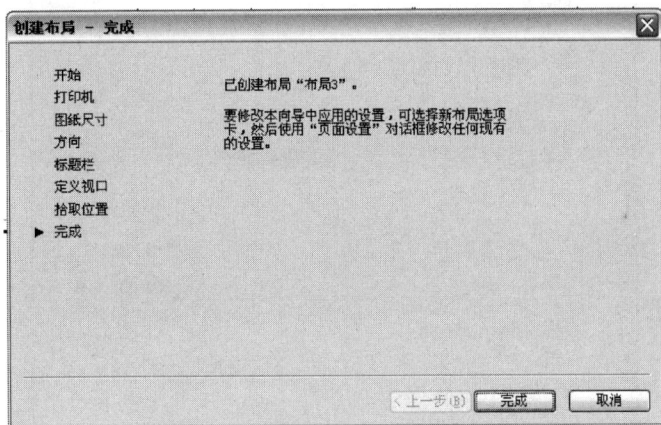

图 10-8　"创建布局—完成"对话框

2. 直接创建新布局

选择菜单［插入（I）］/［布局（L）］/［新建布局（N）］或布局工具栏的按钮，或者右键单击绘图窗口下的模型或布局选项卡，弹出快捷菜单，选择"新建布局"，激活命令后，系统提示如下：

命令：_layout

输入布局选项［复制（C）/删除（D）/新建（N）/样板（T）/重命名（R）/另存为（SA）/设置（S）/?］<设置>：_new

输入新布局名<布局 3>：输入新布局名称或按 Enter 键使用默认名称。

即可新建一个新布局，重复上述步骤可依次新建多个布局。右键单击某个布局选项卡，弹出如图 10 - 9 所示快捷菜单，选择相应的选项即可进行布局的删除、新建、重命名等操作。

10.1.3 页面设置管理器

在创建完图形之后，无论是在图纸空间或者布局空间进行打印，均需要对页面进行设置，确定图形的输出属性，通过预览输出结果，确认符合打印要求后，才可打印出图纸。对于打印页面的设置是通过"页面设置管理器"进行的。通过"页面设置管理器"可分别对模型空间及各布局进行详细的设置，设置内容包括打印设备的选择、打印图纸的规格、打印样式的设置等内容。利用"页面设置管理器"，除了可对各现有的页面进行设置外，还可以新建命名页面设置。

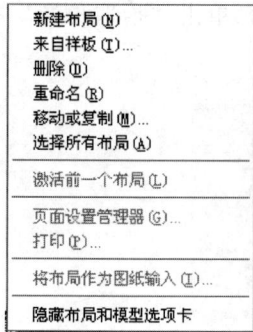

图 10 - 9　布局快捷菜单

1. 对模型空间进行页面设置

（1）将工作环境切换至模型空间。

（2）选择菜单［文件（F）］/［页面管理器（G）］，或者右键单击绘图窗口下的"模型"选项卡，在弹出的快捷菜单中选择"页面设置管理器（G）"，弹出如图 10 - 10 所示"页面设置管理器"对话框，在此对话框中显示了当前页面设置的相关信息。

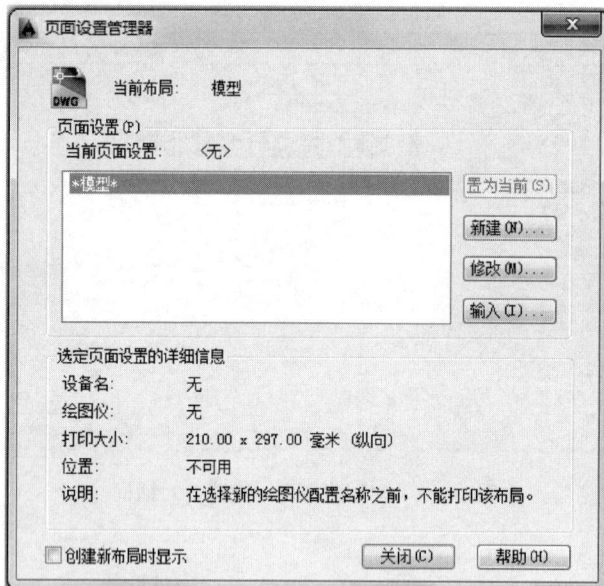

图 10 - 10　"页面设置管理器"对话框

（3）单击"修改"按钮，弹出如图 10 - 11 所示"页面设置—模型"对话框。在此对话框中可对现有模型空间的页面设置进行设置。对话框中各主要选项的功能如下：

➢　"打印机/绘图仪"选项组：指定要使用的打印机的名称、位置和说明。在"名称"下拉列表框中可以选择配置各种类型的打印设备，如选择本地打印机"ERSON ME 1"。单击"特性"按钮，弹出如图 10 - 12 所示"绘图仪配置编辑器"对话框，在对话框中可查看打印设备的配置信息或对其进行自定义。单击"确定"按钮返回页面设置对话框。

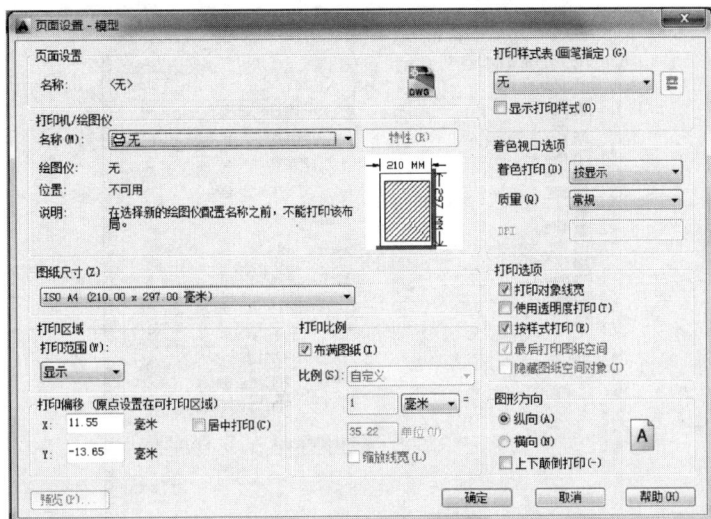

图 10-11　"页面设置—模型"对话框

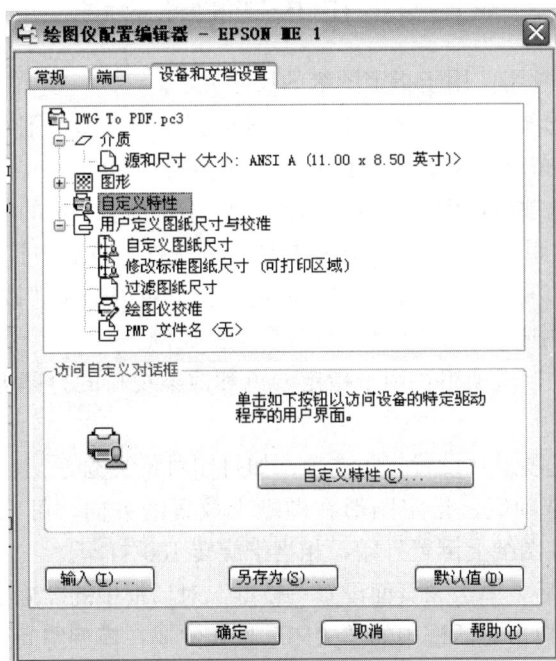

图 10-12　"绘图仪配置编辑器"对话框

➢ "打印样式表"选项组：为当前的布局设置、编辑打印样式表，或者创建新的打印样式表。在"打印样式表"下拉列表框中选择一种打印样式，如选择样式"acad.cbt"，单击"编辑"按钮，弹出如图 10-13 所示"打印样式表编辑器"对话框，在对话框中可以查看或修改打印样式。在该对话框中的"格式视图"选项组中，"打印样式"下方列出了 255 种打印样式，代表了 255 颜色，选中需要更改的颜色，在右侧"特性"选项组中进行设置。单击"保存并关闭"按钮返回页面设置对话框。

图 10 - 13   "打印样式表编辑器"对话框

> "图纸尺寸"选项组：用于指定图纸的尺寸大小。

> "打印区域"选项组：设置布局的打印区域。在"打印范围"下拉列表框中可以选择要打印的区域，包括布局、视图、显示和窗口等选项。

> "打印偏移"选项组：用于指定打印区域偏离图纸左下角的偏移距离。可分别在 X 和 Y 文本框中输入偏移距离，若选中"居中打印"复选框，可居中打印。

> "打印比例"选项组：用于设置打印时的比例。可以选择"按图纸空间缩放"，或者在"比例"下拉列表框中选择标准比例，也可自定义比例。

> "着色视口选项"选项组：用于指定着色和渲染视口的打印方式，并确定它们的打印质量和 DPI 值。

> "打印选项"选项组：设置打印选项，如打印对象线宽等。

> "图形方向"选项组：指定图形在图纸上放置的方向，可以是横向或纵向。选中"反向打印"可使图形在图纸上倒置打印，相当于旋转 180°打印。

设置好各选项参数后，单击"页面设置—模型"对话框中的"确定"按钮，返回"页面设置管理器"对话框，单击对话框中的"关闭"按钮完成在模型空间进行打印的页面设置。

（4）对于同一个模型空间，可以设置不同的页面，单击"页面设置管理器"对话框中的"新建"按钮，弹出如图 10 - 14 所示"新建页面设置"对话框，在对话框中的"新页面设置名"下方的文本框中输入新建页面设置的名称，默认为"设置 1"，在"基础样式"下方的列表框中选择一个样式作为新页面设置的基础，单击"确定"按钮弹出如图 10 - 11 所示"页面设置—模型"对话框，在此对话框中可对新建的页面进行设置，各选项的设置方法同上所述，设置完成后单击"页面设置—模型"对话框中的"确定"按钮，返回如图 10 - 15 所示的"页面设置管理器"对话框，在此对话框中的"当前页面设置"列表框中多了一个"设置 1"页面设置。采用同样的方法可以创建多个页面设置。在列表中任选一个页面设置，单击对话框中的"置为当前（S）"按钮，可将此设置指定为当前打印的页面设置。单击"关闭"按钮完成在模型空间进行打印的新建页面的设置。

2．对布局进行页面设置

（1）单击绘图窗口下方的布局选项卡，将工作环境切换至要设置的布局空间，如布局1。

（2）选择菜单［文件（F）］／［页面管理器（G）］，或者右键单击绘图窗口下的"布局1"选项卡，在弹出的快捷菜单中选择"页面设置管理器（G）"，弹出如图 10-16 所示"页面设置管理器"对话框。对话框中显示了当前布局的相关信息，在当前页面设置列表框中列出了所有的布局，并选中了"布局1"。

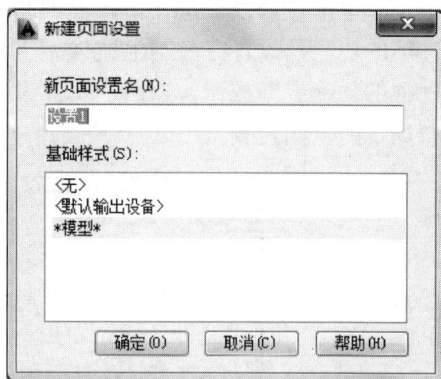

图 10-14　"新建页面设置"对话框

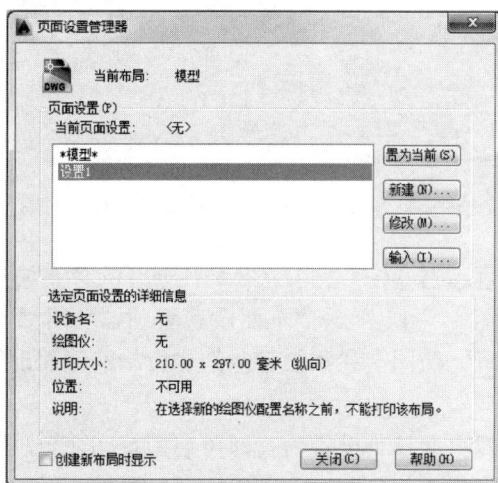

图 10-15　"页面设置管理器"对话框（1）

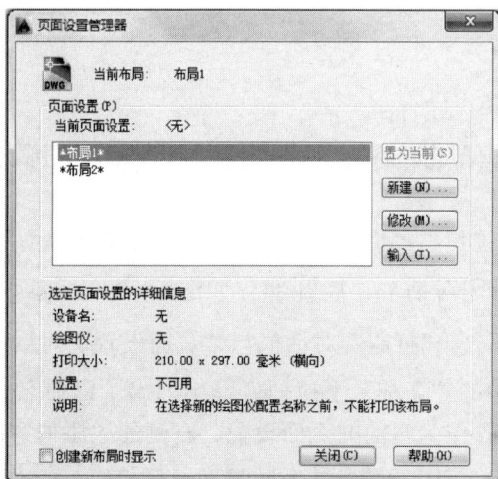

图 10-16　"页面设置管理器"对话框（2）

（3）单击"修改"按钮，弹出如图 10-17 所示"页面设置—布局 1"对话框。对话框中各选项的功能及设置方法与上述模型空间的页面设置相同，这里不再详述。设置完成后按对话框中的"确定"按钮，返回"页面设置管理器"对话框，单击对话框中的"关闭"按钮完成布局 1 的页面设置。

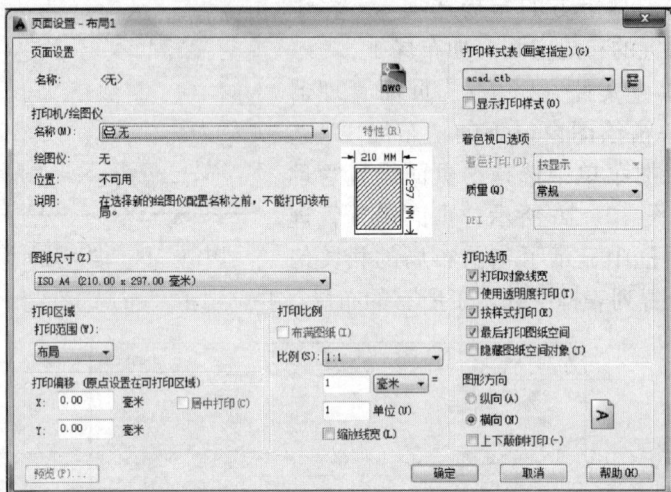

图 10-17　"页面设置—布局 1"对话框

（4）利用"页面设置管理器（G）"，除了可对各现有的各布局页面进行设置外，还可以创建命名页面设置。单击图 10-15 所示"页面设置管理器"对话框中的"新建"按钮，可以新建命名页面设置，设置方法同上述在模型空间进行新建页面设置的方法相同。

10.1.4　打印输出

通过页面设置管理器对页面进行设置后，即可启用打印命令进行打印。可以在模型空间打印图形，也可以在布局空间进行打印。

1. 在模型空间进行打印

要在模型空间进行打印，首先应将工作环境切换至模型空间，在激活模型空间后，可通过以下方法之一启动打印命令：

➤　命令行：plot

➤　菜单：[文件（F）] / [打印（P）]

➤　快捷键菜单：右键单击选项卡中的"模型"按钮，在弹出的快捷菜单中选择"打印"。

激活打印命令后，系统弹出如图 10-18 所示的"打印—模型"对话框，单击对话框右下角的 ⊙ 按钮，可展开打印对话框，展开部分如图 10-19 所示，展开后按钮 ⊙ 变为 ⊙，单击 ⊙ 按钮可关闭展开部分。"打印"对话框与"页面设置"对话框的内置内容大致一样。

"页面设置"选项组中的"名称"下拉列表框中列出了已命名或保存的页面设置，选择一个已经设置好的页面设置作为当前的页面设置，右侧的"添加"按钮可将当前对话框中的设置保存到新的命名页面设置中。当选择不同页面设置后，对话框中的"打印机/绘图仪"、"图纸尺寸"、"打印区域"、"打印偏移"、"打印比例"等各项参数将随之变为相应页面设置的设置值，也可以在此对话框中直接修改各参数值。

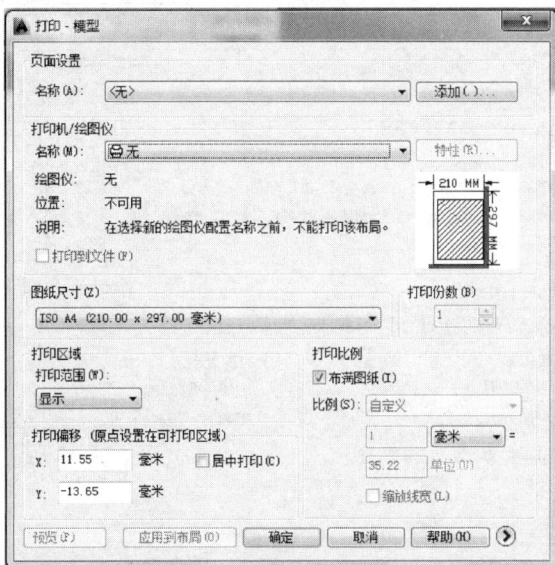

图 10-18　"打印—模型"对话框

　　"打印机/绘图仪"选项卡中的"打印到文件"复选框，当选中时系统将把图形打印到文件中而不是图纸上，系统将生成一个 .plt 格式的文件，将此文件保存可用于在脱离 Auto-CAD 的环境中进行打印。"打印份数"数据框中的数据用于确定打印份数，当打印到文件时，此选项不可用。

　　单击"预览"按钮，可以预览打印输出效果，在确认打印结果没有问题后，退出预览窗口，单击打印对话框中的"确定"按钮即可进行打印，也可以在预览窗口中，右键单击鼠标，在弹出的快捷菜单中选择"打印"。

　　2. 在布局空间进行打印

　　要在布局空间进行打印，单击绘图区下方的某一布局按钮，如"布局 1"，将工作环境切换至布局空间，通过菜单［文件（F）］/［打印（P）］，或者输入命令"plot"，也可以用鼠标右键单击"布局 1"按钮，在弹出的快捷菜单中选择"打印"，即可启动打印命令，系统弹出如图 10-20 所示"打印—布局 1"对话框，该对话框与图 10-18 的"打印—模型"对话框中各选项的含义及设置方法一样，不再详述，各选项设置完成后通过"预览"查看打印输出效果，确定满意后即可打印。

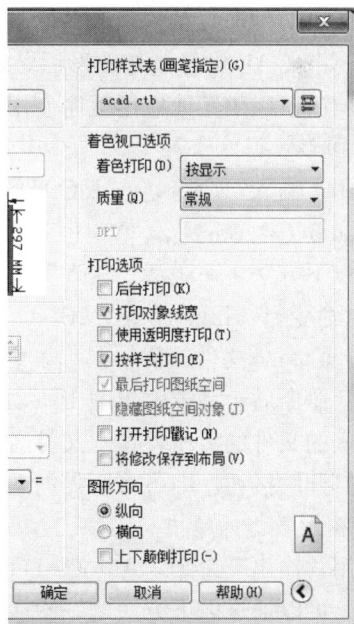

图 10-19　"打印—模型"对话框展开部分

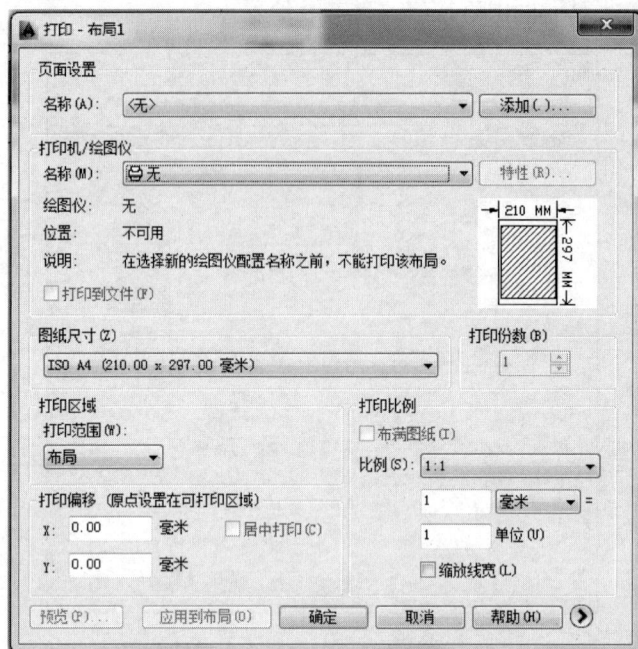

图 10 - 20　"打印—布局 1"对话框

10.2　图形数据的输出与发布

10.2.1　图形数据的输入与输出

在 AutoCAD 中绘制好图形后，除了可以将图形打印输出到图纸外，还可以将图形以各种格式输出，以供其他应用程序使用。也可将其他格式的图形文件输入到 AutoCAD 中。

1. 图形数据的输入

利用"输入"命令，AutoCAD 可以将"图元文件（ *.wmf）"、 "ACIS（ *.sat）"、"3D Studio（ *.3ds）"、"V8 DGN（ *.dgn）"等格式的图形文件夹输入到 AutoCAD 中，可通过以下方法之一激活"输入"命令：

➤ 命令行：Import 或 IMP

➤ 菜单：[文件（F）] / [输入（R）]

激活命令后，系统弹出图 10 - 21 所示"输入文件"对话框，在文件类型下拉列表中选择要输入的文件的类型，在"文件名"输入文件的名称或在浏览窗口中选中要输入的文件，单击"打开"按钮，即可将所需的文件导入 AutoCAD 中。

2. 图形数据的输出

利用"输出"命令，AutoCAD 可以将图形数据以各种格式的文件输出，以方便其他程序使用。可以通过以下方法之一激活"输出"命令：

➤ 命令行：Export 或 EXP

➤ 菜单：[文件（F）] / [输出（E）]

激活命令后系统弹出如图 10 - 22 所示"输出数据"对话框，在浏览窗口中选择文件存

图 10 - 21　"输入文件"对话框

储的位置，在对话框中的"文件名"文本框中输入要创建的文件的名称，在"文件类型"下拉列表中选择文件输入的类型，单击"保存"按钮完成文件的输出操作。

图 10 - 22　"输出数据"对话框

AutoCAD2014 可以输出以下格式的文件：

3D DWF（＊.dwf）、图元文件（＊.wmf）、ACIS（＊.sat）、平板印刷（＊.stl）、封装PS（＊.eps）、DXX 提取（＊.dxx）、位图（＊.bmp）、块（＊.dwg）、V8 DGN（＊.dgn），不同的文件格式有不同的用途，这里不再详述。

10.2.2　图形数据的发布

1. 发布 DWF 文件

利用 AutoCAD2014 的"发布"功能，可以将 AutoCAD 图形发布为 DWF 格式的文件。

DWF 格式是在网络上发布图形的通用格式，DWF 格式的文件可以在任何装有网络浏览器和 Autodesk WHIP 插件的计算机中打开、查看和打印，并支持实时平移和缩放等功能。可以通过以下方法之一激活"发布"命令：

> 命令行：Publish
> 菜单：[文件 (F)] / [发布 (H)]
> 工具栏：标准工具栏按钮🖱

激活命令后，系统弹出图 10 - 23 所示的"发布"对话框，单击"DWF 文件 (D)"选项，再单击"发布选项 (O)"按钮，弹出图 10 - 24 所示"发布选项"对话框，在对话框中可对各选项参数进行设置，单击"确定"按钮返回"发布"对话框，单击对话框中的"发布"按钮，在弹出的【保存图纸列表】对话框中选择【否】，在弹出的【指定 DWF 文件】对话框，在对话框中输入路径和文件名，单击【选择】按钮，AutoCAD 将在后台完成图形的发布。

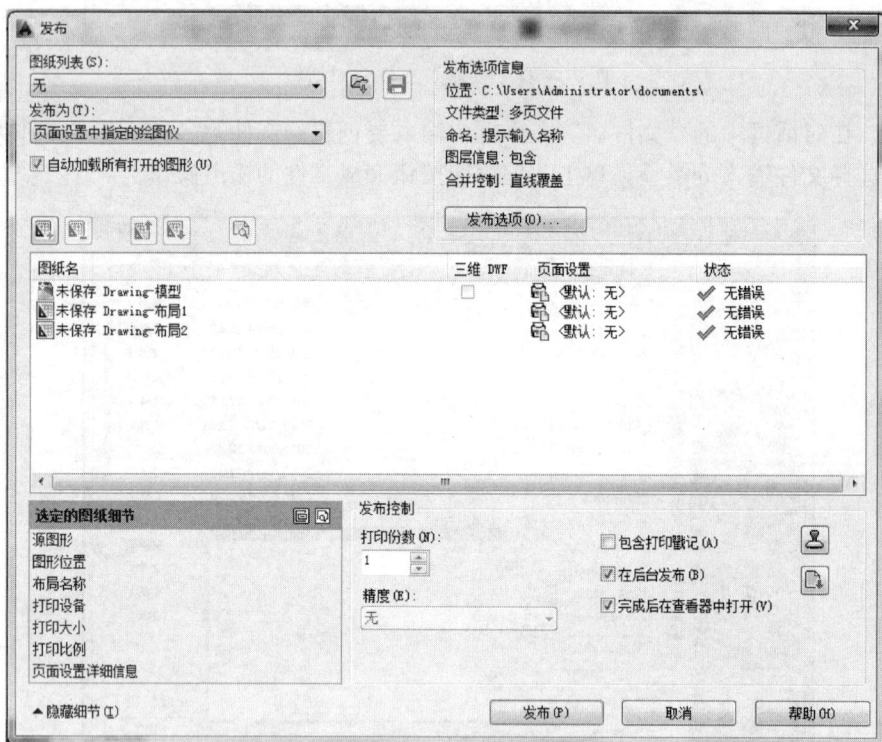

图 10 - 23 　"发布"对话框

2. 网上发布图形

利用 AutoCAD2014 的"网上发布"功能，可以将 AutoCAD 图形以 HTML 格式发布到网上。使用 AutoCAD2014 提供的网上发布向导功能，可以方便快捷地创建精美的 Web 网页。可以通过以下方法之一启用网上发布向导：

> 命令行：Publishtoweb
> 菜单：[文件 (F)] / [网上发布 (W)]

启动网上发布向导后，按照向导的提示，即可完成网上发布操作。

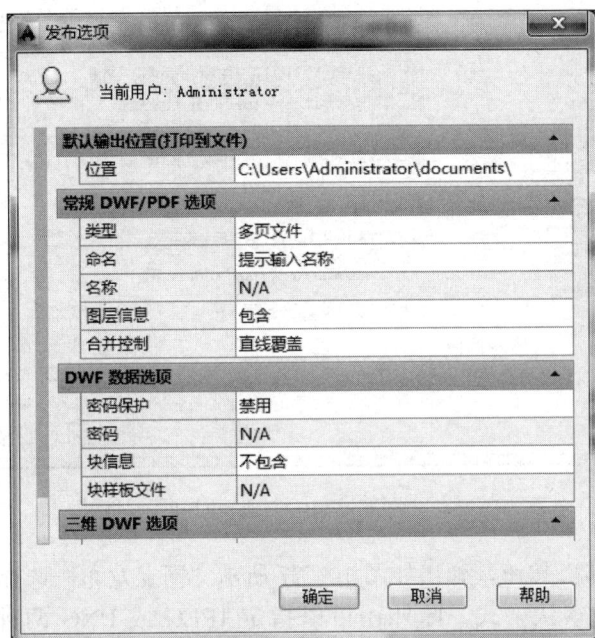

图 10 - 24 "发布选项"对话框

以发布已经绘制好的"皮带轮三维图"为例，操作步骤如下：

（1）首先打开已经绘制好的图形文件"三维皮带轮"，启动"网上发布"向导，系统弹出如图 10 - 25 所示"网上发布—开始"对话框，选中对话框中"创建新 Web 页"选项，用于将图形发布到一个新的主页上，默认为选中状态。

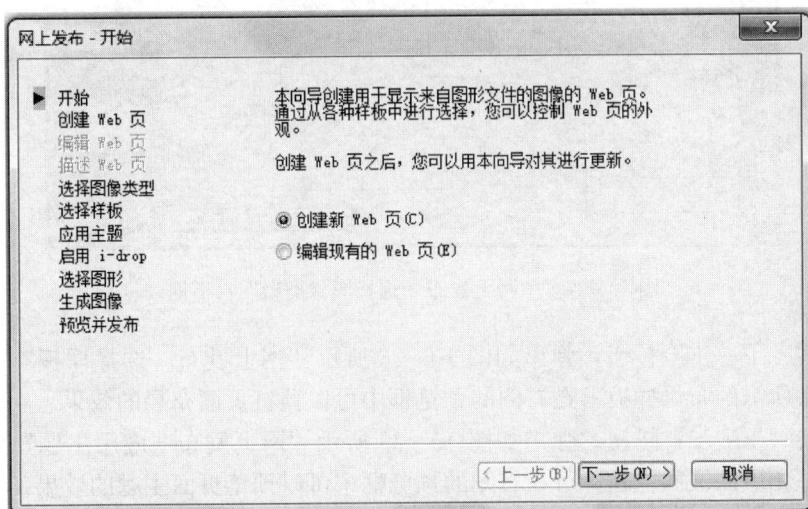

图 10 - 25 "网上发布—开始"对话框

（2）单击"下一步"按钮，弹出如图 10 - 26 所示"网上发布—创建 Web 页"对话框，在"指定 Web 名称"文本框中输入 Web 页面名称，"皮带轮"，指定文件系统中 Web 页面的位置及页面说明文字。

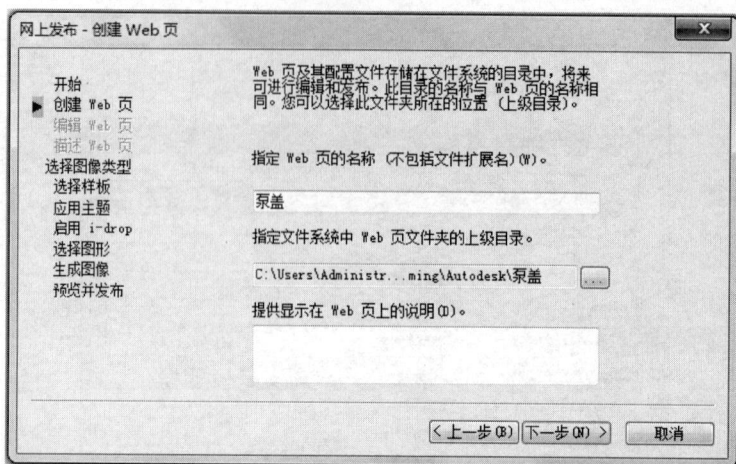

图 10-26 "网上发布—创建 Web 页"对话框

（3）单击"下一步"按钮，弹出如图 10-27 所示"网上发布—选择图像类型"对话框，对话框中"DWF"为默认格式，此外还可以指定 JPEG 或 PNG 两种文件格式，当选中 JPEG 或 PNG 格式时，还可指定图像的大小。

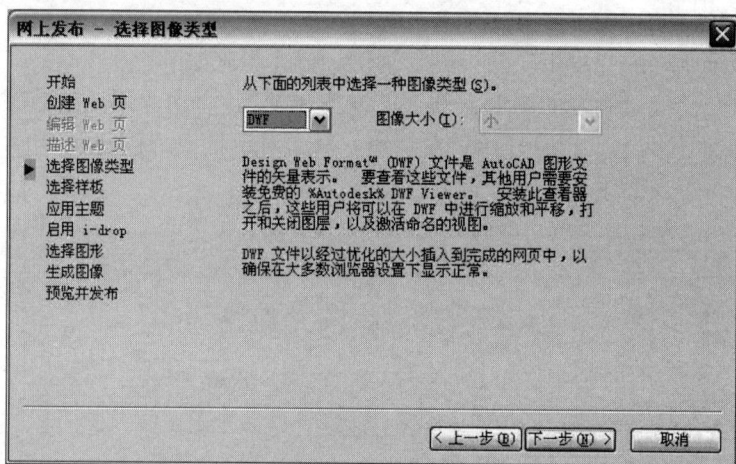

图 10-27 "网上发布—选择图像类型"对话框

（4）单击"下一步"按钮，弹出如图 10-28 所示"网上发布—选择样板"对话框，在对话框中选择所需的布局样板，在右侧的预览框中可以预览页面布局的效果。

（5）单击"下一步"按钮，弹出如图 10-29 所示"网上发布—应用主题"对话框，在对话框中选择相应的页面主题，可在右侧的预览框中可以预览页面主题的效果。

（6）单击"下一步"按钮，弹出如图 10-30 所示"启用 i-drop"对话框，在对话框中"启用 i-drop"复选项，用于确定是否支持联机拖放，如果选中该复选项，图形文件将随发布文件一起复制到网页上。

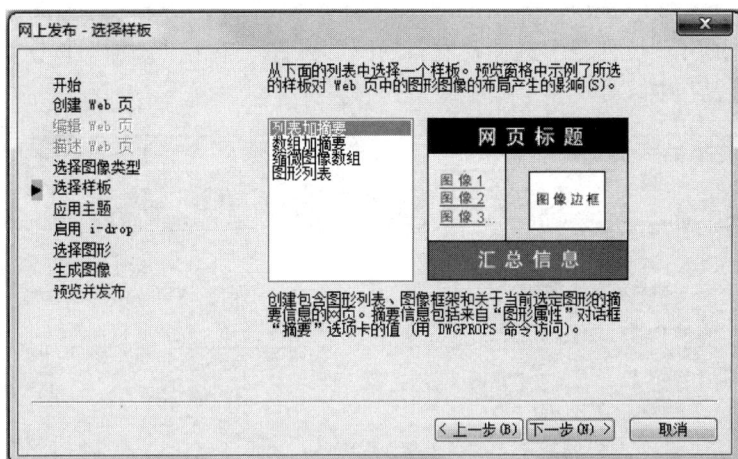

图 10 - 28 "网上发布—选择样板"对话框

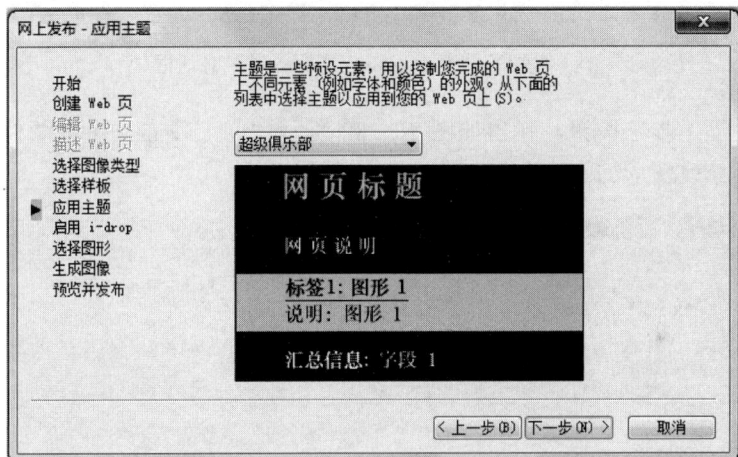

图 10 - 29 "网上发布—应用主题"对话框

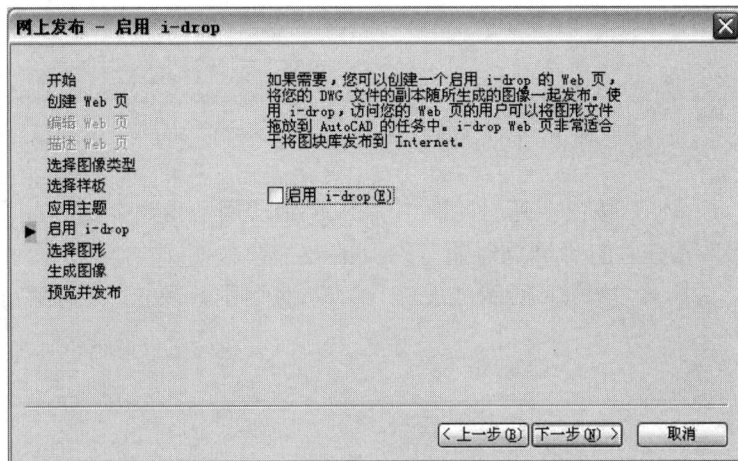

图 10 - 30 "网上发布—启用 i - drop"对话框

（7）单击"下一步"按钮，弹出如图 10 - 31 所示"网上发布—选择图形"对话框，在对话框中的"图形"下拉列表中选择要发布的图形文件，单击"添加"按钮，图形即被添加到右侧"图像列表"中。

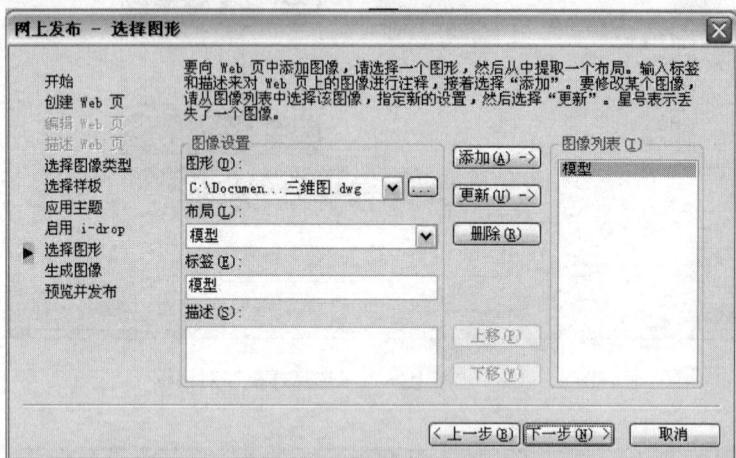

图 10 - 31   "网上发布—选择图形"对话框

（8）单击"下一步"按钮，弹出如图 10 - 32 所示"网上发布—生成图像"对话框，其中"重新生成已修改图形的图像"为默认选中状态。

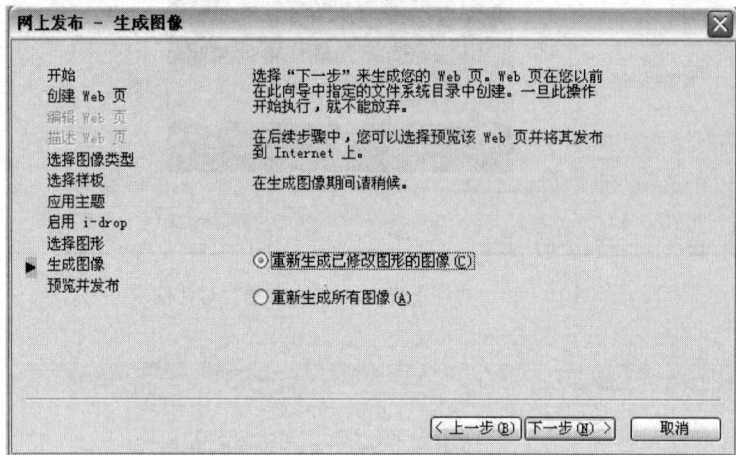

图 10 - 32   "网上发布—生成图像"对话框

（9）单击"下一步"按钮，弹出如图 10 - 33 所示"网上发布—预览并发布"对话框，单击"预览（P）"按钮可打开浏览器预览网页的效果，如图 10 - 34 所示，单击"立即发布（N）"按钮，弹出图 10 - 35 所示"发布 Web"对话框，单击"保存"按钮即可发布网页。

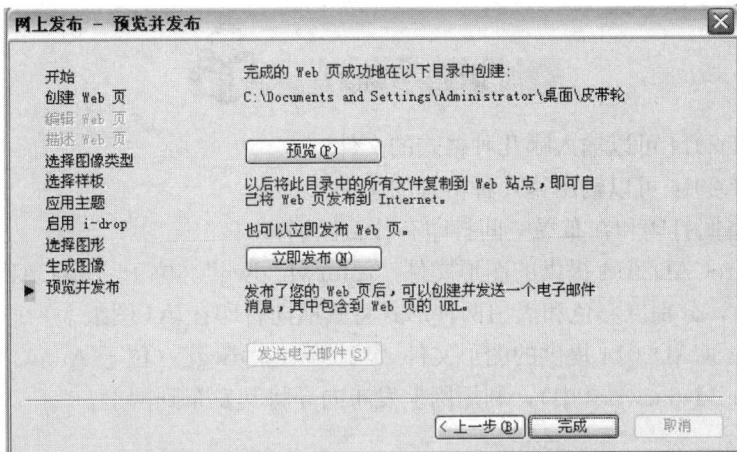

图 10-33　"网上发布—预览并发布"对话框

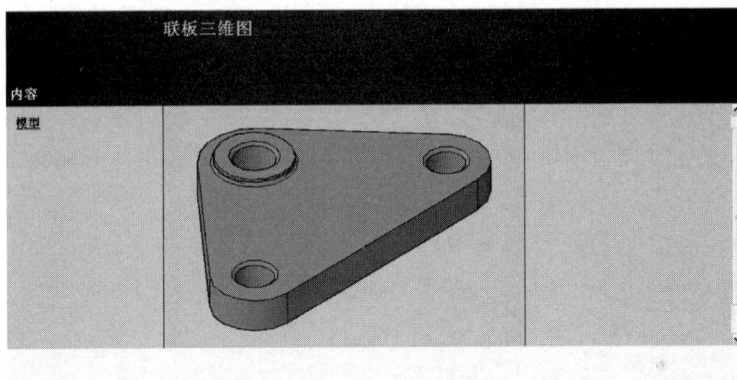

图 10-34　"预览"网页

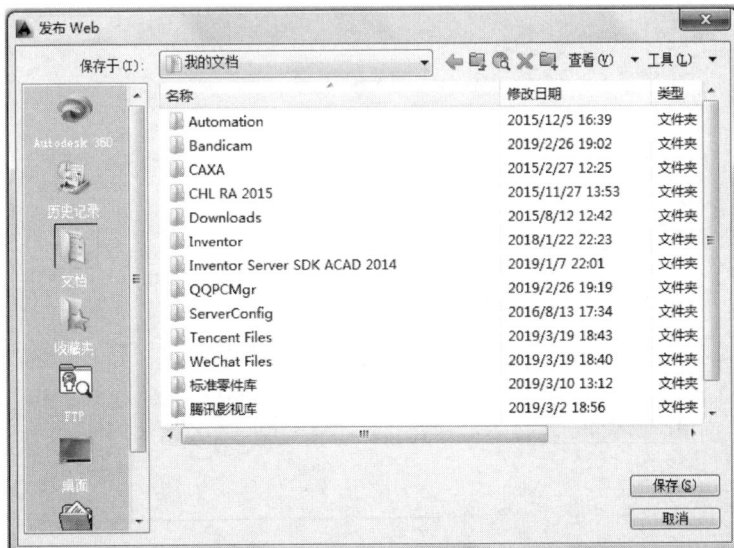

图 10-35　"发布 Web"对话框

思考与练习

1. AutoCAD2014 可以输入哪几种格式的文件?

2. AutoCAD2014 可以输出哪几种格式的文件?

3. 在模型空间打印和在布局空间打印有什么区别?

4. 打开 AutoCAD2014 提供的图形文件"colorwh. dwg"(位于 AutoCAD2014 安装目录中的 sample 中),分别以彩色和黑白两种形式将其横向打印在 A4 图纸上。

5. 打开 AutoCAD2014 提供的图形文件"32 conrod. dwg"(位于 AutoCAD2014 安装目录中的 help \ buildyourword 中),利用网上发布向导将其发布到网上。

参 考 文 献

［1］刘增良等.电气工程 CAD.北京：中国水利水电出版社，2002.

［2］梁波等.AutoCAD2008 电气设计.北京：清华大学出版社，2007.

［3］付家才.电气 CAD 工程实践技术.北京：化学工业出版社，2006.

［4］马誌溪.电气工程设计与绘图.北京：中国电力出版社，2007.